高等职业教育创新型人才培养系列教材

汽车电子控制技术
（第 2 版）

主　编　张　伟　王媛媛　张艺华
副主编　邹　翔　段艳文
主　审　王　照

北京航空航天大学出版社

内 容 简 介

本书以岗位典型工作任务为载体,介绍汽车发动机和底盘电控系统常见故障诊断及检修方法,主要包括汽车电子控制技术概述、传感器原理与检测、电控燃油喷射系统、汽油机点火控制系统、发动机辅助控制系统、电喷发动机故障诊断与排除、电控自动变速器、电子制动系统、电控悬架系统、电控动力转向系统、巡航控制系统共11个教学项目。各项目内容包含理论知识和实践操作,理论知识以系统结构组成、工作原理为主,实践操作以岗位常见故障检修为主。

本书适合高等职业院校汽车维修类专业作为教材使用,也可作为汽车行业专业技术人员、汽车维修人员的参考用书。

图书在版编目(CIP)数据

汽车电子控制技术 / 张伟,王媛媛,张艺华主编
. -- 2 版. -- 北京:北京航空航天大学出版社,2023.1
 ISBN 978 - 7 - 5124 - 3906 - 1

Ⅰ.①汽… Ⅱ.①张… ②王… ③张… Ⅲ.①汽车—电子控制 Ⅳ.①U463.6

中国版本图书馆 CIP 数据核字(2022)第 189297 号

版权所有,侵权必究。

汽车电子控制技术(第 2 版)
主　编　张　伟　王媛媛　张艺华
副主编　邹　翔　段艳文
主　审　王　照
策划编辑　冯　颖　　责任编辑　冯　颖

*

北京航空航天大学出版社出版发行

北京市海淀区学院路37号(邮编100191)　http://www.buaapress.com.cn
发行部电话:(010)82317024　传真:(010)82328026
读者信箱:goodtextbook@126.com　邮购电话:(010)82316936
三河市华骏印务包装有限公司印装　各地书店经销

*

开本:787×1 092　1/16　印张:16　字数:410 千字
2023 年 1 月第 2 版　2023 年 1 月第 1 次印刷　印数:2 000 册
ISBN 978 - 7 - 5124 - 3906 - 1　　定价:49.00 元

若本书有倒页、脱页、缺页等印装质量问题,请与本社发行部联系调换。联系电话:(010)82317024

第 2 版前言

随着汽车科技的不断发展，现代汽车的电子控制系统的功能越来越全面，智能化程度也越来越高，汽车已由传统的代步工具发展为舒适、环保、节能、自动化、智能化的多功能"移动空间"，因此也对技术服务类人员提出了新的挑战和要求，作为"汽车医生"必须能解决并排除汽车各系统的常见故障。

电控系统故障是汽车的常见故障，掌握汽车机电故障维修方法是高职汽车维修类专业学生必备的职业技能。本教材编写过程中，作者团队坚持以汽车后服务市场需求为基础，结合职业院校学生学习特点，按照先进课程体系和教学内容为根本，旨在强化学生职业能力，提高学生岗位竞争力；内容针对性强，以培养学生利用现代诊断方法和检测设备对汽车发动机和底盘电控系统的故障进行诊断及检修为目标；合理编排各章节，为学生全面掌握汽车电控系统检修技能提供保障。

本教材主要从岗位职业能力出发，介绍了汽车发动机和底盘电控系统的常见故障诊断及检修方法，涵盖汽车各电控系统结构组成、工作原理、工作过程等电控系统理论基础知识，将汽车检修的理论与实践有机结合，既符合职业院校人才培养要求，又能满足社会从业者的技能需求。

全书由四川航天职业技术技术学院张伟、王媛媛和张艺华担任主编，邹翔、段艳文担任副主编，陈一、王渝、倪伟航参编，并由王照担任主审。编者长期工作在教学一线，在内容编写上尽量使本书符合当前高职学生的接受能力，满足教学需求。

编者在本书编写过程中参考了大量的著作和文献资料，在此向有关作者及编者表示真诚的谢意。限于编者水平，书中错误和不妥之处恳请读者批评指正。

作　者
2022 年 12 月

前　言

当前的汽车已经和百年前的汽车有巨大的不同,这种不同体现在汽车的流线外型、灯光,以及内部各种复杂的电气电控设备上。

汽车电子控制技术是当前汽车行业发展的重点技术,各种新的计算机和电子技术应用到汽车上,电子控制技术逐步替代机械结构,可让汽车更节油、更清洁、更安全。目前各种新能源汽车也广泛采用电子控制技术。

"汽车电子控制技术"是汽车专业的一门重要专业课。该课程介绍了现代汽车常用的电控设备的原理,包括发动机的电控燃油喷射系统、电控点火系统、辅助电控系统、底盘的制动转向、悬架电控系统等。所有这些系统都已经联网,有着统一的接口,便于检测,电控系统本身也自带检测诊断程序。通过对本书的学习,可使学生理解现代汽车电控系统的工作原理,在检测和维修的时候会利用各种设备方便地进行检测。

本书由四川航天职业技术学院张伟老师担任主编,段艳文、王媛媛、王照老师担任副主编,李宏锋、吴旭、刘星老师参编。编者长期工作于教学一线,在内容编排上尽量使本书符合当前高职学生的接受水平,希望可以满足广大老师的教学需求。

本书在编写的过程中,参考了大量的著作和文献资料,在此向有关作者及编者表示真诚的谢意。由于编者水平有限,书中错误之处在所难免,恳请读者批评指正。

张　伟

2016 年 3 月

目　　录

项目 1　概　述 ··· 1
　任务 1.1　汽车电子控制技术的发展与现状 ·· 1
　　1.1.1　发展动因 ·· 1
　　1.1.2　发展历程与现状 ·· 1
　任务 1.2　汽车电子控制技术的组成和分类 ·· 2
　　1.2.1　汽车电子控制系统的组成 ··· 2
　　1.2.2　汽车电子控制系统的分类 ··· 2
　习　题 ·· 7

项目 2　传感器原理与检测 ·· 8
　任务 2.1　空气流量计 ·· 8
　　2.1.1　翼片式空气流量传感器 ·· 9
　　2.1.2　热式空气流量传感器 ··· 10
　　2.1.3　卡门涡流式空气流量计 ·· 13
　任务 2.2　进气歧管绝对压力传感器 ··· 15
　　2.2.1　压敏电阻式压力传感器 ·· 15
　　2.2.2　电容式进气歧管绝对压力传感器 ·· 17
　任务 2.3　节气门位置传感器 ·· 18
　　2.3.1　触点式节气门开度传感器 ·· 18
　　2.3.2　组合式节气门位置传感器 ·· 20
　任务 2.4　曲轴与凸轮轴位置传感器 ··· 21
　　2.4.1　电磁感应式传感器 ·· 22
　　2.4.2　光电式传感器 ··· 23
　　2.4.3　霍尔效应式传感器 ·· 24
　　2.4.4　磁阻式传感器 ··· 26
　任务 2.5　温度传感器 ·· 27
　　2.5.1　温度传感器的结构 ·· 27
　　2.5.2　温度传感器的检测 ·· 29
　任务 2.6　爆震传感器 ·· 29
　　2.6.1　磁致伸缩式爆震传感器 ·· 29
　　2.6.2　共振型压电式爆震传感器 ·· 30
　　2.6.3　非共振型压电式爆震传感器 ··· 30
　　2.6.4　爆震传感器检测（以桑塔纳 2 000 为例） ·························· 31

任务 2.7　氧传感器 ·· 32
　2.7.1　氧化锆式氧传感器 ··· 32
　2.7.2　氧化钛式氧传感器 ··· 34
　2.7.3　氧传感器的检测 ·· 34
习　题 ··· 35

项目 3　电控燃油喷射系统 ·· 36
任务 3.1　汽油机电控喷油系统分类 ·· 36
　3.1.1　按喷油器喷射位置分类 ·· 36
　3.1.2　按汽油喷射的方式 ··· 37
　3.1.3　按进气量测量方式 ··· 39
　3.1.4　按汽油喷射系统控制方式 ······································· 39
　3.1.5　按控制系统有无反馈信号 ······································· 40
任务 3.2　空气供给系统 ·· 42
　3.2.1　旁通气道式供气系统 ·· 42
　3.2.2　直供式供气系统 ·· 42
　3.2.3　D 型和 L 型电控燃油喷射系统 ································ 43
任务 3.3　燃油供给系统 ·· 44
　3.3.1　燃油箱 ·· 45
　3.3.2　电动燃油泵 ··· 45
　3.3.3　燃油压力调节器 ·· 47
　3.3.4　喷油器 ·· 48
任务 3.4　电子控制系统 ·· 51
　3.4.1　电子控制系统功用与组成 ······································· 51
　3.4.2　汽车电控单元 ECU 的结构组成 ······························ 52
　3.4.3　汽车电控单元 ECU 的工作过程 ······························ 54
任务 3.5　喷油系统的控制过程 ··· 55
　3.5.1　电控燃油喷射系统控制原理 ··································· 55
　3.5.2　喷油量的控制 ·· 55
　3.5.3　喷油正时的控制 ·· 60
习　题 ··· 61

项目 4　汽油机点火控制系统 ·· 62
任务 4.1　点火控制系统的组成和分类 ····································· 62
　4.1.1　点火系统的分类 ·· 62
　4.1.2　有分电器计算机控制点火系统 ································ 64
　4.1.3　无分电器计算机控制点火系统 ································ 65
任务 4.2　点火提前角和闭合角的控制 ····································· 67
　4.2.1　点火提前角控制 ·· 67

4.2.2	闭合角的控制	73
任务 4.3	爆震的控制	74
4.3.1	爆震界限和点火提前角的设定	74
4.3.2	爆震传感器	75
4.3.3	爆震控制系统	76
习　题		81

项目 5　发动机辅助控制系统 …… 82

任务 5.1	怠速控制系统	82
5.1.1	概　述	82
5.1.2	发动机怠速控制系统执行器	84
5.1.3	发动机怠速控制系统的原理	90
5.1.4	怠速控制系统检查	92
任务 5.2	排放控制	96
5.2.1	闭环控制与三元催化转化器	96
5.2.2	废气再循环系统	97
5.2.3	汽油蒸气排放控制系统	101
5.2.4	二次空气喷射控制系统	106
5.2.5	发动机断油控制系统	109
任务 5.3	进气控制	110
5.3.1	动力阀控制系统	110
5.3.2	谐波增压控制系统	112
5.3.3	可变气门正时和气门升程电子控制系统	114
5.3.4	废气涡轮增压系统	116
习　题		117

项目 6　电喷发动机故障诊断与排除 …… 118

任务 6.1	故障诊断的原理和方法	118
6.1.1	人工经验诊断	119
6.1.2	故障仪器设备诊断	119
6.1.3	故障征兆模拟实验法	119
6.1.4	电控发动机故障诊断注意事项	121
任务 6.2	检测诊断设备及工具	121
6.2.1	跨接线	122
6.2.2	测试灯	122
6.2.3	气缸压力表	123
6.2.4	万用表	124
6.2.5	解码仪	126
任务 6.3	常见故障诊断与排除	131

6.3.1　常见故障诊断与排除原理和流程 ……………………………………………… 131
　　6.3.2　发动机功率下降诊断与排除 ……………………………………………………… 132
　习　题 …………………………………………………………………………………………… 138
项目7　电控自动变速器 ………………………………………………………………………… 139
　任务7.1　电控自动变速器结构与原理 ………………………………………………………… 141
　　7.1.1　液力变矩器 ………………………………………………………………………… 141
　　7.1.2　行星齿轮变速机构 ………………………………………………………………… 143
　　7.1.3　换挡执行机构 ……………………………………………………………………… 145
　　7.1.4　停车锁止机构 ……………………………………………………………………… 147
　　7.1.5　典型行星齿轮自动变速器 ………………………………………………………… 148
　任务7.2　变速器控制系统 ……………………………………………………………………… 150
　　7.2.1　电子控制系统的功能 ……………………………………………………………… 150
　　7.2.2　换挡部件的结构原理 ……………………………………………………………… 150
　　7.2.3　电子控制的方式 …………………………………………………………………… 154
　任务7.3　变速器使用与试验 …………………………………………………………………… 157
　　7.3.1　自动变速器使用注意事项 ………………………………………………………… 157
　　7.3.2　P挡和N挡的区别 ………………………………………………………………… 157
　　7.3.3　自动变速器的起步和停车 ………………………………………………………… 158
　　7.3.4　自动变速系统的常规试验 ………………………………………………………… 158
　任务7.4　变速器检修 …………………………………………………………………………… 160
　　7.4.1　传感器的检修 ……………………………………………………………………… 160
　　7.4.2　电磁阀的检修 ……………………………………………………………………… 161
　　7.4.3　开关的检修 ………………………………………………………………………… 162
　　7.4.4　ECU的故障 ………………………………………………………………………… 162
　　7.4.5　故障自诊断 ………………………………………………………………………… 162
　习　题 …………………………………………………………………………………………… 163
项目8　电子制动系统 …………………………………………………………………………… 165
　任务8.1　防抱死制动系统（ABS） ……………………………………………………………… 165
　　8.1.1　车轮滑移率s及其影响因素 ……………………………………………………… 165
　　8.1.2　车轮滑移率s与附着系数φ的关系 ………………………………………… 166
　　8.1.3　防抱死制动系统（ABS）的组成 …………………………………………………… 166
　　8.1.4　防抱死制动系统的优点 …………………………………………………………… 167
　　8.1.5　ABS的分类 ………………………………………………………………………… 168
　　8.1.6　ABS的构造 ………………………………………………………………………… 169
　　8.1.7　两位两通电磁阀式ABS的控制过程 …………………………………………… 174
　　8.1.8　三位三通电磁阀式ABS的控制过程 …………………………………………… 177
　　8.1.9　防抱死制动系统的故障诊断与排除 ……………………………………………… 179

任务 8.2　防滑转调节系统（ASR） 183
　8.2.1　ASR 系统简介 183
　8.2.2　ASR 的控制效果 185
　8.2.3　ASR 的基本组成 186
　8.2.4　ASR 防滑控制方式 189
任务 8.3　EBD 系统 189
　8.3.1　EBD 系统的原理 190
　8.3.2　EBD 系统组成及工作过程 190
任务 8.4　EBA 系统和上下坡辅助系统 192
　8.4.1　电控辅助制动系统（EBA） 192
　8.4.2　制动辅助系统的组成 192
　8.4.3　制动辅助系统的控制效果 192
　8.4.4　下坡辅助系统（DAC） 193
　8.4.5　上坡辅助系统（HAC） 193
任务 8.5　ESP 系统 193
　8.5.1　各电子系统的关系 194
　8.5.2　ESP 的组成及功能 194
　8.5.3　ESP 功能特点 198
习　题 198

项目 9　电控悬架系统 199
任务 9.1　悬架系统概述 199
任务 9.2　电控悬架的结构和原理 199
　9.2.1　电控悬架的组成 199
　9.2.2　电控悬架的工作过程 200
　9.2.3　电子控制悬架系统的控制功能 200
　9.2.4　汽车电控悬架系统的分类 201
　9.2.5　电控悬架的结构 202
任务 9.3　电控悬架的工作过程 209
　9.3.1　变高度控制悬架工作过程 209
　9.3.2　变刚度悬架工作过程 210
　9.3.3　变阻尼悬架工作过程 210
　9.3.4　变高度、变刚度、变阻尼悬架系统的综合工作控制过程 212
　9.3.5　变高度、变刚度、变阻尼悬架系统指示器功能 214
任务 9.4　电控悬架系统诊断与检修 214
　9.4.1　电控悬架系统诊断与检修方法 214
　9.4.2　汽车电控悬架系统常见故障分析与检修 215
习　题 218

项目 10　电控动力转向系统 219
任务 10.1　电控动力转向系统的结构和原理 219
　　10.1.1　电控动力转向系统的发展 219
　　10.1.2　电控动力转向系统的类型 219
　　10.1.3　电动式电子控制转向系统的结构 220
任务 10.2　电控四轮转向系统 225
　　10.2.1　转向特性 226
　　10.2.2　控制模式 227
　　10.2.3　系统组成 228
　　10.2.4　工作过程 231
任务 10.3　电控助力转向系统故障诊断与检修 232
习　题 234

项目 11　巡航控制系统 235
任务 11.1　巡航控制系统的功能与优点 235
　　11.1.1　基本功能 235
　　11.1.2　故障保险功能 236
　　11.1.3　控制开关 236
　　11.1.4　巡航控制系统的优点 237
任务 11.2　巡航系统的组成与工作原理 237
　　11.2.1　巡航控制系统的组成 237
　　11.2.2　汽车巡航控制系统的工作原理 239
　　11.2.3　巡航控制系统的使用 240
　　11.2.4　汽车智能巡航控制系统 242
习　题 245

参考文献 246

项目 1　概　　述

汽车电子控制技术是汽车技术与电子技术结合的产物。近半个世纪以来,随着电子技术的不断提高,电子控制技术在汽车上是应用越来越广泛,特别是大规模集成电路和微电子技术的应用,在改善汽车油耗、尾气排放和安全性方面,起到了巨大的作用。目前,平均每辆汽车上的电子装备已经占到整车成本的20%~30%,而一些高档轿车上微处理器的数量已经达到50多个,占整车成本的50%以上。

任务1.1　汽车电子控制技术的发展与现状

1.1.1　发展动因

汽车电子控制技术是汽车技术与电子技术结合的产物。近半个世纪以来,汽车电子控制技术飞速发展的根本动力和原因包括两个方面:一方面是全球能源紧缺、环境保护和交通安全问题,促使汽车油耗法规、排放法规和安全法规的要求不断提高;另一方面是电子技术水平不断提高。汽车油耗法规和排放法规促进了汽车发动机电子控制技术和新能源汽车技术的发展,而汽车安全法规促进了汽车底盘和车身电子控制技术的发展。目前汽车发动机燃油喷射电子控制系统、防抱死制动系统和安全气囊系统已经成为国内外轿车的标准装备。

1.1.2　发展历程与现状

汽车电子控制技术的发展过程,大致可分为电子电路控制、微型计算机控制和车载局域网控制三个阶段。

第一阶段(1953—1975年):电子电路控制阶段,即采用分立电子元件或集成电路组成电子控制器进行控制。汽车电子设备主要采用分立电子元件组成电子控制器,揭开了汽车电子时代的序幕。主要产品有二极管整流式交流发电机、电子式电压调节器、电子式点火控制器、电子式闪光器、电子式间歇刮水控制器、晶体管收音机、数字时钟等。

第二阶段(1976—1999年):微型计算机控制阶段,即采用模拟计算机或数字计算机进行控制,控制技术向智能化方向发展。汽车电子设备普遍采用8位、16位或32位字长的微处理器进行控制,主要开发研制专用的独立控制系统和综合控制系统。主要产品有计算机控制发动机点火系统、电子控制发动机燃油喷射系统、发动机燃油喷射与点火综合控制系统、发动机空燃比反馈控制系统、巡航控制系统、电子控制自动变速系统、防抱死制动系统、牵引力控制系统、四轮转向控制系统、车身高度自动调节系统、轮胎气压控制系统、安全气囊系统、座椅安全带收紧系统、自动防追尾碰撞系统、前照灯光束自动控制系统、超速报警系统、车辆防盗系统、电子控制门锁系统、自动除霜系统、通信与导航协调系统、安全驾驶监测与警告系统和故障自诊断系统等。

第三阶段(2000年至今):车载局域网控制阶段,即采用车载局域网(Local Area Network,

LAN)对汽车电器与电子控制系统进行控制。汽车采用网络技术的根本目的：一是减少汽车线束；二是实现快速通信。目前国内外中高档轿车都已普遍采用 LAN 技术。采用 LAN 技术的国外轿车有奔驰、宝马、大众、保时捷、美洲豹、劳斯莱斯等系列汽车。

任务1.2　汽车电子控制技术的组成和分类

1.2.1　汽车电子控制系统的组成

汽车车型不同、档次不同,采用电子控制系统的多少也不尽相同。但是,汽车上每一个电子控制系统的基本结构都是由传感器(传感元件)与开关信号、电控单元(Electronic Control Unit,ECU)和执行器(执行元件)三部分组成(见图 1-1),这是汽车电子控制系统的共同特点。

图 1-1　汽车电子控制系统的基本组成

1. 传感器

传感器是将各种非电量(物理量、化学量、生物量等)按一定规律转换成便于传输和处理的另一种物理量(一般为电量)的装置。

传感器相当于人的五官。在汽车电子控制系统中,传感器的功用是将汽车各部件运行的状态参数(各种非电量信号)转换成电量信号并输送到各种电控单元。

车用传感器安装在汽车上的不同部位。汽车型号和档次不同,装备传感器的多少也不相同。有的汽车只有几只传感器(如发动机控制系统只有 6~8 只),有的汽车装备有 50 多只传感器。一般来说,汽车装备传感器越多,则其档次就越高。

2. 电控单元(ECU)

汽车电子控制单元(ECU)简称电控单元,又称为汽车电子控制器或汽车电子控制组件,俗称"汽车电脑"。

电控单元是以单片微型计算机(即单片机)为核心所组成的电子控制装置,具有强大的数学运算、逻辑判断、数据处理与数据管理等功能。

电控单元是汽车电子控制系统的控制中心,其主要功用是分析、处理传感器采集的各种信息,并向受控装置(即执行器或执行元件)发出控制指令。

3. 执行器

执行器又称为执行元件,是电子控制系统的执行机构。执行器的功用是接收电控单元(ECU)发出的指令,完成具体的执行动作。

1.2.2　汽车电子控制系统的分类

根据汽车的总体结构,汽车电子控制系统分为发动机控制系统、底盘控制系统、车身控制系统三部分。

1. 发动机控制系统

发动机控制系统包括燃料喷射控制、点火时间控制、怠速运转控制、排气再循环控制、发动机爆燃控制、减速性能控制及自诊断系统、后备系统等。发动机控制系统能最大限度地提高发动机的动力，改善发动机运行的经济性，同时尽可能降低汽车尾气中有害物质的排放量。

（1）燃料喷射控制系统（EFI）

该系统可随时监测发动机的基本负荷状态、冷却液温度、进气温度、进气量、节气门位置、发动机转速、汽车速度以及空调负荷等情况，通过 ECU 计算确定出最适宜的燃料喷射量和喷射时刻，以获得尽量低的燃料消耗率、良好的工作稳定性、适应性和排放性能。

（2）最佳点火提前角（ESA）控制系统

该系统使发动机在不同转速和进气量等条件下，实现最佳点火提前角，使发动机的功率或转矩最大，从而最低限度地降低油耗和排放量。该系统包括开环和闭环两种控制方式，闭环是在开环的基础上，增加爆燃传感器进行反馈控制，其点火时刻的精确度比开环高，但排气净化稍差些。

（3）最佳空燃比控制系统

该系统是电控燃油喷射发动机的一项主要内容，它能有效地控制可燃混合气空燃比，使发动机在各种工况及有关因素的影响下，空燃比达到最佳值，从而实现提高功率、降低油耗、减少排气污染等功效。该系统有开环与闭环两种控制，闭环控制是在开环控制的基础上，在一定条件下，由 ECU 根据氧传感器输出的混合气（空燃比）信号，修正燃油供给量，使混合气空燃比保持在理想状态。

（4）废气再循环（EGR）系统

该系统是将一部分排气（废气）引入进气侧的新鲜混合气中，以抑制发动机有害气体（氮的氧化物 NO_x）排放。该系统能根据发动机的工况，适时地调节排气再循环的流量，以减少排气中的有害气体 NO_x 含量。它是一种排气净化的有效手段。

（5）怠速控制（ISC）系统

该系统能根据发动机冷却液温度及其他有关参数（如空调开关信号、动力转向开关信号等），使发动机的怠速处于最佳状态。

（6）自诊断与报警系统

发动机管理系统具有故障自诊断功能，ECU 对传感器和执行元件进行实时监控，当传感器或执行元件发生故障时，ECU 会控制位于仪表盘上的故障灯点亮（或闪烁），以引起驾驶员注意，同时会将故障以故障代码的方式存储在 ECU 内部的存储器中。维修人员通过专用的故障诊断仪可以将故障代码从 ECU 中读出，便于维修人员对车辆进行故障诊断与维修。

除上述控制装置外，发动机实现电子控制还包括电动燃油泵、发电机输出、冷却风扇、发动机排量、节气门正时、二次空气喷射、发动机增压、油气蒸发及系统自诊断等功能。它们在不同类型的汽车上得到或多或少的采用。

随着微型计算机技术的进一步发展，该技术将会在现代汽车上承担更重要的任务，如控制燃烧室的容积和形状、控制压缩比、检测汽车零件机械磨损状况等。

2. 底盘控制系统

底盘控制系统包括防抱死制动控制（ABS）、驱动防滑控制（ASR）、变速器电子控制、悬架控制、动力转向控制、四轮转向控制（4WS）等。

(1) 主动安全控制系统(ABS 和 ASR 等)

ABS 可以防止汽车制动时车轮被抱死而产生侧滑,提高车辆的行驶稳定性和操纵性;ASR 是用来防止汽车起步和加速时驱动轮打滑,从而使车辆在起步或加速时的操纵性和稳定性处于最佳状态。

(2) 变速器电子控制系统

通过对节气门开度和车速的检测,由微型计算机根据换挡特性和换挡规律,精确控制变速比,使其达到最佳挡位。它与机械系统比较,动力传动精度提高,控制机构更加简单,变速器设计更加随意,并且能够改善汽车的燃油经济性和操纵性,提高变速器的传动效率。

(3) 悬架控制系统

悬架控制系统根据不同的路面状况和车辆运行工况,自动控制车身高度,主动改变悬架的刚度和阻尼,同时改善汽车的行驶稳定性和平顺性。

(4) 电子控制动力转向系统

电子控制动力转向系统是一种转向动力放大装置,可根据车速、转向角、转矩等传感器信号自动控制施加在转向盘上的转向力,使汽车在停车或低速行驶时转动转向盘所需的力减小,而汽车在高速行驶时所需的力增大,即在各种行驶条件下实现转向盘所需的力都是最佳值。全电子控制动力转向可提供回正力矩和阻尼力矩,从而获得最优转向回正特性,且大幅改善了车辆行驶的稳定性。此外,电控动力转向还可获得最优化的转向作用力特性,提高转向响应性。

(5) 四轮转向控制系统(4WS)

四轮转向控制系统可以使驾驶员能对汽车前后四个车轮进行转向操纵,提高车辆行驶时转向的灵活性,提高高速行驶时车辆的稳定性和可控性。

3. 车身控制系统

车身控制系统包括车用空调控制、车辆信息显示、风窗玻璃的刮水器控制、灯光控制、汽车门锁控制、顶棚传动控制、电动车窗与电动后视镜控制、电动座椅控制、安全气囊与安全带控制、防盗与防撞安全系统、巡航控制系统、汽车音响系统控制、车内噪声与通风控制、汽车内部和汽车与外面进行信息传输的各种系统和设备(如多路信息传输、汽车导航、蜂窝式移动电话)控制等。

(1) 车用全自动空调的电子控制系统

车用全自动空调的电子控制器根据各种温度传感器(车内温度、车外温度、太阳辐射强度、蒸发器温度、发动机冷却液温度等)输入的信号,计算出经过空调热交换后送入车内应该达到的出风温度,对混合空气调节器开度、风扇驱动电动机转速、冷却器(或加热器风门)、压缩机等进行控制,自动地将车内温度保持在设定的温度值范围内,使车内的温度、湿度始终处于最佳值,为司乘人员提供一个舒适的乘坐环境。

(2) 车辆信息显示系统

该系统又称为驾驶员信息系统,它由车况检测部件、车载计算机和电子仪表三部分组成。车况检测是传统仪表板报警功能的发展,主要通过液位、压力、温度、灯光等传感器,检测发动机、制动系统、电源系统以及车灯的故障。车载计算机提供的信息能够提高行车的安全性、燃油经济性及乘坐舒适性,能够使驾驶员获得平均油耗、瞬时油耗、平均车速、可行驶里程、驾驶时间、时钟、温度等信息。这些信息在需要时可通过键盘和按钮调出。

(3) 汽车电子灯光控制系统

该系统根据光线传感器检测到的车外天气光亮信号,自动将后灯和前照灯接通或切断,以提高汽车使用的方便性和行驶的安全性。

(4) 安全气囊控制系统(SRS)

SRS 是一种被动安全保护装置。其功能是当传感器检测到撞车事故发生时,向控制器发送信号,当 ECU 判断电路根据传感器送来的信号值判断为严重撞车情况时,即触发装在转向盘内的氮气发生器(膨胀器),点燃气体发生剂,产生高压氮气迅速吹胀气囊。吹胀的气囊将驾驶员与转向盘及风窗玻璃隔开,以防止撞车过程中驾驶员的头部和胸部直接撞在转向盘或风窗玻璃上而发生伤亡事故。

(5) 多路信息传输系统

该系统由显示器电子控制器、具有操作开关的控制器(监视器)和其他各种电子控制器(光盘、电视、音响、全球定位系统、移动电话等控制器)组成。每个电子控制器通过通信网络与其他电子控制器相互连接。显示器电子控制器作为主控制器,通过各路通信网络进行通信管理及整个系统的控制,由显示器显示诸如行车用的交通地图信息资料、汽车油耗等情况以及车辆行驶过程的信息等。

(6) 导航系统

该系统由 GPS 接收机、电子地图等组成。导航定位系统通过 GPS 接收机接收卫星信号,解算出自身经纬度坐标,然后与计算机内的电子地图匹配,在屏幕上动态显示车辆运行轨迹,驾驶员便可对当前坐标一目了然。GPS 系统和地理信息系统 GIS,可提供大量有用信息,满足车辆定位与导航、交通管理与监控的需要,并为驾驶员提供旅馆、加油站、修车厂等信息服务。

(7) 蜂窝式移动电话系统

蜂窝式移动电话与常规电话不同,首先蜂窝式移动电话的话机及拨号的按键直接与无线电发射/接收器相连,(不电话线);其次是电话可随汽车移动。当通信开始时,移动电话需要选择一个合适的无线电波的频道,且必须通过基地站的程控电子开关板来控制蜂窝式移动电话与基地站连接。由于蜂窝式移动电话是可以四处游动的,因此还必须了解移动电话所处的位置(即汽车所处的位置),这样蜂窝式移动电话才能被覆盖该地区的基站所接通,同时还与汽车所用的移动电话计费问题相联系。

(8) 巡航控制系统(CCS)

该系统是指汽车工作在发动机有利转速范围内,驾驶员不需要加速踏板,以减轻驾驶者的驾驶操纵的劳动强度,提高行驶舒适性的汽车自动行驶装置。驾驶员利用控制开关,可保持恒速、减速、恢复原速和加速等命令输入计算机。当驾驶员操纵保持恒速开关时,计算机记忆调节后的车速,开始进行恒速行车控制。通过进气管的真空度或直流电动机控制节气门开度,以保持预先设定的车速,而驾驶员不需控制加速踏板。记忆车速和实际车速都输入到计算机的比较电路中,比较电路的输出信号经过补偿电路、执行部件、发动机和变速器自动实现驱动力的变换。

(9) 防盗安全系统

汽车防盗系统有机械式防盗系统和电控防盗系统。机械式防盗系统设有中央门锁,仅在起动车辆所必需的零件上加锁,比如轮胎锁、转向盘锁、变速杆锁等。机械式防盗锁的防盗系统安全性较差,使用不方便,已逐渐被淘汰。电控防盗系统一般都与电控中央门锁和报警装置联合使用,目前属于高档的防盗系统,有的有红外监视系统、超声波传感器、倾斜传感器以及电子制动系统。当盗贼非法打开车门、行李箱门、发动机盖,强行进入车内,企图起动车辆时,警笛大作、灯光闪烁、发动机无法工作、车辆瘫痪,让盗贼惊慌失措、狼狈逃窜。但由于法令的限制,一些会产生噪声的防盗系统可能将被判为不合格产品。

(10) 防撞控制系统

防撞控制系统通过防碰撞传感器(CCD 摄像元件、扫描激光雷达、超声波传感器、电磁波传感器等)、信息采集与分析的电子控制单元检测和确定可能与汽车发生碰撞的物体的位置及状态,通过输出电路和采取应急措施电路在必要时提出危险警示和采取应急避让措施,防止发生碰撞。

根据控制功能,汽车电子控制系统可分为动力性、安全性、舒适性和娱乐信息控制四种类型,其控制系统和主要控制项目如表 1-1 所列。每一个控制系统可以由各自的电子控制单元(ECU)单独控制,也可由几个系统组合起来用一个 ECU 进行控制。在不同的车型上,其组合形式和控制功能不尽相同。

表 1-1 汽车电子控制系统类型及其主要控制项目

类型	电子控制系统名称	主要控制项目
动力性控制	电子控制燃油喷射(EFI)	喷油量(喷油时间)、喷油时刻、燃油泵、燃油停供
	电子控制点火(ESA)	点火时刻、通电时刻、防止爆燃
	急速转速控制(ISC)	空调接通与切断、变速器挂挡、动力转向泵接通与切断
	排放控制	废气再循环(EGR)、空燃比反馈控制、活性炭罐电磁阀控制、CO 控制(VAF)、二次空气喷射
	进气控制	进气引导通路切换、涡流控制阀
	增压控制	泄压阀、废气涡轮增压器
	自诊断测试与失效保护控制	故障警告、存储故障码、部件功能测试、传感器与执行器失效保护
	电子控制变速(ECT)	发动机输出转矩、液力变矩器锁止时机、变速器换挡时机、电磁阀和传感器失效保护
安全性控制	防抱死制动控制(ABS)	车轮制动力、滑移率
	驱动防滑控制(ASR)	发动机输出转矩、驱动轮制动力、差速器锁止
	安全气囊控制(SRS)	气囊点火器点火时机
	座椅安全带收紧控制	收紧器点火器点火时机
	动力转向控制(ECPS)	控制助力油压、气压或电动机电流
	雷达车距控制	车距、报警、制动
	前照灯灯光控制	焦距、光线角度
	安全驾驶控制	驾驶时间、转向盘状态、驾驶员脑电图、体温和心率
	防盗控制	报警、遥控门锁、数字密码点火开关、数字编码门锁、转向盘自锁
	电子仪表	汽车状态显示
	中央门锁控制	门锁遥控、行驶自锁、玻璃升降

续表 1-1

类 型	电子控制系统名称	主要控制项目
舒适性控制	悬架控制（EMS）	车身高度、悬架刚度、悬架阻尼、车身姿势（点头、侧卧、俯仰）
	巡航控制（CCS）	车速、安全（解除巡航状态）
	空调控制	制冷、取暖
	电动座椅控制	方向（向前、向后），高低（向上、向下）
	CD音响	娱乐
娱乐信息控制	交通信息显示	交通信息、电子地图
	车载电话	通信联络
	车载计算机	车内办公

习 题

1. 汽车电子控制系统由哪三部分组成？
2. 汽车电子控制系统分为哪三个系统？

项目 2　传感器原理与检测

传感器是将各种非电量(物理量、化学量、生物量等)按一定规律转换成便于传输和处理的另一种物理量(一般为电量)的装置。

传感器通常是由敏感元件、转换元件、测量电路三部分组成的。敏感元件是指能直接感受(或响应)被测量的部分,即将被测量通过传感器的敏感元件转换成与被测量有确定关系的非电量或其他量。转换元件则将上述非电量转换成电参量。测量电路的作用是将转换元件输入的电参量经过处理转换成电压、电流或频率等可测电量,以便进行显示、记录、控制和处理。

按检测项目的不同,汽车电子控制系统采用的传感器可分为流量传感器、压力传感器、位置传感器、温度传感器、速度传感器、碰撞传感器等。本项目主要介绍发动机常用传感器的工作原理及检测方法。

任务2.1　空气流量计

为了达到发动机在油耗、功率与有害物排放之间的良好平衡,需要精确控制缸内燃烧的喷油量,因此按照空燃比要求需要在进气系统中安装能精确测量进入气缸的空气流量的传感器,即空气流量传感器。

空气流量传感器简称为空气流量计,安装在空气滤清器和节气门体之间,其功用是根据发动机进气量的大小,将空气流量信号转换成电信号输入到电控单元 ECU,以供 ECU 计算确定喷油时间(即喷油量)和点火时间。空气流量信号是发动机电控单元 ECU 计算喷油时间和点火时间的主要依据。

根据检测进气量方式的不同,进气系统分为 L 型(质量流量式)和 D 型(速度密度式)两种。D 型进气系统是利用压力传感器检测进气歧管内绝对压力进而推算出空气量的传感器。由于进气歧管中的空气压力是变化的,因此速度密度方式不容易精确检测吸入的空气量。而且空气质量属于间接测量,所以 D 型燃油喷射系统的测量精度不高,但控制系统的成本较低,如图 2-1(a)所示。L 型进气系统利用流量传感器直接测量吸入进气管空气流量的传感器,精度较高,控制效果优于 D 型,如图 2-1(b)所示。

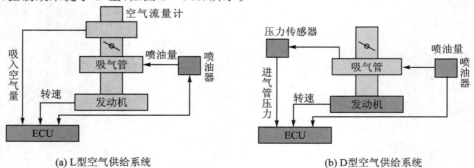

(a) L型空气供给系统　　　　　　　　(b) D型空气供给系统

图 2-1　空气供给系统

L型进气系统中常见的空气流量传感器有翼片式、卡门涡流式、热线式和热膜式流量传感器等几种。

2.1.1 翼片式空气流量传感器

翼片式空气流量传感器在电控汽油喷射初期阶段应用较多,后被热线式和卡门涡流式传感器所替代。图2-2所示为翼片式空气流量传感器的基本结构。测量叶片随空气流量的变化在空气主通道内偏转,同时缓冲叶片在缓冲室内偏转,缓冲室对翼片起阻尼作用。

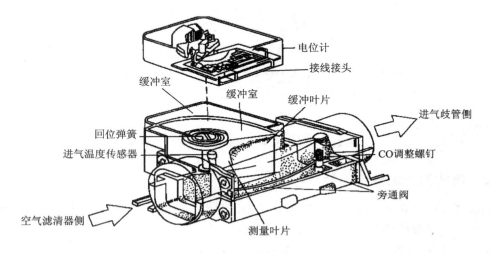

图2-2 翼片式空气流量计

翼片主要由测量叶片和缓冲叶片构成,两者铸成一体,如图2-3所示。翼片转轴安装在空气流量计的壳体上,转轴一端有螺旋回位弹簧。测量叶片随空气流量的变化在空气主通道内偏转,同时缓冲叶片在缓冲室内偏转,缓冲室对翼片起阻尼作用。

空气通过空气流量计主通道时,翼片将受到吸入空气气流的压力及回位弹簧的弹力控制。当空气流量增大,则气流压力增大,使翼片偏转,转角α增大,回位弹簧的弹力增加,与吸入空气气流对测量叶片的推力平衡时,翼片即处于稳定位置,如图2-4所示。翼片偏转带动电位计中的画笔转动,使"V_C"与"V_S"间的电阻减小,U_S电压值降低,电控单元根据空气流量计送入U_S/U_B的信号,感知空气流量的大小。当吸入空气的流量减小时,翼片转角α减少,接线插头"V_C"与"V_S"之间的电阻增大,U_S电压上升,则U_S/U_B的电压比值随之增大,工作原理如2-4所示。

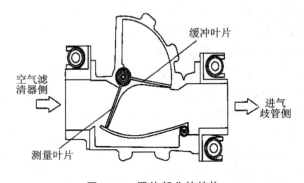

图2-3 翼片部分的结构

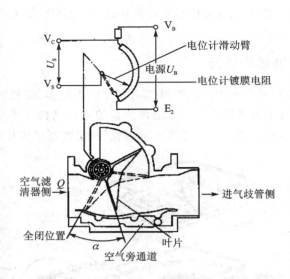

图 2-4 翼片式空气流量传感器工作原理图

2.1.2 热式空气流量传感器

热线式和热膜式空气流量传感器都是直接检测发动机吸入空气的质量流量的传感器,统称为热式空气流量传感器。两种传感器的检测原理完全相同,热线式空气流量传感器的检测元件是铂金属丝,热膜式空气流传感器的检测元件是铂金属膜。铂金属件的响应速度很快,能在几毫秒内反映出空气流量的变化,因此测量精度不受进气气流脉动的影响(气流脉动在发动机大负荷、低转速运转时最为明显)。此外还具有进气阻力小、无磨损部件等优点,因此目前大多数中高档轿车都采用这种传感器。

1. 热线式流量传感器

热线式空气流量传感器的基本结构如图 2-5 所示,包括取样管、铂金热线、温度补偿电阻、控制线路板、连接器和防护网等几部分。热线安装在取样管中,取样管则安装在主进气道的中央部位,两端有金属防护网,并与卡箍固定在壳体上。控制线路板上有六端子插座与发动机 ECU 连接,用于输入信号。

热线式空气流量传感器的测量原理与日常生活中使用的电吹风的工作原理相似,即在强制气流的冷却作用下,发热元件在单位时间内的散热量跟发热元件的温度与气流温度之差成正比。其工作原理如图 2-6 所示,在进气道上放置热线 R_2,当空气流经热线时,热线的热量被空气带走,使其冷却。热线周围流过的空气质量越大,被带走的热量越多。热线式空气流量传感器就是利用热线与空气之间的热传递现象,进行空气质量流量测定的。当空气质量增大时,由于空气带走的热量增多,为保持热线温度,集成电路应使热线通过的电流增大,反之则减小。这样,使热线 R_2 的电流随空气质量流量的增大而增大,反之随空气质量的减小而减小。热线电流在 50~120 mA 之间变化。

为了解决进气温度变化使热线温度发生变化而影响进气量的测量精度,在热线附近安置一根温度补偿电阻 R_4。该电阻安置在进气口的一侧,故又称为冷线,它的电阻也随着进气温度变化而变化。当传感器工作时,铂金丝由控制电路提供的电流加热到 120 ℃,控制电路向冷线提供的电流时冷线温度始终低于热线温度,即为 100 ℃。这样冷线温度起到参考标准的作用,使进气温度的变化不会影响热线测量进气量的精度。实际电路构成惠斯登电桥,便于测量和比较,热线电流大小通过惠斯通电桥电路中精密电阻 R_1 上的电压测量。

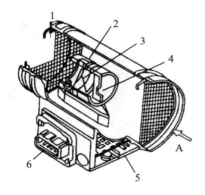 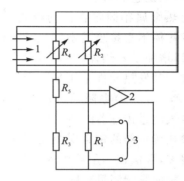

A—进气气流;1—防护网;2—采样管;3—铂丝热线;
4—铂薄膜电阻;5—控制线路板;6—接线插头

图 2-5　热线式空气流量传感器的基本结构

1—进气气流;2—混合集成电路;3—输出信号

图 2-6　热线式空气流量计的温差控制电路

当电桥电流增大时,取样电阻 R_1 上的电压升高,从而将空气流量的变化转换为电压信号的变化。输出电压与空气流量之间的特性曲线如图 2-7 所示。信号电压输入 ECU 后,ECU 可根据信号电压的高低计算出空气质量流量的大小。

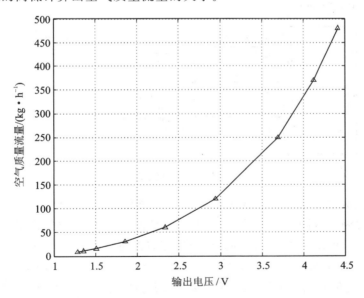

图 2-7　热膜式空气流量计的流量特性

热线式空气流量传感器长期使用后,空气中的灰尘、毛发等杂质会粘在热线上,影响测量精度,因此热线式空气流量计还具有自洁功能。当发动机熄火(或起动)时,ECU 自动接通空气流量计壳体内的电子电路,加热热线,使其温度在 1 s 内升高 1 000 ℃。由于自洁温度必须非常精确,因此在发动机熄火 4 s 后,该电路才被接通。

由于热线式空气流量计测量的是进气质量流量,它已将空气密度、海拔高度等影响考虑在内,因此可以得到非常精确的空气流量信号。

2. 热膜式空气流量传感器

热膜式空气流量传感器结构与热线式结构基本相同,只是它的发热体是热膜而不是热线,热膜由发热金属铂固定在薄的树脂膜上,这种结构使发热体不直接承受空气流动所产生的作用力,所以增加了发热体的强度,提高了流量计的可靠性。其发热元件采用平面形铂金属薄膜(厚度约为 200 nm)电阻器,故称为热膜电阻。热膜式空气流量传感器的结构如图 2-8 所示。

热膜式传感器的铂金属膜面积比热丝的表面积大得多,且覆盖一层绝缘保护膜,因此不会沾染污染物而影响测量精度。

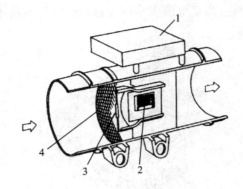

1—控制线路板;2—热膜;
3—上游温度传感器;4—金属网

图 2-8 热膜式空气流量计

3. 热线式空气流量计的检测

常见的热线式空气流量计电路如图 2-9 所示。点火开关接通时,经主继电器给空气流量计的 E 端子提供蓄电池电压,空气流量信号经 B 端子输送给 ECU,A 端子是调整一氧化碳的可变电阻器输出端子,D 端子通过 ECU 搭铁,C 端子为直接搭铁端子。关闭点火开关时,ECU 通过 F 端子给空气流量计输送自洁信号。

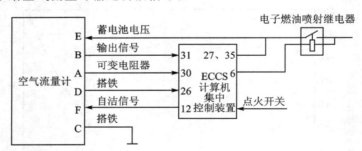

图 2-9 热线式空气流量计电路

对热线式空气流量计的检测主要是输出信号检测和自洁功能检测。输出信号的检测如图 2-10 所示。检测时,拆开热式空气流量计的线束插接器,拆下空气流量计;将蓄电池的电压施加于空气流量计的端子 D 和 E 之间(电源极性应正确),然后用万用表电压挡测量端子 B 和 D 之间的电压。其标准电压值为 $(1.6±0.5)$ V。若电压值不符,则应更换空气流量计。在进行上述检查之后,对空气流量计的进气口吹风,同时测量端子 B 和 D 之间的电压。在吹风时,电压应上升至 2~4 V。若电压值不符,则须更换空气流量计。

检测热线式空气流量计的自洁功能时,安装好热线式空气流量计及其线束插接器,拆下空气流量计的防尘网,起动发动机并加速到 2 500 r/min 以上。在发动机停转 5 s 后,从空气流量计进气口处,可以看到热线自动加热烧红(约 1 000 ℃)约 1 s,若无此现象发生,则须检查自洁信号或更换空气流量计。自洁信号的检查方法是在发动机达正常工作温度、转速超过 2 500 r/min 后,测量 F 端子与 D 端子之间的电压。关闭点火开关时,电压应回零并在 5 s 后

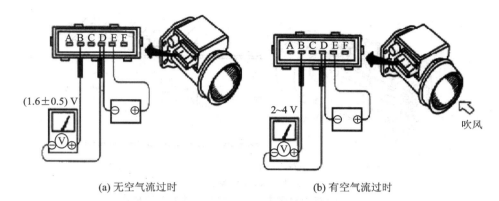

(a) 无空气流过时　　　　　　　　(b) 有空气流过时

图 2-10　检测热线式空气流量计输出信号

又跳跃上升,1 s 后再回零,否则说明自洁信号不良;自洁信号不良说明线路或 ECU 有故障,但若自洁信号正常,而看不到热线自动加热烧红的现象,说明空气流量计有故障。

2.1.3　卡门涡流式空气流量计

1. 卡门涡流式空气流量计的原理

红旗迎风飘扬,风大时飘扬速度变快,这是因为当旗杆作为一个障碍物时,风从两边吹过会形成漩涡,漩涡一左一右交替产生,漩涡频率和风速有关,这种漩涡称为卡门漩涡。在一定的流速范围内,漩涡的发生频率 f(即单位时间交替产生的漩涡个数)与空气的流速 v、涡流发生器的直径 d 有如下对应关系

$$f = S_t \frac{v}{d} \quad \text{或} \quad v = d \frac{f}{S_t} \tag{2.1-1}$$

式中,S_t 称为斯特罗巴尔数,其数值的大小与涡流发生器的几何形状有关,当涡流发生器的几何形状已定时,且流速 1~75 m/s 范围内,斯特罗巴尔数基本上保持不变($S_t=0.2$)。

2. 卡门涡流式空气流量计的实例

依照卡门的公式,如果在流速均匀的进气道中放一个涡流发生器,当空气流过涡沉发生器时,就会在它的背面两侧有规律地交替产生漩涡,如图 2-11 所示。如果通道直径已知,只要测出漩涡发生的频率,ECU 就能计算出空气的流速和体积流量,进而根据温度和压力算出进入发动机气缸的空气质量。

卡门漩涡式空气流量计的结构按照旋涡数的检测方式不同,可以分为反光镜检测方式检测卡门漩涡式空气流量计、超声波检测方式卡门旋涡式空气流量计两种。

图 2-11 所示为反光镜检测方式的卡门漩涡式空气流量计的结构图,其中发光二极管 6 的光线经反光镜 4 反射后照射到光敏三极管 5。漩涡产生变化的气压通过导压孔 3 引向反光镜 4 表面,使反光镜以漩涡频率振动,光敏三极管 5 收到光线变化的频率,产生随频率变化的信号传递给 ECU,ECU 解算出空气流量。

卡门漩涡式空气流量计与翼片式空气流量计相比,具有体积小、重量轻、进气道结构简单、进气阻力小等优点。

3. 检测方法

卡门旋涡式空气流量计(带进气温度传感器)电路如图 2-12 所示。ECU 通过 V_c 端子给

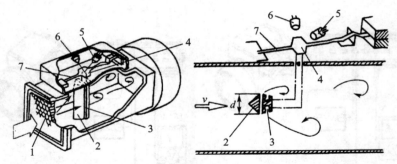

1—导流罩；2—涡流发生器；3—导压孔；4—反光镜；5—光敏三极管；
6—发光二极管；7—板弹簧

图 2-11　反光镜检测方式的卡门旋涡式空气流量计

空气流量计提供一个标准的 5 V 电压，空气流量信号经 K_S 端子输入 ECU，E_2 为搭铁端子。

① 将点火开关置于"OFF"位置，拆开空气流量计的线束插接器，用万用表电阻挡测量端子 THA 与 E_2 之间的电阻（见图 2-13），其标准值如表 2-1 所列。如果电阻值不符合标准值，说明进气温度传感器有故障，应更换空气流量计。

② 插好空气流量计的线束插接器，用万用表电压挡检测发动机 ECU 端子 THA-E_2、V_C-E_1、K_S-E_1 间的电压，其标准电压值如表 2-2 所列。

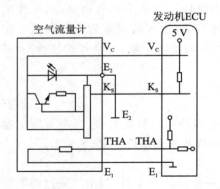

图 2-12　卡门涡旋空气流量计电路

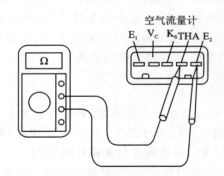

图 2-13　检测卡门涡旋空气流量计

表 2-1　卡门旋涡式空气流量计电阻测量标准 (LS400)

端　子	标准电阻/kΩ	温度/℃
THA-E_2	10.0~20.0	-20
	4.0~7.0	0
	2.0~3.0	20
	0.9~1.3	40
	0.4~0.7	60

表 2-2　卡门旋涡式空气流量计电压测量标准(LS400)

端　子	电压/V	条　件
THA—E_2	0.5～3.4	怠速、进气温度 20 ℃
	4.5～5.5	点火开关 ON
K_s—E_1	2.0～4.0(脉冲发生)	怠速
V_c—E_1	4.5～5.5	点火开关 ON

任务2.2　进气歧管绝对压力传感器

在电控发动机燃油喷射系统中,如果安装了进气歧管绝对压力传感器则不用安装空气流量传感器。进气歧管绝对压力传感器根据发动机的负荷状态检测进气歧管内绝对压力的变化,并转换成电压信号与转速信号一并输送给计算机控制装置,作为喷油器基本喷油量的依据。歧管压力传感器的安装位置比较灵活,只要能将进气歧管内的进气压力引入传感器的真空管内,传感器就可装在任何位置。轿车一般将传感器通过连接软管安装在进气歧管或进气稳压箱上。

进气歧管绝对压力传感器的种类较多,按其检测原理可分为压敏电阻式、电容式、膜盒式等,但目前应用最广泛的是压敏电阻式和电容式。

2.2.1　压敏电阻式压力传感器

1. 压敏电阻式进气歧管绝对压力传感器的结构和原理

传感器主要由绝对真空室、硅片和 IC 放大电路组成,如图 2-14、图 2-15 所示。在硅膜片的中央部位采用腐蚀方法制作薄膜片。在薄硅膜片表面上有 4 只阻值相等的应变电阻,并将四只电阻连接成惠斯顿电桥电路。该电路再与传感器内部的信号放大电路和温度补偿电路等混合集成电路连接。

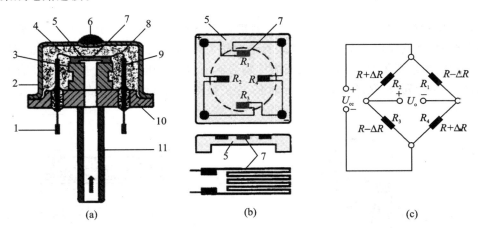

1—引线端子；2—壳体；3—硅杯；4—真空室；5—硅膜片；6—锡焊封口；
7—应变电阻；8—金线电极；9—电极引线；10—底座；11—真空管
图 2-14　压敏电阻式进气歧管压力传感器结构图

硅片的一侧是绝对真空室,而另一侧承受进气管内的压力,在此压力作用下使硅片产生变形;由于绝对真空室的压力是固定的(绝对压力为 0),进气管绝对压力变化时,硅片的变形量不同;硅片是一个压力转换元件(压敏电阻),其电阻值随其变形量而变化,导致硅片所处的电桥电路输出电压发生变化,电桥电路输出的电压(很小)经IC放大电路放大后输送给ECU。

2. 压敏电阻式进气歧管绝对压力传感器的检测

传感器与ECU的连接电路如图2-16所示。ECU通过V_{CC}端子给传感器提供标准的5 V电压,传感器信号经PIM端子输送给ECU,E_2为搭铁端子。对压敏电阻式进气歧管绝对压力传感器的检测内容和方法如下:

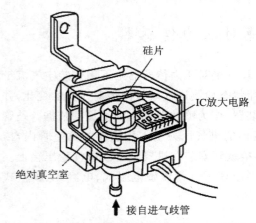

图2-15 压敏电阻式进气歧管绝对压力传感器　　图2-16 压敏电阻式压力传感器工作原理图

(1) 电源电压检测

点火开关置于"OFF"位置,拆开进气歧管绝对压力传感器的线束插接器,然后将点火开关置于"ON"位置(不起动发动机),在线束侧用万用表电压挡测量线束插接器电源端子V_{CC}和搭铁端子E_2之间的电压(见图2-17),其电压值应为4.5~5.5 V。如有异常,则应检查进气歧管绝对压力传感器与ECU之间的线路是否导通。若断路,则应更换或修理线束。

(2) 输出信号电压检测

将点火开关置于"ON"位置(不起动发动机),拆下连接进气歧管绝对压力传感器与进气歧管的真空软管,然后用真空泵使进气歧管绝对压力传感器处于真空环境,同时在ECU侧用万用表电压挡测量端子PIM与E_2之间的传感器输出信号电压(见图2-18),标准输出信号电压值如表2-3所列,检测结果如不符合标准,应更换进气歧管绝对压力传感器。

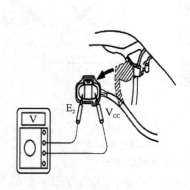　　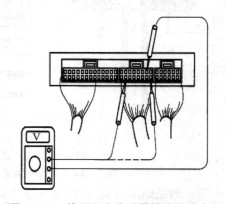

图2-17 检测压力传感器电源电压　　图2-18 检测压力传感器输出信号电压

表 2-3 进气歧管绝对压力传感器输出信号电压标准(皇冠 3.0)

真空度/kPa(mmHg)	13.3(100)	26.7(200)	40.0(300)	53.5(400)	66.7(500)
电压值/V	0.3~0.5	0.7~0.9	1.1~1.3	1.5~1.7	1.9~2.1

2.2.2 电容式进气歧管绝对压力传感器

1. 电容式进气歧管绝对压力传感器的结构和原理

传感器利用电容效应检测进气歧管绝对压力,其结构如图 2-19 所示。该传感器的压力转换元件由可产生电容效应的厚膜电极构成,电极被附在氧化铝膜片上。发动机工作时,进气管内的空气压力作用于氧化铝膜片上,使氧化铝膜片产生位移,即上、下两个厚膜电极之间的距离发生变化,导致由两个厚膜电极形成的电容也产生相应的变化,电容的变化量与进气管内空气的绝对压力成正比,电容的变化量可经过测量电路(电容电桥电路和谐振电路等)转换成电压信号或频率信号,ECU 则根据传感器输出的电压信号或频率信号确定进气管绝对压力。

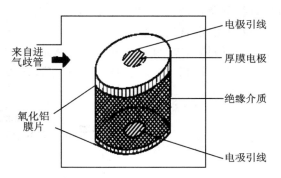

图 2-19 电容式进气歧管绝对压力传感器

电容式进气歧管绝对压力传感器的线束插接器上有 3 个端子,分别为电源端子、信号端子和搭铁端子。

输出信号为电压信号的压力传感器,其检测方法与压敏电阻式进气歧管绝对压力传感器基本相同,其电源电压一般为 5 V,随进气管压力(或给传感器施加真空度)的变化,其输出的信号电压一般为 2~4 V。

输出信号为频率信号的压力传感器,又称数字式进气歧管绝对压力传感器,其检测项目和方法如下:

(1) 电源电压检测

ECU 给传感器提供标准的 5 V 电源电压,其检测方法与前述压敏电阻式进气歧管绝对压力传感器基本相同。

(2) 输出信号频率检测

打开点火开关,但不起动发动机,用手动真空泵给进气歧管绝对压力传感器施加不同的真空度,同时用示波器测量传感器输出波形。波形的幅值为满 5 V 的脉冲,同时形状正确,例如波形稳定、矩形方角正确、上升沿垂直方向、频率与对应的真空度应符合标准(见表 2-4)。

表 2-4 进气歧管绝对压力传感器输出信号频率标准(福特车系)

真空度/kPa(inHg)	0(0)	10.2(3)	20.3(6)	30.5(9)	40.7(12)	50.8(15)
电压值/Hz	159	150	141	133	125	117
真空度/kPa(inHg)	61.0(18)	71.1(21)	81.3(24)	91.5(27)	101.5(30)	
电压值/Hz	109	102	95	88	80	

任务2.3 节气门位置传感器

节气门位置传感器(Throttle Position Sensor,TPS),用来确定节气门的开度位置,同时也反映节气门开闭的速度。在急加速或急减速时,空气流量计由于惯性或灵敏度影响使其反应滞后,进而影响ECU对汽车的动力性能和燃油经济性的判断。空气流量计的该缺陷可由节气门位置传感器弥补,所以节气门位置传感器也是控制喷油量的另一个重要信号。

节气门位置传感器安装在节气门体轴上。节气门体的作用是用来调节进气气缸的空气量,以控制负荷的大小,当油门踏板踩下时,节气门开度增大,进气量也随之增大,同时喷油量也响应增加,混合气总量变大。

节气门体由节气门、节气门开度传感器、节气门缓冲机构、怠速通道及其调节螺钉等构成,如图2-20所示。在节气门体上设置了冷却液路,用来加热节气门体,以防发生结冰现象。

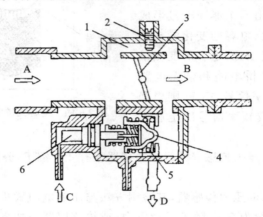

A—来自空气滤清器;B—至进气总管;C—冷却液进口;D—冷却液出口;
1—怠速旁通气道;2—怠速调整螺钉;3—节气门;4—旁通空气阀;5—弹簧;6—感温器
图2-20 节气门体结构

当发动机正常运行时,通过加速踏板控制节气门开度,以改变进气通道的开启面积,由此调节进气量,控制发动机的输出。节气门开度的状态通过节气门开度传感器来检测,并由ECU进行判断控制。节气门的关闭是靠回位弹簧,该弹簧的弹力要克服节气门转轴的摩擦阻力和传动系统的摩擦阻力。

根据结构和原理不同,节气门位置传感器可分为触点式和组合式两种。

2.3.1 触点式节气门开度传感器

触点式节气门位置传感器的结构如图2-21所示,主要由导向凸轮、节气门轴、控制杆、可动触点、怠速触点、大功率触点、导向槽、接线端子组成。凸轮随节气门轴转动,节气门轴随油门开度大小的变化而变化。

触点式节气门开度传感器的触点状态和输出特性如图2-22所示。当节气门关闭时,怠速触点(IDL)闭合、功率触点(PSW)断开,怠速触点输出端子输出的信号为低电平"0",功率触点输出的信号为高电平"1"。ECU判定发动机处于怠速状态,并控制喷油器增加喷油量,保证发动机怠速运转稳定而不致熄火。如果车速传感器输入ECU的信号表示车速不为零,那么

ECU 将判定发动处于减速状态运行,并控制喷油器停止喷油,以降低排放量和提高燃油的经济性。

当节气门开度增大时,凸轮随节气门轴转动并将怠速触点顶开,如果功率触点保持断开状态,那么怠速触点输出端子和功率触点输出端子输出高电平"1"。ECU 接收到这两个高电平信号时,则判定发动机处于部分负荷状态,此时 ECU 将根据空气流量传感器信号和曲轴转速信号计算喷油量,保证发动机的经济性和排放性能。

当节气门接近全部开启(80%以上负荷)时,凸轮转动使功率触点 PSW 闭合,功率触点 PSW 输出端子输出低电平"0",怠速触点输出端子 IDL 输出为高电平"1"。ECU 接收到这两个信号时,

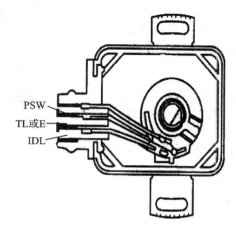

图 2-21 触点式节气门位置传感器结构及工作原理

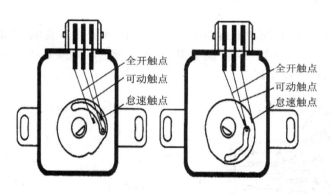

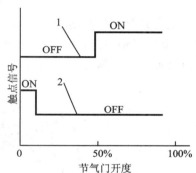

1—全开(功率触点);2—全闭(怠速触点)

图 2-22 触点式节气门位置传感器的触点状态和输出信号

则判定发动机处于大负荷状态运行,并控制喷油器增加喷油量,保证发动机输出足够的功率,故大负荷触点称为功率触点。在此状态下,控制系统将进入开环控制模式,ECU 不采用氧传感器信号。如果此时空调系统仍在工作,那么 ECU 将中断空调主继电器信号约 15 s,以便切断空调电磁离合器线圈电流,使空调压缩机停止工作,增大发动机的输出功率,提高汽车的动力性。

这种节气门位置传感器结构比较简单,但其只能反应节气门三种位置状态,不能指示节气门的任一开度。开关式节气门位置传感器的检测如下:

(1) 一般检查

触点式节气门位置传感器结构简单,对其检查时只需测量怠速触点和功率触点的通断情况即可判定其好坏。

① 怠速触点 在节气门全闭时怠速触点应闭合,节气门略打开一点儿即断开。

② 功率触点 在节气门开度小于 50°时,功率触点应断开,节气门开度超过 50°时应闭合。

(2) 开路检测

对触点式节气门位置传感器进行开路检查时,其怠速触点可通过间隙检查。功率触点可经过角度检查来确认其好坏。

检测时,首先拔下节气门位置传感器的接线,用万用表和塞规两者配合进行检测,然后与表 2-5 中所列的数据进行对照,检测结果与表中数据大致相符的,一般即可判断其为正常,否则应查找故障原因。

表 2-5 触点式节气门位置传感器开路检测数据

两触点名称	节气门调整螺钉与杠杆间间隙/mm	节气门开度	万用表的电阻示值
IDL 与 TL	0.44 以下		0
	0.66 以上		∞
	0.55		瞬间显示 0 Ω,次状态正常。应将节气门位置传感器固定牢
PSW 与 TL		55°以上	0
		45°以上	∞

2.3.2 组合式节气门位置传感器

组合式节气门开度传感器的基本结构和原理电路如图 2-23 所示,主要由可变电阻、活动触点、节气门轴、急速触点和壳体组成。可变电阻为镀膜电阻,制作在传感器底板上,可变电阻的滑臂随节气门轴一同转动,滑臂与输入端子连接。

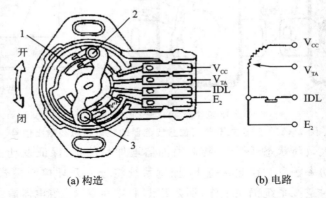

(a) 构造　　(b) 电路

V_{CC}—电源;V_{TA}—节气门开度输出信号;IDL—急速触点信号;E_2—地线;
1—电阻体;2—检测节气门开度的动触点;3—检测急速位置的动触点

图 2-23 组合式节气门位置传感器的结构和电路

组合式 TPS 输出特性如图 2-24 所示。当节气门关闭或开度小于 1.2°时,急速触点闭合,其输入端 IDL 输出低电平(0 V),当节气门开度大于 1.2°时,急速触点断开,输出端 IDL 输出高电平(5 V)。

随着节气门开度变化增大,可变电阻的滑臂随节气门轴转动,滑臂上的触点便在镀膜电阻上滑动,传感器输出端子 V_{TA} 与 E_2 之间的信号电压随之发生变化,节气门开度越大,输出电

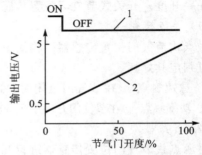

1—急速触点信号;2—节气门开度输出电压

图 2-24 组合式节气门位置传感器输出特性

压越高。传感器输出的线性信号经过 A/D 转换器转换成数字信号后再输入 ECU。

组合式节气门位置传感器的检测如下：

(1) 开路检测

拔下传感器连接线束插座，可见到插座上共有 4 个端脚。其中：V_{CC} 为电压输出接头，属电源端。V_{TA} 为节气门开度电压信号输出接头，也就是传感器电位器电刷接头。IDL 为怠速触点信号接头。E_2 接地线，即搭铁。

用万用表 R×100Ω 挡分别测量线束插件与传感器相连各端子之间的电阻值，该电阻值应符合如表 2-6 所列的电阻值(车型不同可能有一些差异，但变化规律是相同的)。如果阻值相差较大，则可能是节气门位置传感器已损坏。

表 2-6 组合式节气门位置传感器正常开路电阻参考值

节气门开度	端子 V_{TA} 与 E_2 间/kΩ	端子 IDL 与 E_2 间/Ω	端子 V_{CC} 与 E_2 间
全关闭	0.2～0.8	0	固定值
全打开	2.8～8	∞	固定值
从全关闭到全打开	阻值逐渐增大	∞	固定值

(2) 在路检测

将上述节气门位置传感器插件重新插好。打开点火开关，但不要起动发动机。

用万用表 10 V DC 挡检测线束插件各端子之间的电压应符合表 2-7 所列值。如电压值相差较多，应检查线路、ECU 及节气门位置传感器。可先将节气门位置传感器拆下测量其开路电阻是否对。在确定节气门位置传感器无问题，且检查线路及供电均无故障后，再检查 ECU。

表 2-7 组合式节气门位置传感器正常工作电压参考值

节气门开度	端子 V_{TA} 与 E_2 间/V	端子 IDL 与 E_2 间/V	端子 V_{CC} 与 E_2 间/V
全关闭	0.7	低于 1	5
全打开	3.5～5	4～6	5
从全关闭到全打开	电压逐渐增大	4～6	5

任务 2.4　曲轴与凸轮轴位置传感器

曲轴位置传感器(Crankshaft Position Sensor，CPS)又称为发动机转速与曲轴转角传感器，功用是检测曲轴转角和发动机信号并输送给 ECU，以便确定燃油喷射时刻和点火控制时刻。曲轴位置传感器是发动机控制系统中最主要的传感器，发动机控制模块用此信号控制燃油喷射量、喷油正时、点火时刻、怠速运转和电动汽油泵的运行。通常安装在分电器内(早期发动机)、曲轴飞轮旁、曲轴皮带轮后，也有的安装在发动机缸体中部。

凸轮轴位置传感器(Camshaft Position Sensor，CPS)又称为气缸判别传感器(Cylinder Identification Sensor，CIS)和相位传感器。为了区别曲轴位置传感器，凸轮轴位置传感器简称为 CIS。该传感器用来检测凸轮轴位置信号，输送给 ECU 以确定第一缸压缩上止点，从而进行顺序喷油控制和点火时刻控制;同时,还用于发动机起动时识别第一次点火时刻,因此也称为判缸传感器。该传感器一般安装在凸轮轴前端或后端,也有的安装在分电器内。

根据测量原理的不同,可分为电磁感应式传感器、霍尔效应传感器和光电式传感器三种。

曲轴位置传感器与凸轮轴位置传感器有电磁感应式、光电式、霍尔式、磁阻式等类型。光电式曲轴位置传感器或凸轮轴位置传感器通常安装在分电器内部,近年来随着分电器的淘汰,此种类型已不再使用。以下主要介绍电磁感应式、霍尔效应式、磁阻式曲轴位置/凸轮轴位置传感器的结构及工作原理。

2.4.1 电磁感应式传感器

电磁感应式传感器是根据法拉第电磁感应定律,将转速变化引起的磁通量的相应变化转化成电信号来测量转速的。如图 2-25(a)所示,电磁线圈式传感器主要由转子、感应线圈、永久磁铁等组成,常安装在分电器轴上或直接固定在曲轴上。转子上设有凸轮缘,当转子(凸缘)随分电器轴(或曲轴)旋转时,凸缘与永久磁铁之间的间隙发生变化,使磁通量随之而变化,于是在感应线圈中产生周期性变化的感应电动势 E,并且是阻碍磁通量变化的。因此,在电路上产生如图 2-25(b)所示的交流电,通过检测交流电的波形可测量发动机的转速。

电磁感应式传感器不需要外接电源。当发动机转速变化时,转子凸轮转动的速度将发生变化,铁芯中的磁通变化率也将随之发生变化。转速越高,磁通变化率就越大,传感器线圈中的感应电动势也就越高。

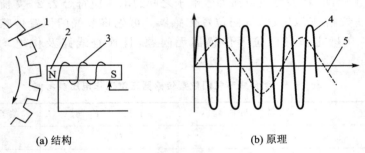

(a) 结构　　　　　　　　　　(b) 原理

1—信号轮;2—感应头;3—感应线圈;
4—高速时的电动势输出信号;5—低速时的输出信号

图 2-25　电磁感应式传感器结构及原理图

实际传感器由多齿转子和感应线圈构成,为了判断曲轴转角位置,感应线圈安装在多齿转子上对应第一缸上止点(或上止点前某一角度)位置,由此可精确地检测曲轴转角位置和发动机转速。如果把这种电磁线圈式传感器安装在分电器或凸轮轴上时,其输出的脉冲信号频率与多齿转子齿数和凸轮轴转速之间的关系为

$$f = \frac{z n_p}{60} \qquad (2.4-1)$$

式中,f 为感应电动势频率;n_p 为凸轮轴转速;z 为多齿转子齿数。

可见,电磁线圈式传感器输出的电压信号频率变化直接反映凸轮轴(曲轴)的转速情况。

电磁线圈式传感器也可用于气缸识别。为了识别气缸,专门在凸轮轴或分电器轴上设置单齿转子和感应线圈组成的电磁线圈式传感器,通过感应线圈的安装位置保证当第一缸在上止点(或上止点前某一角度)时,单齿对应感应线圈,其输出信号作为第一缸基准脉冲信号,并根据发火顺序可判定其他工作气缸。

这样,通过气缸识别信号和转速信号,针对不同转速可精确控制各缸的喷射时刻和点火时刻等。

2.4.2 光电式传感器

丰田、日产、三菱汽车公司生产的光电式曲轴位置与凸轮轴位置传感器安装在分电器内,简图如图 2-26 所示,主要由信号发生器、信号盘、传感器壳体、整形电路等组成。

信号盘是传感器的信号转子,压装在传感器轴上(见图 2-27),在靠近信号盘的边缘位置制作间隔弧度均匀的内、外两圈透光孔。其中,外圈有 360 个长方形透光孔(缝隙),间隔弧度为 1°(透光孔占 0.5°,遮光部分占 0.5°),用于产生曲轴转角与转速信号;内圈有 6 个透光孔(长方形孔),间隔弧度为 60°,用于产生各个气缸的上止点位置信号,其中有 1 个长方形宽边稍长的透光孔,用于产生第一缸上止点位置信号。

1°信号也叫 N_e 信号(曲轴位置传感器信号或发动机转速信号),用来控制点火提前角,计算点火顺序和喷油顺序。60°信号也叫 G 信号(凸轮轴位置信号),用于判断一缸或六缸是否处于上止点,以此来控制点火和喷油时刻。N_e 信号和 G 信号发生器均由一只发光二极管和一只光敏晶体管(三极管)组成,两只 LED 分别对着两只光敏三极管。

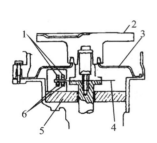

1—发光二极管;2—分火头;3—密封盖;
4—信号盘;5—整形电路;6—光敏二极管

图 2-26 光电式曲轴位置传感器的结构简图

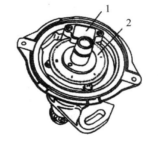

(a) 曲轴位置传感器在分电器上的布置

1—信号发生器;2—信号盘;3—1 缸判缸光栅;
4—1°光栅;5—判缸光栅

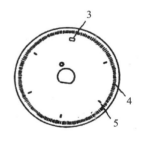

(b) 信号盘

图 2-27 光电式曲轴位置传感器

光电式传感器的工作原理如图 2-28 所示,因为传感器轴上的斜齿轮与发动机配气机构凸轮轴上的斜齿轮啮合,所以当发动机带动传感器轴转动时,信号盘上的透光孔便从信号发生器的发光二极管 LED 与光敏三极管之间转过。

当信号盘上的透光孔旋转到 LED 与光敏晶体管之间时,LED 发出的光线就会照射到光敏晶体管上,此时光敏晶体管导通,其集电极输出低电平(0.1~0.3 V);当信号盘上的遮光部分旋转到 LED 与光敏晶体管之间时,LED 发出的光线就不能照射到光敏晶体管上,此时光敏晶体管截止,其集电极输出高电平(4.8~5.2 V)。如果信号盘连续旋转,那么透光孔和遮光部分就会交替地输出高电平和低电平。

当传感器轴随曲轴和配气凸轮轴转动时,信号盘上的透光孔和遮光部分便从 LED 与光敏晶体管之间转过,LED 发出的光线受信号盘透光和遮光作用就会交替照射到信号发生器的光敏晶体管上,信号传感器中就会产生与曲轴位置和凸轮轴位置对应的脉冲信号。

由于曲轴旋转两周,传感器轴带动信号盘旋转一圈,因此 G 信号传感器将产生 6 个脉冲信号,N_e 信号传感器将产生 360 个脉冲信号。由于 G 信号透光孔间隔弧度为 60°,即曲轴每旋转 120°就会产生一个脉冲信号,所以通常 G 信号称为 120°信号。设计安装保证 120°信号在上止点前 70°时产生,且长方形宽边稍长的透光孔产生的信号对应于与发动机第一缸活塞上止点前 70°,以便 ECU 控制喷油提前角。由于 N_e 信号透光孔间隔弧度为 1°(透光孔 0.5°,遮光部分占 0.5°),所以在每一个脉冲周期中,高、低电平各占 1°曲轴转角,360 个信号表示曲轴旋转 720°。

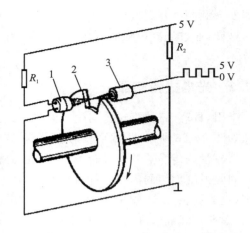

1—发光二极管;2—信号盘;3—光敏三极管
图 2-28 光电式传感器的工作原理

光电式曲轴位置传感器的检测方法如下:

用万用表直流电压挡检测传感器信号(1°信号)电压接角,起动发动机时的电压应为 0.2~1.2 V。起动后怠速运转期间,信号电压应为 1.8~2.5 V,否则应更换曲轴位置传感器。

拔下传感器插头,打开点火开关,检查插头上电源端子与搭铁端子之间的电压应为 5 V 或 12 V(根据车型不同而不一样)。若无电压,则应检查传感器至 ECU 的导线和 ECU 上相应端子上的电压。若 ECU 端子上有电压,则为 ECU 至传感器之间的导线断路;否则,可能是电控单元(ECU)本身有问题。

插回传感器插头,起动发动机,使其转速保持在 2 500 r/min 左右,测量传感器输出端子上的电压,正常值一般为 2~3 V,若电压不对,则为光电式曲轴位置传感器损坏。

随着分电器的淘汰,光电式的曲轴/凸轮轴位置传感器已不再使用。

2.4.3 霍尔效应式传感器

所谓霍尔效应,是在流通电流的导体上,垂直于电流方向施加具有磁通密度 B 的磁场时,在垂直于由 I 和 B 构成的平面上将产生感应电压 U_H;磁场消失,则电压消失,如图 2-29 所示。该现象是美国约翰·霍普金斯大学物理学家爱德华·霍尔博士于 1879 年首先发现的,被称为霍尔效应,U_H 被称为霍尔电压。

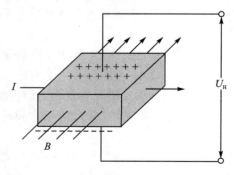

图 2-29 霍尔效应原理图

感应电压 U_H 的大小可用下式表示,即
$$U_H = kBI \quad (2.4-2)$$
式中,k 为常数;B 为磁通密度;I 为垂直于磁场方向流动的电流。

当结构一定且电流 I 为定值时,霍尔电压 U_H 与磁场强度 B 成正比。霍尔效应式传感器主要由霍尔元件、旋转遮罩板、永久磁铁等组成,如图 2-30 所示。霍尔式转速和曲轴位置传感器利用触发叶片或轮齿改变通过霍尔元件的磁场强度,从而使霍尔元件产生脉冲的霍尔电压信号,经放大整形后即为转速和曲轴位置传感器的输出信号。该传感器工作原理如图 2-30 所示,信号盘转动时,每当叶片进入永久磁铁与霍尔元件之间的气隙中时,永久磁铁的磁场即被触发叶片所旁路(或称隔磁),霍尔元件上没有磁场作用,因而不产生霍尔电压。当触发叶片离开气隙时,永久磁铁的磁通便作用在霍尔元件上,这时产生霍尔电压。这样,信号盘转动一圈,霍尔元件便会输出与叶片数相同的脉冲个数。ECU 通过检测此脉冲信号的频率即可计算出转速或曲轴转角位置信号。

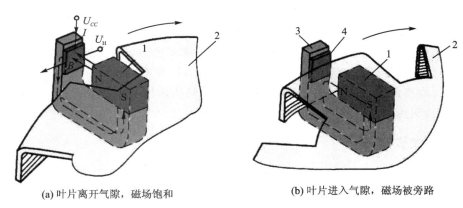

(a) 叶片离开气隙,磁场饱和　　　　(b) 叶片进入气隙,磁场被旁路

1—永久磁铁;2—触发叶轮;3—磁轭;4—霍尔集成电路

图 2-30　霍尔传感器的工作原理图

霍尔式曲轴/凸轮轴位置传感器的检测可通过测量有无输出脉冲信号(5 V 或 12 V 方波)来判断其工作性能是否良好。以下以桑塔纳 3 000 的霍尔式凸轮轴位置传感器为例介绍其检测方法。

桑塔纳 3 000 霍尔式凸轮轴位置传感器的控制电路如图 2-31 所示,传感器三个端子分别为 5 V 电源端子、信号端子和搭铁端子。

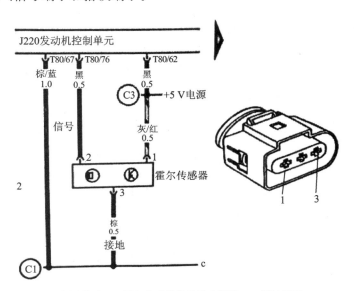

1—电源端子;2—霍尔传感器信号输出端子;3—接地端子

图 2-31　桑塔纳 3000 霍尔式凸轮轴位置传感器的控制电路

首先拔下传感器插头,打开点火开关,检查插头上电源端子与搭铁之间的电压应为4.5~5.5 V。电压正常,证实线路导通。若无电压,则应检查霍尔式传感器到ECU之间的线路及ECU上相应端子上的电压。若ECU相应端子上有电压,则为传感器至ECU之间线路断路;若ECU相应端子上无电压,则为ECU出现故障。

其次,断开霍尔传感器连接器,打开点火开关,测量连接器端子2和3的电压,标准应接近蓄电池电压(由控制单元提供的参考电压)。电压正常,证实线路导通。接上霍尔传感器的连接器,利用万用表电压挡测量霍尔传感器输出信号(2号端子),发动机运转时,应有信号产生。因为霍尔传感器输出的脉冲信号,万用表只能测得信号的变化。

将拔下的传感器插头重新插好,起动发动机,测量霍尔曲轴位置传感器输出端子的信号电压,正常值为3~6 V。若无电压,则为传感器本身有问题,应修理或检查更换。

也可通过检查传感器信号输出端电压的波形,来确认传感器本身是否损坏。若无信号或信号异常,均说明传感器有问题。

2.4.4 磁阻式传感器

近年来,磁阻效应式(MRE)曲轴/凸轮轴位置传感器广泛应用于汽车上,这种传感器具有灵敏度高、低转速信号测试可靠、集成加工简单、成本低等优点。此种传感器采用透磁合金材料(MRE材料),这种材料通电后在外部磁场的作用下,本身磁场方向改变,进而使电阻发生变化。

如图2-32所示,MRE材料安装在集成电路板上,当带着磁铁的转子(磁环)旋转时,MRE传感器外部磁场方向发生变化,MRE的电阻也发生变化,集成电路根据电阻的变化输出脉冲信号(脉冲数量和磁环的磁极数量相同)。MRE传感器是一种主动型的传感器,发动机电控模块必须施加电源(根据车型,通常有5 V、8 V、9 V或12 V几种电压)才能工作。

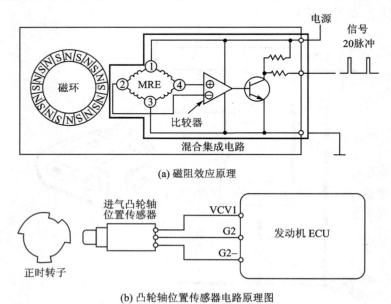

图2-32 磁阻式传感器工作原理图

丰田卡罗拉1ZR-FE发动机采用的凸轮轴位置传感器(丰田也称G信号传感器,如图2-32所示)为磁阻式,由磁铁和MRE元件组成。凸轮轴上有一个凸轮轴位置传感器的正时转子。凸轮轴旋转时,正时转子和MRE元件之间的空气间隙随之变化,使磁铁磁场发生变化,MRE材料的电阻也同时发生变化。凸轮轴位置传感器将凸轮轴旋转数据转换为脉冲信号,并据此判断凸轮轴角度,然后将信号发送到ECM,作为ECM控制燃油喷射时间和喷射正时的数据。

MRE凸轮轴位置传感器和用于常规车型的耦合线圈型凸轮轴位置传感器的区别如表2-8所列,信号对比如图2-33所示。

表2-8 MRE传感器和耦合线圈传感器对比

项 目	MRE传感器	耦合线圈传感器
信号输出	自低转速开始的恒定数字信号输出	模拟输出随发动机转速变化而变化
凸轮轴位置检测	通过比较NE信号与高/低输出转换正时(正时转子凸起/未凸起部分引起)进行检测,或根据高/低输出期间输入NE信号的数量进行检测	通过比较NE信号与正时转子的凸起部分通过时输出的波形变化进行检测

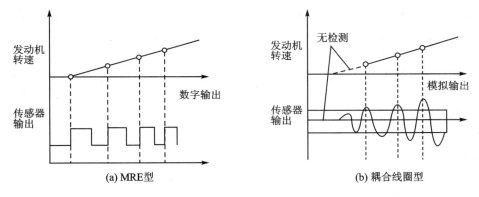

图2-33 MRE传感器和耦合线圈传感器信号对比图

任务2.5 温度传感器

汽车内的温度传感器主要包括进气温度传感器、冷却液温度传感器、排气温度传感器、车外环境温度传感器、车内温度传感器等。温度传感器通常有热敏电阻式、双金属片式、热敏铁氧式、蜡式等,汽车上的温度传感器多为负热敏系数的热敏电阻式。

2.5.1 温度传感器的结构

发动机的工作温度通常用冷却液温度来表示。当冷却液温度低时,进气温度、润滑油温度也低,这将直接影响燃油的雾化特性和润滑性能。

冷却液温度传感器(Coolant Temperature Sensor,CTS)又称为水温传感器,一般安装在发动机缸盖上,用于检测冷却液温度。在发动机电控系统中,冷却液温度传感器的结构如

图 2-34 所示。

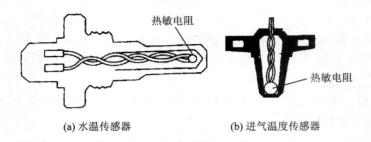

(a) 水温传感器　　(b) 进气温度传感器

图 2-34　热敏电阻式温度传感器

水温传感器是将氧化镍、氧化钴、氧化锰等过氧化物金属烧结成的反应材料,封入抗酸蚀、耐高温的封装体内(如金属、树脂或陶瓷等材质),同时从封装体内引出信号线和搭铁线而成(见图 2-34(a))。也有些水温传感器直接利用传感器外壳搭铁(见图 2-34(b))。PTC 型温度传感器与 NTC 型基本相同,但因其烧结混合材料以陶瓷材料 $BaTiO_3$ 为主要成分,因而其电阻值与温度变化成正比。

热敏电阻的特点是阻值随温度变化而变化。由于其电阻对温度变化的热性不同,又可分为电阻随温度成正比的正温度系数型(PTC)热敏电阻和电阻随温度成反比的负温度系数型(NTC)热敏电阻。图 2-35 所示为 NTC 型传感器的输出特性曲线。可以看出,NTC 型传感器具有良好的工作线性,所以一般采用 NTC 型热敏电阻。

以冷却液温度传感器(CTS)为例,实际应用中,如图 2-36 所示在温度测量电路中,CTS 常与一个限流电阻串联形成分压电路,电路两端分别接于 5 V 电源和信号地。当发动机冷却液温度较低时,CTS 电阻较高,其两端输出电压较高;而当发动机达到正常工作温度后,CTS 电阻便会下降,两端电压降低。在发动机工作温度范围内传感器两端输出 0~5 V 的电压信号,将此输出信号经过滤波和 A/D 转换后,传输到 ECU 进行数据采集、处理。

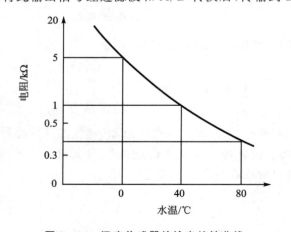

图 2-35　温度传感器的输出特性曲线

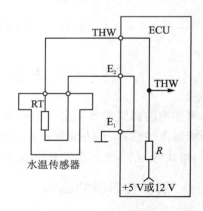

图 2-36　温度测量电路

2.5.2 温度传感器的检测

(1) 开路检测

断开点火开关,拔下冷却液温度传感器线束连接器插头,从发动机上拆下传感器。用万用表电阻挡测量冷却液温度传感器 THW 与传感器外壳之间的电阻、E_2 两端子与传感器外壳之间的电阻,其电阻值均应为无穷大。

将冷却液温度传感器放在盛有水的烧杯内。如图 2-37 所示,用电热器加热烧杯中的水。用万用表电阻挡测量传感器两端子间的电阻,其电阻值随温度变化的规律,应符合如图 2-35 所示特性曲线。

(2) 在路检测

拔下传感器插头,打开点火开关,测量插头上 THW 与 E_2 之间的电压应为 5 V。若无电压,则应检查 ECU 连接器上 THW 端子与地间的电压,若电压为 5 V,则 ECU 与传感器之间线路接触不良,若仍无 5 V 电压,则 ECU 有故障。

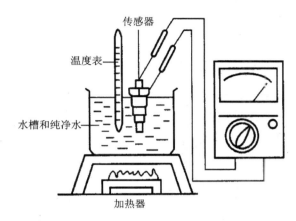

图 2-37 冷却液温度传感器检测图

任务 2.6 爆震传感器

爆震是可燃混合气在火焰前锋面到达之前自行燃烧的现象。爆震会使缸内产生急剧的高频压力冲击波,产生金属敲击声。爆震不仅降低了发动机的动力性、经济性和排放性能,而且破坏气缸壁内表面上形成的附面层,促进传热,使火花塞、活塞等零件过热而烧损。

爆震传感器的作用就是检测发动机爆震时所产生的振动信号并使之转换成电信号传递到 ECU。ECU 内设置专门检测爆震的电路,用来比较来自爆震传感器的信号电平的大小,由此判断是否发生爆震。爆震发生时,ECU 迅速推迟点火时刻的指令以抑制爆震。

检测发动机爆震的方法有三种:一是检测发动机燃烧室的压力变化;二是检测发动机缸体的振动频率;三是检测混合气燃烧的噪声。

检测压力变化精度较高但安装困难,检测噪声的测量精度和灵敏性较低。利用振动法检测爆震的优点是测量精度较高、传感器安装方便(安装在缸体侧面)且输出电压较高。利用振动检测爆震的传感器有磁致伸缩型和压电型两种类型,其中压电型又有共振型和非共振型之分。

2.6.1 磁致伸缩式爆震传感器

磁致伸缩式爆震传感器安装在发动机上,将发动机振动频率转换成电压信号,以检测发动机爆震的强度。当发动机的爆震强度与设定值相同时,爆震传感器输出的电压信号最大,以表示发动机由于爆震而产生使机体异常的振动频率。磁致伸缩式爆震传感器的结构如图 2-38

所示,其内部有永久磁铁、靠永久磁铁激磁的强磁性铁芯以及铁芯周围的线圈。

该传感器工作原理:当发动机的气缸体出现振动时,传感器中的伸缩杆就会上下振动,在振动频率为 7 kHz 左右时与发动机产生共振,使磁场强弱发生变化,从而在铁芯周围的绕组中产生感应电动势,并将这一电信号输入给 ECU。

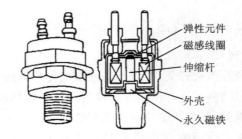

图 2-38　磁致伸缩式爆震传感器的结构

2.6.2　共振型压电式爆震传感器

共振型压电式爆震传感器利用爆震时的发动机振动频率,与传感器本身的固有频率相符合而产生共振现象,用以检测爆震是否发生。该传感器在爆震时的输出电压比无爆震时的输出电压高得多,因此无需使用滤波器即可判断是否发生共振。

共振型压电式爆震传感器主要使用了压电元件作为信号输出装置。压电元件是指某些晶体(如石英、陶瓷、食盐、糖等)受到一定压力作用或振动时时会产生电压信号,外力去掉晶体又会恢复到不带电状态,且电压与外力大小成正比的装置。传感器结构如图 2-39 所示,压电元件紧密地贴合在振荡片上,振荡片则固定在传感器基座上,振荡片随发动机而震荡,波及压电元件,使其变形而产生电压信号。当发动机爆震时的振动频率与振荡片的固有频率相符合时,振荡片产生共振,此时压电元件的输出电压信号最大。共振传感器的输出特性曲线如图 2-40 所示。

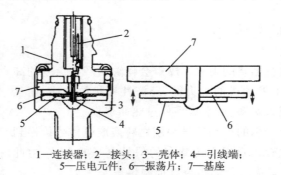

1—连接器；2—接头；3—壳体；4—引线端；
5—压电元件；6—振荡片；7—基座

图 2-39　共振型压电式爆震传感器

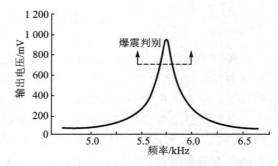

图 2-40　共振型压电式爆震传感器的输出特性

2.6.3　非共振型压电式爆震传感器

非共振型压电式爆震传感器通过加速度信号变化,来判别爆震是否产生,其结构如图 2-41 所示。该传感器由两个压电元件同极性相向对接,在壳体上用一根螺丝固定配重,且配重随发动机振动,将配重产生的加速度转换成作用于压电元件的压力,输出电压由两个压电元件的中央取出。这种传感器构造简单,制造时不需要调整。

发动机共振时,安装在发动机缸体上的爆震传感器内部配重因受振动的影响而产生加速度,因此,在压电元件上就会受到加速时惯性力的作用而产生电压信号。此种传感器不像磁致伸缩式爆震传感器那样在爆震频率附近产生一个较高的电压用以判断爆震的产生,而是具有较平缓的输出特性,如图 2-42 所示。因此,必须将反映发动机振动频率的输出电压信号送至识别爆震的滤波器中,判别是否有爆震信号产生。这种传感器的感测频率范围由零至几千赫兹,可检测具有很宽频率的发动机振动频率。

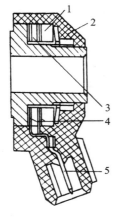

1—配重;2—外壳;3—压电元件;
4—触头;5—输出接头

图 2-41 非共振型压电式爆震传感器

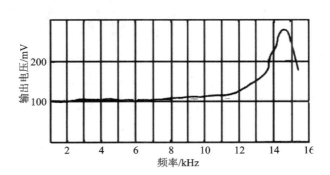

图 2-42 非共振型压电式爆震传感器输出电压特性

2.6.4 爆震传感器检测(以桑塔纳 2 000 为例)

1. 万用表检测

以桑塔纳 2 000 发动机为例,其控制电路如下图 2-43 所示。

① 动态测量:拔下插接器,怠速(或敲击缸体)时,测量插座两接角电压值,应该与规定相符。

② 静态测量:测量传感器电阻值,应与规定相符(大于 1 MΩ 或 1、2、3 间不导通)。

③ 线路电阻:测量导线电阻值,应该为 0 Ω。

2. 示波器检测

(1) 检测步骤

① 连接仪器 将示波器通道 A 的测试线与传感器的信号输出端或高电位端相接,示波器的接地线与传感器的输出低电位端或接地端相接。

② 随车检测 起动发动机并给发动机施加一定的负荷,同时观察示波器波形,波形的振幅和频率将随着发动机负荷和转速的增加而增加。若发动机由于点火正时提前过大,产生爆燃或轻度爆燃,振幅和频率将增加。

③ 打开点火开关,但不起动发动机 用小榔头敲击传感器附近的缸体,示波器上将对敲击立即显示震荡的波形。敲击越重,波形中显示的振幅越大。

④ 按 HOLD 键冻结波形,以便仔细检查 实测波形如图 2-44 所示。

(2) 波形分析

① 波形的峰值电压和频率,将随发动机的负荷和转速的增加而增加。

② 如果发动机因点火过早、燃烧温度不正常、废气再

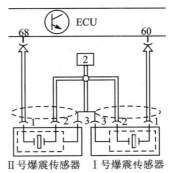

图 2-43 爆震传感器控制电路

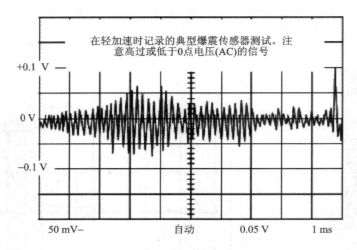

图 2-44 爆震传感器实测波形

循环不正常流动等引起爆燃或敲击声,则其幅度和频率也增加。

③ 爆燃传感器非常耐用,通常故障都是由于传感器本身物理损坏所致。因此,当在发动机加速运转过程中或轻击传感器附近缸体时,波形始终平坦,说明爆燃传感器存在故障。

④ 检查爆燃传感器时,应先检查传感器和示波器的连接情况,确认电路没有搭铁,才能确定爆燃传感器损坏。

任务2.7 氧传感器

氧传感器用来检测排气中氧的含量,从而间接地判断进入气缸内混合气的浓度,以便对实际空燃比进行闭环控制。当排气中氧的含量过高时,说明混合气过稀,氧传感器向 ECU 输出一个电信号,使其发出指令使喷油器增加喷油量;当排气中氧的含量过低时,说明混合气过浓,氧传感器立刻将此信息传递给 ECU 让其发出指令使喷油器减少喷油量。

目前使用的氧传感器由氧化锆(Z_rO_2)式和氧化钛(T_iO_2)式两种。

2.7.1 氧化锆式氧传感器

氧化锆式氧传感器的基本元件是氧化锆陶瓷管,亦称锆管。锆管固定在带有安装螺纹的固定套中,内外表面均覆盖着一层多孔性的铂膜,其内表面与大气接触,外表面与废气接触。氧传感器的接线端有一个金属护套,其上开有一个用于锆管内腔与大气相通的孔。

氧传感器在温度超过 300 ℃后,才能进行正常工作。早期使用的氧传感器靠排气加热,这种传感器必须在发动机起动运转数分钟后才能开始工作,它只有一根接线与 ECU 相连,如图 2-45 所示。

现在,大部分汽车使用带加热器的氧传感器,这种传感器内有一个电加热元件,可在发动机起动后的 20~30 s 内迅速将氧传感器加热至工作温度。该传感器有三根接线,一根接 ECU,另外两根分别接地和电源,如图 2-46 所示。

氧化锆式氧传感器的原理是"氧浓差电池"。空气中的氧离子在某些固体电解质中(氧化

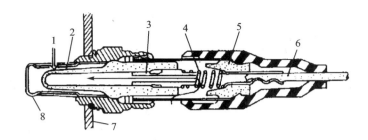

1—废气；2—锆管；3—电极；4—弹簧；5—线头绝缘支架；6—导线；7—废气管管壁；8—防护套管

图 2-45 氧化锆式氧传感器

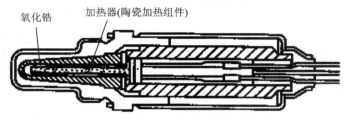

图 2-46 带加热器的氧化锆式氧传感器

锆、氧化钍、氧化铋、氧化铈等）容易扩散。当这些电解质的表面与内部之间的氧气浓度不同时，浓度高处的氧离子就会向浓度低处的一侧扩散，两侧面之间会产生电动势，称为氧浓差电池。

锆管的陶瓷体是多孔的，渗入其中的氧气，在温度较高时发生电离。由于锆管内、外侧氧含量不一致，即存在浓度差，因而氧离子从大气侧向排气一侧扩散，从而使锆管成为一个微电池，在两铂极间产生电压，如图 2-47 所示。

当混合气的实际空燃比小于理论空燃比，即发动机以较浓的混合气运转时，排气中氧含量少，但 CO、HC 等较多，这些气体在锆管外表面的铂催化作用下与氧发生反应，将耗尽排气中残余的氧，使锆管外表面氧气浓度变为零，这就使得锆管内、外侧氧浓度差加大，两铂极间电压陡增。因此，锆管传感器产生的电压将在理论空燃比时发生突变：稀混合气时，输出电压几乎为零；浓混合气时，输出电压接近 1 V，输出特性曲线如图 2-48 所示。

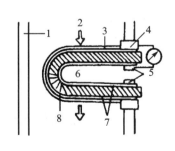

1—排气管壁；2—废气；3—陶瓷防护层；
4，5—电极引线点；6—大气；7—铂电极；8—陶瓷体

图 2-47 氧传感器工作原理

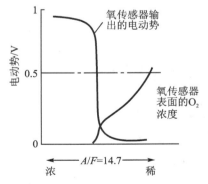

图 2-48 氧化锆式氧传感器的输出特性曲线

要准确地保持混合气浓度为理论空燃比是不可能的。实际上的反馈控制只能使混合气在理论空燃比附近一个狭小的范围内波动，故氧传感器的输出电压在 0.1～0.8 V 不断变化（通常每 10 s 内变化 8 次以上）。如果氧传感器输出电压变化过缓（每 10 s 少于 8 次）或电压保持

不变(不论保持在高电位或低电位),则表明氧传感器有故障,须检修。

2.7.2 氧化钛式氧传感器

氧化钛式氧传感器是利用二氧化钛材料的电阻值随排气中氧含量的变化而变化的特性制成的,故又称为电阻型氧传感器。二氧化钛式氧传感器的外形与氧化锆式氧传感器相似,在传感器前端的护罩内是一个二氧化钛厚膜元件。纯二氧化钛在常温下是一种高电阻的半导体,表面一旦缺氧,其晶格便出现缺陷,电阻随之减小。由于二氧化钛的电阻随温度不同而变化,因此在二氧化钛式氧传感器内部也有一个电加热器,以保持氧化钛式氧传感器在发动机工作过程中的温度恒定不变。氧化钛式氧传感器的特点是结构简单、体积小、制造成本低,其结构如图 2-49 所示。

如图 2-50 所示,ECU2♯端子将一个恒定的 1 V 电压加载于氧化钛式氧传感器的一端上,传感器的另一端与 ECU4♯端子相接。当排出的废气中氧浓度随发动机混合气浓度变化而变化时,氧传感器的电阻随之改变,ECU4♯端子上的电压也随着变化。当 4♯端子上的电压高于参考电压时,ECU 判定混合气过浓;当 4♯端子上的电压低于参考电压时,ECU 判定混合气过稀。通过 ECU 的反馈控制,可保持混合气的浓度在理论空燃比附近。在实际的反馈

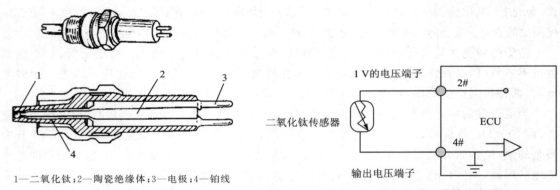

1—二氧化钛;2—陶瓷绝缘体;3—电极;4—铂线
图 2-49 二氧化钛式氧传感器　　　　图 2-50 氧化钛传感器检测电路

控制过程中,二氧化钛氧传感器与 ECU 链子的 4♯端子上的电压也是在 0.1~0.9 V 范围内不断变化,这一点与氧化锆式传感器是相似的。

2.7.3 氧传感器的检测

1. 万用表测压法

以二氧化锆氧传感器为例,采用万用表测压法检查氧传感器时,应先使氧传感器处于工作状态,即使氧化锆(Z_rO_2)处于 400 ℃以上的温度。

使发动机以 2 500 r/min 运行约 90 s,用万用表测氧传感器信号输出端电压,该电压值为:

当发动机尾气浓时,氧传感器输出电压为 0.9~1 V。

当发动机尾气稀时,氧传感器输出电压为 0~0.1 V。

当氧传感器工作温度低于 360 ℃时,氧传感器呈开路状态。

2. 氧传感器检测仪检测法

用氧传感器检测仪检测氧传感器时,检测方法同上,仅是用氧传感器检测仪代替上述的万

用表。通过氧传感器检测仪上 OX 灯的闪或灭，即可知其是否处于正常的工作状态。

3. 万用表测阻法

万用表测阻法是利用氧传感器的阻抗特性来判断氧传感器在暖机状态和非暖机状态下的电阻值，以此来判断其是否损坏。正常氧传感器的电阻值为：充分暖机状态电阻值约在 300 kΩ；非暖机状态时电阻值约为无穷大。

4. 电子示波器测波形法

用电子示波器检测氧传感器输出的信号波形，可以很直观地确定氧传感器是否良好。正常的氧传感器信号波形如图 2-51(a)所示，图 2-51(b)所示为氧传感器不良时的波形，供检测时参考。

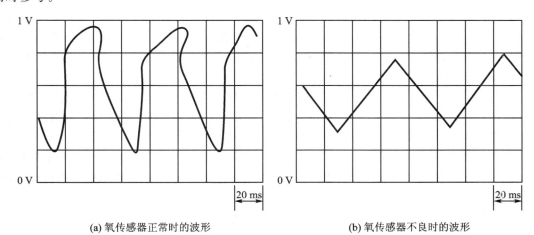

(a) 氧传感器正常时的波形　　　　(b) 氧传感器不良时的波形

图 2-51　传感器的正常与故障波形示意图

习　题

1. 传感器的作用是什么？它是由哪几部分组成的？
2. 简述空气流量传感器有哪几种类型？
3. 简述热线式空气流量传感器的工作原理。
4. 简述歧管压力传感器的工作原理。
5. 哪一个传感器提供判缸信号？
6. 曲轴和凸轮轴传感器有哪三种？
7. 爆震传感器是如何分类的？
8. 爆震传感器如何检测？
9. 氧传感器的功用是什么？有哪些类别？
10. 氧化锆式氧传感器的原理是什么？

项目3　电控燃油喷射系统

电控燃油喷射系统通常称为发动机燃油喷射系统(Engine Fuel Injection System,EFIS),是发动机利用电子控制技术控制燃油喷射的系统,替换了传统的化油器式燃油喷射系统。

电控燃油喷射系统的优点如下:

① 提高了空燃比的控制精度。发动机可以利用传感器检测进气量,经 ECU 计算后喷油器精确喷油,再加上氧传感器的反馈控制,提高了空燃比的控制精度比。

② 发动机设计自由度高。电控燃油喷射系统,一般由进气系统、燃料系统、控制系统等组成,而各系统的功能相互独立,所以安装性好,且进气系统可按动力性自由设计,充分利用波动效应,以最大限度地提高充气效率。

③ 加减速等过渡工况响应性好,起动、暖车性能好。在发动机起动和暖机过程中,控制系统能根据发动机冷却液温度的变化,对进气量和供油量进行精确控制,从而保证发动机顺利起动和平稳通过暖机过程,可明显改善发动机的低温起动性能。

④ 动力性和经济性得到提高。由于电控燃油喷射系统的进气阻力和进气压力损失较小,充气效率高,因此发动机具有较好的动力性和经济性。同时该系统不需要对进气进行预热,提高了进气的密度,有利于提高发动机的动力性。

⑤ 净化尾气。由于电控燃油喷射系统可以使空燃比精确地控制在理论空燃比上,所以能充分发挥三元催化转换装置的作用,使 HC、NO_x、CO 的排放控制在很低的水平。

电控燃油喷射系统通常由三部分组成,即空气供给系统(供气系统),燃油供给系统(供油系统)和电子控制系统。

任务3.1　汽油机电控喷油系统分类

电控喷油系统在历史的发展中有多种类型,分类方法各不相同。

3.1.1　按喷油器喷射位置分类

汽油喷射系统根据汽油的喷射位置的不同,可分为进气管喷射和缸内喷射。

1. 进气管喷射

进气管喷射是将喷油器安装在进气总管或进气支管上,汽油由喷油器喷入进气总管或进气歧管的进气门前。进气管喷射按喷油器的安装部位又可分为单点喷射和多点喷射。

(1) 单点汽油喷射系统(SPI)

单点汽油喷射系统是指在节气门体上安装一个或两个喷油器,向进气总管中喷油。燃油与进气气流混合形成可燃混合气,进气行程时,混合气被吸入气缸内,如图3-1所示。单点喷射系统最突出的优点是结构和控制方式简单,喷油压力小,对电动燃油泵、燃油滤清器等零部件要求低,对发动机结构的影响较小。缺点是只能改善在节气门处的雾化及加热管壁温度以提高燃油的程度,但在节气门后至进气门的一段管壁上难以保证不形成油膜或油滴。

（2）多点汽油喷射系统（MPI）

多点汽油喷射系统的喷油器安装在每一个气缸的进气歧管上，喷油器把汽油喷入进气门附近的进气歧管内，燃油在进气歧管内与空气混合形成混合气，如图3-2所示。多点喷射由于每一个气缸都有一个喷油器，使各缸混合气的均匀性得到很大的改善。

与单点燃油喷射系统相比较，多点燃油喷射系统对混合气的控制更为有效，因为在每个气缸口或每个气缸内均安装一个喷油器，保证了发动机每个气缸内混合气浓度的均匀性，同时将燃油喷射在进门处或直接喷到气缸内，燃油与空气混合得更充分，而且无需预热进气歧管来帮助燃油雾化。

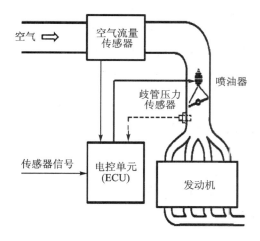

图3-1 单点喷射系统喷油器的布置

2. 缸内喷射

缸内喷射又称为缸内直接喷射系统，是指将高压燃油直接喷射到气缸内。其主要特点如下：喷油器安装在气缸盖上，喷油器把汽油直接喷入发动机气缸内，在气缸内与已吸入的空气混合形成可燃混合气，如图3-3所示。采用缸内直接喷射方式，通过合理组织缸内的气体流动，并与一定的喷油规律相配合，能够实现分层稀薄燃烧，可以进一步降低汽油机有害物的生成，提高汽油机的燃油经济性。

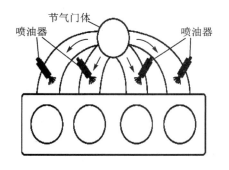

图3-2 进气管喷射

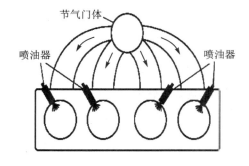

图3-3 缸内喷射

3.1.2 按汽油喷射的方式

按汽油喷射的方式分类，可以分为连续喷射方式和间歇喷射方式两种类型。

1. 连续喷射方式

连续喷射方式也称稳定喷射方式，其特点是：汽油发动机运行期间，喷油器的喷油是连续进行的。该种方式不需要定时喷油和不要求各缸按顺序喷油，因此控制非常简单，但混合气的均匀性、空燃比控制精度及汽油机对过渡工况的响应特性都较差。连续性燃油喷射系统多应用于机械控制式汽油喷射系统和机电结合式汽油喷射系统中。

2. 间歇喷射方式

间歇喷射方式也称脉冲喷射方式。其特点是：汽油机运行期间，喷油器按一定的规律以间歇工作的方式，把汽油喷入各缸的进气歧管内，这种燃油喷射方式广泛应用于现代电控燃油喷射系统中。间歇喷射方式按各缸喷油器的喷射时序控制方式，可分为同时喷射、分组喷射、顺序喷射3种方式。

（1）同时喷射方式

同时喷射是指在发动机运转期间，由电控单元ECU的同一个指令控制所有的喷油器同时开启或同时关闭，为了在时间上减小各缸混合气形成的差异，一般发动机每转一次，各缸喷油器同时喷油一次，发动机一个工作循环所需的燃油量，分两次喷入进气歧管，因此这种喷射方式也称同时双次喷射方式，如图3-4所示。

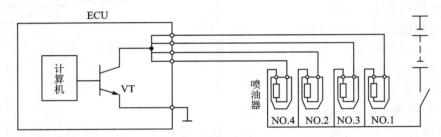

图3-4　同时喷射

对于同时喷射方式，由于所有气缸的喷油是同时进行的，喷油正时与发动机各缸的工作过程没有关系，因此各缸混合气形成的时间长短不一，造成各缸混合气均匀性存在较大差异。但是，同时喷射方式具有不需要气缸判别信号、用一个控制电路就能控制所有的喷油器、电路与控制软件简单等优点，因此早期的电控汽油发动机都采用这种喷射时序控制方式。

（2）分组喷射方式

分组喷射是指将汽油机的全部气缸分成2～4组，由电控单元ECU分别发出喷油指令控制各组喷油器喷射燃油，如图3-5所示。发动机运转时，各组气缸的喷油器按组一次喷射，同组内两个或三个喷油器按同时喷射方式工作，每个工作循环各组喷油器都喷射一次。

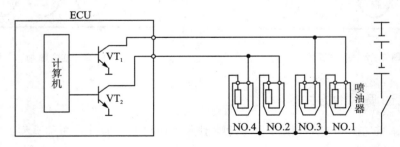

图3-5　分组喷射

分组喷射方式的控制电路虽然比同时喷射方式复杂，但各缸混合气的均匀性及空燃比控制精度都有了较大的提高，该喷射方式广泛应用于以满足国Ⅱ排放法规要求的中低档轿车电控汽油发动机中。

（3）顺序喷射方式

顺序喷射也称独立喷射，是指在发动机运转期间，由发动机电控单元 ECU 控制喷油器按做功的顺序轮流喷射燃油，如图 3-6 所示。发动机工作时，通过曲轴位置传感器输入的信号可以知道活塞在上止点的具体位置，再与凸轮轴位置传感器的判缸信号相配合，就可以确定是哪一缸在上止点以及确定处于压缩行程还是排气行程。当确定某缸处于排气行程且活塞运动至上止点前某一位置时，便输出喷油控制指令，喷油器开始喷射燃油。

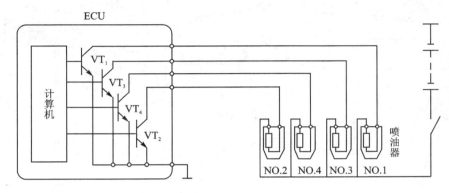

图 3-6　顺序喷射

3.1.3　按进气量测量方式

电控系统为了实现对空燃比的精确控制，必须对汽油发动机每个工作循环吸入的空气质量进行测量，才能根据预先设定的空燃比，计算出相应的循环基本喷油量。按空气流量的测量方式不同，电控汽油喷射系统可以分为直接测量方式的电控系统和间接测量方式的电控系统。

1. 直接测量式检测方式

该方式是由空气流量计直接测量进入进气总管的空气量，这种方式也称为质量流量控制型。

2. 间接测量式电控方式

该方式不是直接检测空气量，而是根据发动机转速及其他参数推算出吸入的空气量。目前采用两种方式：一种是速度-密度式，即根据进气管压力和发动机转速，推算出吸入的空气量，并计算出适量的燃料量的速度密度，这种方式因受进气管内空气压力波动的影响，进气量的测量精度不高，但是其进气阻力小，充气效率高；另一种是根据测量节气门开度和发动机转速，推算吸入的空气量从而计算燃料量的节流速度，这种方式由于空气量与节气门开度和发动机转速之间的换算关系很复杂，不易测量吸入的空气量，所以现在基本不采用，只是在一些赛车上使用。

3.1.4　按汽油喷射系统控制方式

按汽油喷射系统控制方式分类，可分为机械控制式汽油喷射系统机包结合式汽油喷射系统和电控汽油喷射系统。

1. 机械控制式汽油喷射系统

机械控制式汽油喷射系统早在 20 世纪五六十年代就运用于汽车上，其空气计量器与汽油分配器组合在一起,空气计量器检测空气流量后,通过连接杆传动使汽油分配的柱塞动作,以汽油计量槽开度的大小控制喷油量,以达到控制混合气空燃比的目的。如 Bosch 公司的 K-Jetronic 系统,如图 3-7 所示。

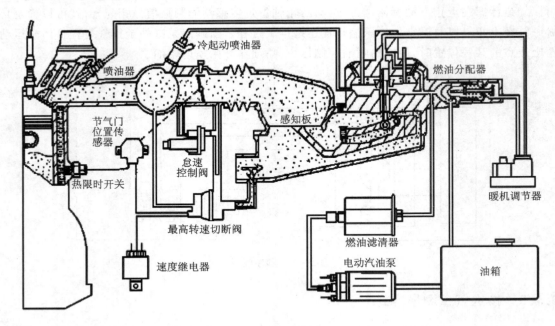

图 3-7 机械控制汽油喷油系统

2. 机电结合式汽油喷射系统

机电结合式汽油喷射系统是在机械式汽油喷射系统的基础上加以改进的产品,它与汽油喷射系统的主要区别在于:在汽油分配器上安装了一个由 ECU 控制的电液式压差调节器,ECU 根据冷却液温度、节气门位置等传感器的输入信号使压差调节器动作,通过改变汽油分配器汽油计量槽进出口油压差,实现调节汽油供给量,达到不同工况下混合气空燃比修正的目的。例如,Bosch 公司的 KE-Jetronic 系统如图 3-8 所示。

3. 电控汽油喷射系统

电控汽油喷射系统在 20 世纪六七十年代主要控制汽油喷射,20 世纪 80 年代开始与点火控制一起构成发动机电子集中控制系统。主要根据各种传感器将发动机运行工况的信号送至 ECU,由 ECU 运算后,发出控制喷油量和点火时刻等多种指令,实现多种机能的控制。例如,Bosch 公司 Motronic 系统如图 3-9 所示。

3.1.5 按控制系统有无反馈信号

按空燃比的控制有无反馈信号,电控汽油喷射系统可分为开环控制和闭环控制两类。

1. 开环控制

汽油喷射系统开环控制是电控单元向喷油器发出已设定的指令(喷油脉冲),对控制结果(空燃比)不予以反馈,即不能检测、分析和调节控制结果,所以控制精度和抗干扰能力比较差。

项目 3　电控燃油喷射系统

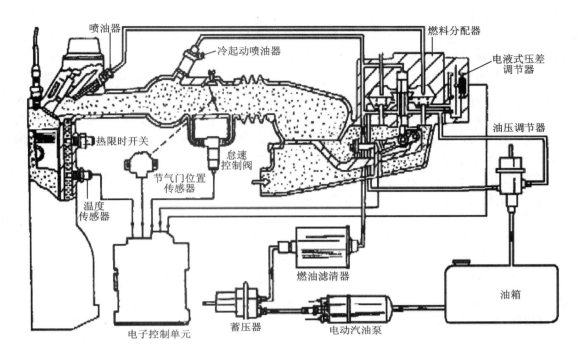

图 3-8　机电结合式汽油喷射系统

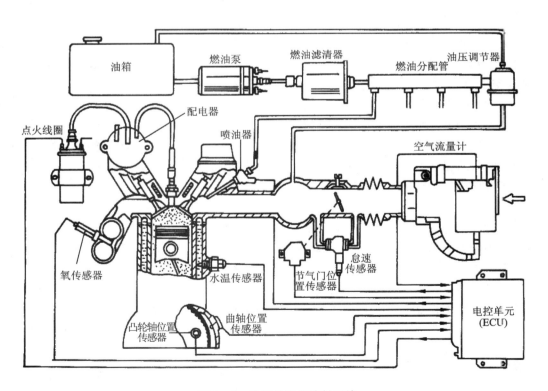

图 3-9　电控式汽油喷射系统

2. 闭环控制

闭环控制是通过 ECU 实现设定的控制参数以控制发动机工作，同时还不断地检测发动机相关工作参数，根据检测到的信号对控制参数进行修正。

汽油喷射系统闭环控制是利用在排气管上安装的氧传感器来实现的，根据废气中氧含量的变化计算出燃烧过程中混合气的实际空燃比，并将其与电控单元中预设的目标值比较，以便发出指令改变喷油脉冲，修正供油量，使实际空燃比保持在目标值附近，达到最佳的控制效果。因此，闭环控制可以达到较高的空燃比控制精度，可以消除因产品差异和磨损等引起的性能变化对空燃比的影响，故系统工作的稳定性好，抗干扰能力强。

汽油喷射系统闭环控制可以使汽油机的空燃比控制在理论空燃比 14.7 附近很窄的范围内，使三元催化转化器对排气净化的处理效果达到最佳。

任务 3.2　空气供给系统

空气供给系统的功用是向发动机提供混合气燃烧所需的空气，并测量出进入空气的空气量。空气供给系统主要由滤清器、流量传感器、进气管、节气门、动力腔、进气歧管等组成。

根据燃油喷射式发动机怠速进气量的控制方式不同，空气供给系统可分为旁通式和直接供气式两种类型。

按照空气流量传感器的测量对象不同又可以分为 D 型和 L 型系统。

3.2.1　旁通气道式供气系统

旁通气道式供气系统设有旁通空气道，且由怠速控制阀控制发动机怠速进气量的空气供给系统，如图 3-10(a)所示。该系统主要由空气滤清器、进气歧管、空气流量传感器、进气软管、旁通空气道、怠速控制阀、动力腔、节气门位置传感器、进气温度传感器等组成。

当发动机正常工作时，空气通道为：进气口→空气滤清器→空气流量传感器→进气管→节气门→动力腔→进气歧管→发动机进气门→发动机气缸。

当发动机怠速运行时，空气通道为：进气口→空气滤清器→空气流量传感器→进气管→节气门前端的旁通空气道入口→怠速转速控制阀→节气门后端的旁通空气道出口→动力腔→进气歧管→发动机进气门→发动机气缸。

3.2.2　直供式供气系统

直供式供气系统，是指发动机未设置旁通空气道，且由节气门直接控制发动机怠速进气量的空气供给系统，如图 3-10(b)所示。该系统主要由空气滤清器、空气流量传感器、进气软管、进气歧管、动力腔、节气门位置传感器、进气温度传感器等组成。

发动机正常工作和怠速运转时的空气通道完全相同，其空气通道为：进气口→空气滤清器→空气流量传感器→进气软管→节流阀体→动力腔→进气歧管→发动机进气门→发动机气缸。

空气滤清器滤清后，经节流阀体流入动力腔，再分配给各缸进气歧管。进入气缸空气量的多少，由电子控制单元(ECU)根据安装在进气道上的空气流量传感器检测的进气量信号解算得出。

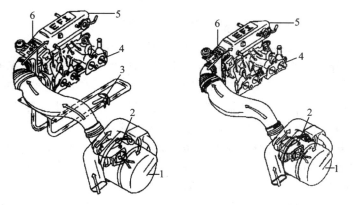

(a) 旁通空气式供气系统　　(b) 直供空气式供气系统

1—空气滤清器；2—空气流量传感器；3—怠速控制阀；4—进气歧管；
5—动力腔；6—节气门体

图 3-10　燃油喷射式发动机供气系统的结构

3.2.3　D 型和 L 型电控燃油喷射系统

1. D 型电控燃油喷射系统

D 型电控燃油喷射系统利用进气管绝对压力传感器检测进气管内的绝对压力，计算机根据进气管内的绝对压力和发动机转速推算出发动机的进气量，流程如图 3-11 所示。

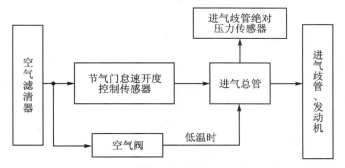

图 3-11　D 型燃油喷射系统空气供给流程

2. L 型电控燃油喷射系统

L 型电控燃油喷射系统利用空气流量计直接测量发动机的进气量。由于消除了推算进气量的误差影响，其测量的准确程度高于 D 型，如图 3-12 所示。

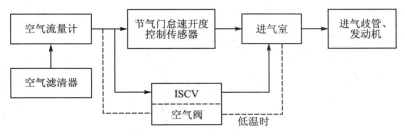

图 3-12　L 型燃油喷射系统空气供给流程

任务3.3 燃油供给系统

燃油供给系统简称供油系统,其功用是以一定压力,向发动机进气总管或进气歧管内喷入清洁的、雾化良好的燃油。供油系统的结构如图3-13所示。该系统主要由燃油箱、电动燃油泵、输油管、燃油滤清器、燃油压力调节器、燃油分配管、喷油器和回油管等组成。其中电动燃油泵、电磁喷油器等都是电控燃油喷射发动机重要的执行器件。

发动机工作时,电动燃油泵将汽油从燃油箱里泵出,先经燃油滤清器过滤杂质,再经油压调节器调节油压,使油路中的油压高于进气管压力250~300 kPa,最后经燃油分配管分配到各缸喷油器。当喷油器接收到电子控制单元ECU发出的喷油指令时,再将汽油喷射到进气门附近,并与空气供给系统提供的空气混合形成雾化良好的可燃混合气。当进气门打开时,混合气便被吸入气缸燃烧做功。

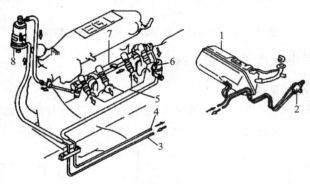

1—燃油箱;2—电动燃油泵;3—输油管;4—回油管;5—喷油器;6—燃油压力调节器;7—燃油分配管;8—燃油滤清器

图3-13 燃油喷射式发动机供油系统的结构

燃油进入发动机气缸流过的路径为:燃油箱→燃油泵→输油管→燃油滤清器→燃油分配管→喷油器。

当汽油泵泵入供油系统的燃油增多,使油路中油压升高,油压调节器将自动调节燃油压力,保证供给喷油器的油压基本不变。供油系统过剩的燃油由回油管流回油箱,回油路径为:汽油箱→汽油泵→输油管→汽油滤清器→燃油分配管→油压调节器→回油管→油箱。

燃油供给系统按照有无回油管可分为:有回油管燃油供给系统和无回油管燃油供给系统。由于回油管中的燃油被发动机加热后流回燃油箱,使燃油温度上升,容易产生气阻,影响实际喷射量。无回油管燃油系统将油压调节器内置于燃油箱内,多余的燃油由油压调节器调节后直接流回燃油箱,避免了燃油温度升高而产生的气阻现象,如图3-14所示。

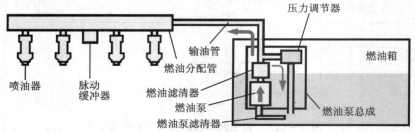

图3-14 无回油管路的燃油供给系统组成

3.3.1 燃油箱

燃油箱是存放燃油的容器。安装在汽车上的燃油箱，工作条件比较恶劣，它要承受汽车运动时产生的震动，甚至被撞击，因此要求其具有较高的强度。燃油箱一般由两种材料制成：镀铅锡合金的钢板或高密度聚乙烯成型塑料板。为减轻汽车自重，燃油箱常采用塑料材料制成。油箱内部除了安装电动燃油泵外，还安装了检测燃油液面高度的燃油液位传感器。

油箱压力平衡问题一般通过油箱盖上的压力平衡装置来解决，传统燃油箱盖上面有两个阀：压力释放阀和真空释放阀，如图 3-15 所示。当燃油箱内压力升高到一定值时，为避免压力过高，压力释放阀打开，将燃油箱中的燃油蒸气排出，燃油箱压力释放；当燃油箱负压达到一定值时，为避免将燃油箱吸瘪和影响燃油泵供油，真空释放阀打开，外界空气进入燃油箱，燃油箱压力恢复。

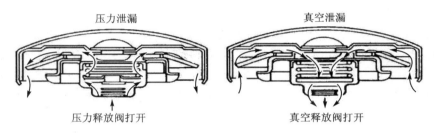

图 3-15 传统燃油箱盖

但压力释放阀打开时会使燃油释放到大气中，造成空气污染。为解决这个问题，现代汽车上一般都安装了燃油蒸气回收系统(EVAP)，用活性炭罐暂时吸附燃油蒸气。在满足燃油蒸气回收条件时，将吸附的燃油蒸气吸入气缸内燃烧。因此，油箱盖上取消了压力释放阀，只保留了真空释放阀。

3.3.2 电动燃油泵

电动燃油泵的作用是从油箱中吸入汽油，将油压提高到规定值，然后通过燃油管道送到喷油器。

根据电动燃油泵安装位置的不同，可分为内置式和外置式。内置式电动燃油泵安装在油箱中，因此具有噪声小，不易产生气阻，不易泄露，管路安装简单、使用寿命长等优点，因此，电控燃油发动机普遍采用内置式电动燃油泵。外置式电动燃油泵是串接在油箱外部的输油管路中，优点是易于布置，安装自由度大，但噪声也大，燃油供给系统容易产生气阻，所以应用较少。

目前各车型使用的电动燃油泵根据其结构不同，可分为涡轮式、滚柱式、齿轮式、叶片式和侧槽式等，目前应用较多的是滚柱式、涡轮式和齿轮式。内置式电动燃油泵多采用涡轮式结构，外置式电动燃油泵则多数采用滚柱式。

1. 涡轮式电动燃油泵

涡轮式电动燃油泵主要由燃油泵电动机、涡轮泵、出油阀和卸压阀等组成，如图 3-16 所示。油箱内燃油进入燃油泵的进油室前，首先经过滤网初步过滤。

涡轮泵主要由叶轮、环叶片、泵壳体和泵盖组成，如图 3-17 所示。叶轮安装在燃油泵电动机的转子轴上，叶轮是一个圆形平板，在平板的圆周上两面均加工有齿槽，未被加工的部分形成泵油叶片(环叶片)。相邻叶片间形成的油道被称为"齿槽油道",叶轮和泵壳之前的间隙形成油道被称为"环形油道"。进油口与出油口之间有隔板,隔板与叶轮之间的缝隙很小,以此将进油口和出油口隔开,以防止出油口的高压油漏回进入油口。

燃油泵电动机通电时,燃油泵电动机驱动涡轮泵叶轮旋转。在进油口处,燃油进入叶轮上的叶片之间。叶轮叶片之间(齿槽油道)的燃油在离心力的作用下被抛向环形油道,直到遇到壳体的阻碍作用,燃油又被反推回叶片间油道,这一过程就形成了一个燃油环形流动,如图3-18所示。同时齿槽叶片随着叶轮转动带动燃油顺时针前进,由于叶轮是这一系统中的主动件,任意燃油质点相对于叶轮是逆时针运动的,但总体而言,任意燃油质点相对于静止的泵壳是顺时针

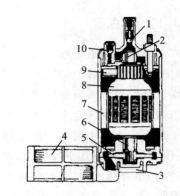

1—单向阀;2—轴承;3—橡胶缓冲垫
4—滤网;5—涡轮;6—轴承;7—磁铁
8—电枢;9—碳刷;10—限压阀

图3-16 涡轮式电动燃油泵

运动的,这样两种运动的合成结果使得泵内产生了顺时针的涡流。随着吸入燃油的不断增多和涡流的作用使得燃油压力上升,当燃油压力达到一定值时,会顶开单向阀,经燃油泵出油口输出燃油。在整个过程中,液体质点多次进入叶轮叶片间,通过叶轮叶片把能量传递给环形油道内的液体质点。液体质点每经过一次叶片,就获得一次能量。这也是相同叶轮外径情况下,涡轮泵比其他形式的叶片泵压程高的原因。

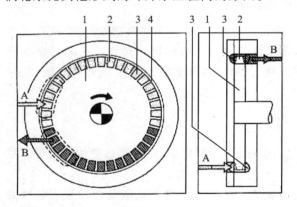

1—叶轮;2—环叶片;3—叶片间油道(齿槽油道);4—环形油道;
A—吸入;B—泵出

图3-17 涡轮泵的基本结构

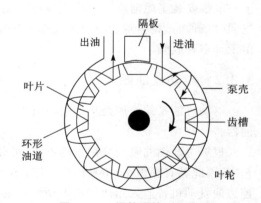

图3-18 涡轮泵的工作原理

涡轮泵由于使用薄形叶轮,故所需驱动转矩小,由于涡轮与泵壳不直接接触,因此油泵工作时噪声低,振动小,磨损小,工作寿命长及可靠性高。均匀的叶轮旋转时边缘叶片产生涡流运动,故燃油输出波动小,一般不需要在此燃油泵输出端加油压脉动衰减器,故泵体体积较小,便于直接安装在燃油箱中。目前涡轮泵使用较广泛。

燃油泵工作时,燃油流经燃油泵内腔,对燃油泵电动机起到冷却和润滑的作用。燃油泵不工作时,出油阀关闭,使油管内保持一定的残余压力,便于发动机起动和防止气阻产生。卸压阀安装在进油室和出油室之间,当燃油泵输出油压达到0.4 MPa时,卸压阀开启,使油泵内的进、出油室连通,燃油泵工作时只能使燃油在其内部循环,以防止输油压力过大。

2. 滚柱式电动燃油泵

滚柱式电动燃油泵主要由燃油泵电动机、滚柱式燃油泵、出油阀、卸压阀等组成,如图 3-19 所示。滚柱式电动燃油泵的输油压力波动较大,在出油端必须安装阻尼减震器,故燃油泵的体积增大,所以一般都安装在油箱外面,即外置式。阻尼减震器可吸收燃油压力波的能量,降低压力波动,以便提高喷油控制精度。

滚柱泵的工作原理如图 3-20 所示。滚柱泵由转子、滚柱和壳体等组成。转子由驱动电机驱动,转子的几何中心与驱动轴不同心。转子外缘上切有若干凹槽,每个凹槽中安装一个圆柱形滚柱。当转子旋转时,由于离心力的作用,凹槽中的滚柱向外甩出。由于转子偏心安装,故相邻的两个滚柱、壳体及转子之间的容积在转子旋转时发生变化。在靠近进油口附近,容积不断增大,产生吸油作用;在靠近出油口附近,容积不断减小,产生压油作用。

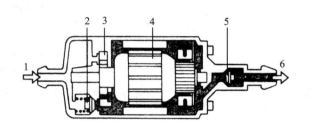

1—进油口;2—限压阀;3—滚柱泵;
4—电动机;5—单向阀;6—出油口

图 3-19 滚柱型电动燃油泵

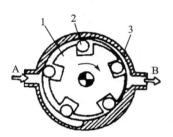

A—进油口;B—出油口;
1—转子;2—滚柱;3—定子(泵体)

图 3-20 滚柱泵的工作原理

3. 齿轮式电动燃油泵

齿轮式电动燃油泵的泵体为齿轮泵,它由带外齿的主动齿轮、带内齿的从动齿轮和壳体组成,如图 3-21 所示。主动齿轮偏心安装,从动齿轮的内齿数比主动齿轮的外齿数多一个。主动齿轮被燃油泵电动机带动旋转,由于主动齿轮、从动齿轮相互啮合,主动齿轮带动从动齿轮一起旋转。在从动齿轮和主动齿轮的啮合的过程中,由内外齿所围合的腔室容积改变。在进油口附近,腔室容积逐渐增大,产生吸油作用。在出油口附

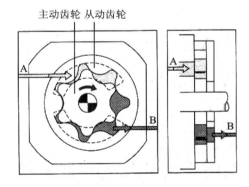

图 3-21 齿轮泵的结构原理

近,腔室容积逐渐变小,产生压油作用。图中 A 为进油通道,B 为出油通道。齿轮泵与滚柱泵相比较,在相同的外形尺寸下,泵油腔室数目较多,因此齿轮泵输出流量和压力波动比较均匀。

3.3.3 燃油压力调节器

燃油压力调节器的主要功用是根据进气管内压力的变化来调节燃油压力,保持燃油分配管内油压与进气歧管内气体压力的差值恒定(一般为 250~300 kPa),从而保证喷油速度不变。经过燃油压力调节器的调节,喷油器喷出的燃油量仅取决于喷油器的开起时间。ECU 提供给电磁喷油器通电信号的时长,称为喷油脉冲宽度,简称喷油脉宽(单位 ms)。

压力调节器大多安装在燃油分配管的端部,其结构如图3-22所示。该调节器由壳体、弹簧、膜片、球阀、进出油道及进气歧管压力引入通道等组成。膜片将压力调节器的内部隔成两个工作腔;膜片的上方是引入进气歧管负压的真空室,真空室内装有控制压力的螺旋弹簧,弹簧的预紧力通过弹簧座作用在膜片上。膜片的下方是燃油室,燃油室的进油管与燃油分配管连接,回油管则与回油管路相连。

汽油机工作时,进气歧管的负压和弹簧的预紧力共同作用在膜片上部。汽油从燃油分配管进入燃油室,其油压作用在膜片下部。所以膜片下部油压与上部气压产生压差,为弹簧预紧力设定值(油压-气压=弹簧预紧力)。若实际压差低于设定值,在弹簧预紧力作用下,球阀将回油孔关闭,没有汽油流回燃油箱,油泵持续供油使燃油分配管内油压继续上升。当实际压差超过设定值时,油压向上推动膜片,球阀将回油孔打开,汽油经回油管回流到油箱,燃油分配管内油压下降,直至燃油分配管内的油压低于平衡压力,在弹簧预紧力的作用下球阀将回油孔关闭,燃油分配管内的油压不再下降。

汽油机工作时,进气歧管内压力、燃油分配管内压力与节气门开度的变化关系如图3-23所示。从图中可以看出,节气门开度变化引起气压变化,气压变化引起油压的变化,而两者的差值恒等于弹簧的预紧力。压差不变使得喷油器喷油速度仅取决于喷油时间,使ECU能够用喷油器开起持续时间这一参数来控制喷油量。

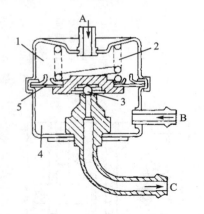

A—进气歧管的负压;B—进油管;C—回油管
1—弹簧室;2—弹簧;3—球阀;4—油室;5—膜片

图3-22 燃油压力调节器结构

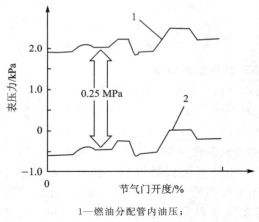

1—燃油分配管内油压;
2—进气歧管内压力

图3-23 节气门开度与进气歧管及燃油分配管压力的关系

汽油机不工作时,球阀在弹簧预紧力的作用下,将回油孔关闭,使电动燃油泵出口到压力调节器燃油室之间的油路内保持一定的残余压力。

3.3.4 喷油器

电磁喷油器是发动机电控汽油喷射系统的关键执行器,它接收ECU发出的喷油脉冲信号,精确地控制燃油喷射量。喷油器是一种加工精度非常高的精密器件,要求其动态流量范围大,抗堵塞和抗污染能力以及雾化性能好。

1. 喷油器针阀结构

根据喷油器针阀结构的不同可分为轴针式喷油器和孔式喷油器两种。

(1) 轴针式喷油器

轴针式喷油器的针阀前端有一段轴针(见图3-24),主要由滤网、线束连接器(接线座)、电磁线圈、回位弹簧、衔铁和针阀等组成,针阀和衔铁制成一体。

喷油器不喷油时,回位弹簧通过衔铁使针阀紧压在阀座上,轴针稍稍漏出针孔,防止滴油。当电磁线圈通电时,产生电磁吸力,将衔铁吸起并带动针阀离开阀座,同时回位弹簧被压缩。燃油经过针阀由轴针与喷口的环隙喷出。由于燃油压力较高,因此喷出的燃油为雾状燃油,喷出燃油的形状为小于30°的圆锥雾状。当电磁线圈断电时,电磁吸力消失。回位弹簧迅速使针阀关闭,喷油器停止喷油。在喷油器的结构和喷油压力一定时,喷油器的喷油量取决于针阀的开起时间及电磁线圈的通电时间。回位弹簧弹力对针阀密封性和喷油器断油的干脆程度会产生影响。

轴针式喷油器的喷孔直径比孔式喷油器大,因此汽油的雾化质量较孔式喷油器差,同时由于针阀的质量较大,因此动态响应特性不如孔式喷油器。

(2) 孔式喷油器

孔式喷油器工作原理同轴针式喷油器一致,其针阀的端部有锥形或球形两种形状(如图3-25所示),一般采用1~2个喷孔,喷孔直径0.15~0.30 mm。孔式喷油器由于喷孔较小,因此雾化质量较好,有利于提高汽油雾化速度,所以喷孔也容易堵塞,但由于孔式喷油器的质量仅为轴针式的一半左右,所以动态响应特性好。

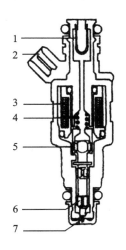

1—滤网;2—接线座;3—电磁线圈;
4—弹簧;5—衔铁;6—针阀;7—轴针

图3-24 轴针式喷油器

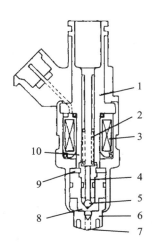

1—喷油器体;2—弹簧;3—电磁线圈;4—针阀;5—钢球;
6—护套;7—喷孔;8—阀座;9—挡块;10—衔铁

图3-25 球阀式喷油器

2. 喷油器电磁线圈阻值

根据喷油器电磁线圈的阻值大小,可以分为低阻值喷油器和高阻值喷油器两种类型。

(1) 低阻值喷油器

低阻值喷油器的电磁线圈线径较粗、匝数较少、电阻值较小,一般为2~3 Ω。在端电压相同的情况下,由于线圈的电阻小,因此流过线圈的电流较大,能产生较大的电磁吸引力,使喷油器具有很好的动态响应特性。在采用低阻喷油器的电控燃油喷射系统中,低阻喷油器的驱动方式可采用电压驱动方式或电流驱动方式。

(2) 高阻喷油器

高阻喷油器采用线径较细、匝数较多的电磁线圈(或内装附加电阻),电阻较大,约为13~18 Ω。高阻喷油器只能采用电压驱动方式,由于本身的电阻较大,不需要在电路中串联附加电阻,因此电路及控制简单,但却存在开起延迟时间较长,动态响应特性较差。

3. 喷油器的驱动方式

电磁式喷油器的驱动方式可分为电流驱动式和电压驱动式两种。电流驱动式是指控制电路中没有附加电阻,直接把电压加到喷油器上,喷油器获得大电流。

电压驱动式则是指把电压加到喷油器上,需要根据喷油器本身电阻确定是否需要附加电阻。低电阻式喷油器需要附加螺管式电阻器,高电阻式喷油器不需要附加电阻器,如图3-26所示。

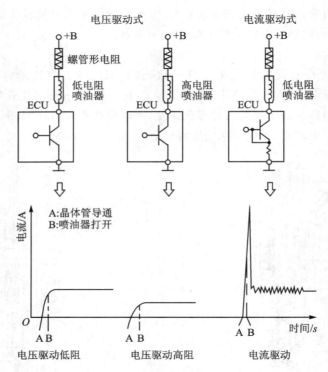

图3-26 喷油器的驱动方式及电流波形

4. 喷油器的开阀时间

当发动机电控单元(ECU)内的晶体管在A时刻接通时,喷油器电磁线圈有电流通过。由于线圈的自感作用,可阻止电流增加,从而延迟到B时刻(见图3-26)喷油器才打开喷油。这段迟滞时间称为开阀时间,开阀时间越短,喷油器的响应性越好。

由图3-26下部中的曲线特性可见,电流驱动式低电阻喷油器的响应特性最好(开阀时间最短),电压驱动式带有螺管式附加电阻器的低电阻喷油器的响应特性次之,而电压驱动式高电阻喷油器的响应特性则相对较差(开阀时间最长)。

5. 喷油器的检修

(1) 喷油器的工作情况的检查

① 在发动机工作时,用手触试或用听诊器检查喷油器针阀开闭时的振动或声响,如果感

觉无振动或听不到声响,说明喷油器或其电路有故障。

② 用旋具或听诊器与喷油器接触,能听到其有节奏的工作声,否则喷油器工作不正常,应对喷油器和控制电路做进一步检查。

③ 采用断油方法检查,当拔下某缸喷油器线束插头时,该缸喷油器停止喷油,发动机转速立即下降,这表明喷油器工作正常,否则喷油器不工作或工作不良,应做进一步检查。如果喷油器针阀完全被卡死,则应更换喷油器。

（2）喷油器电阻检查

拆开喷油器线束插接器,用万用表测量喷油器两端子之间的电阻,低阻值喷油器应为 $2\sim3\ \Omega$,高阻值喷油器应为 $13\sim18\ \Omega$,否则应更换喷油器。

（3）喷油器滴漏检查

喷油器滴漏可在专用设备上进行检查,也可将喷油器和输油总管拆下,再与燃油系统连接好。用专用导线将诊断座上的燃油泵测试端子跨接到 12 V 电源上,然后打开点火开关或直接用蓄电池给燃油泵通电。燃油泵工作后,观察喷油器有无滴漏现象。若检查时,在 1 min 内喷油器滴油超过 1 滴,应更换喷油器。

（4）喷油器的喷油量检查

喷油器的喷油量可在专用设备上进行检查,(与滴漏检查相同),燃油泵工作后,用蓄电池和导线直接给喷油器通电,并用量杯检查喷油器的喷油量。每个喷油器应重复检查 $2\sim3$ 次,各缸喷油器的喷油量和均匀度应符合标准,否则应清洗或更换喷油器。

注意：低阻喷油器不能直接与蓄电池连接,必须串联一个 $8\sim10\ \Omega$ 的附加电阻。此外,各车型喷油器的喷油量和均匀度标准不同,一般喷油量为 $50\sim70\ \text{mL}/15\ \text{s}$,各缸喷油器的喷油量相差不超过 10%。

6. 喷油器控制电路的检修

各车型喷油器控制电路基本相同,一般都是通过点火开关和主继电器(或熔丝)给喷油器供电,ECU 控制喷油器搭铁。只是不同发动机喷油器数量、喷射方式、分组方式不同,ECU 控制端子数量不同而已。

在使用时若喷油器不工作,应拆开喷油器线束插接器,将点火开关转至"ON"位置,但不起动发动机,用万用表测量其电源端子与搭铁间的电压,应为蓄电池电压 12 V。否则应检查供电线路、点火开关、主继电器或熔断器是否有故障。若电压正常,则说明喷油器、喷油器搭铁线路(与 ECU 连接线路)或 ECU 有故障。

任务3.4　电子控制系统

3.4.1　电子控制系统功用与组成

电子控制系统的功用主要是根据发动机运转状况和车辆运行状况确定燃油的最佳喷射量。电子控制系统由传感器、ECU、执行器三部分组成,如图 3-27 所示。

传感器的主要作用是感知发动机运行中的各种状态,并把感知的信息传递给 ECU 进行判断处理。传感器的输入信号是 ECU 控制的主要依据。由于 ECU 只识别 $0\sim5$ V 范围内的数字信号,所以模拟信号须通过输入电路进行模数转换并经调幅处理后输入到 ECU 中,而数

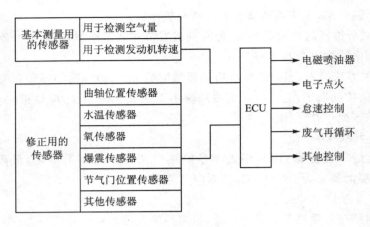

图 3-27 电子控制系统

字信号则经过调幅处理后直接送至 ECU。控制单元 ECU 根据各种传感器输入的信息,判断发动机运行的实际状态,由此算出适应该工况的最佳喷油量和点火时刻等控制参数,并向执行器发送控制指令,以完成实际控制过程。

3.4.2 汽车电控单元 ECU 的结构组成

在汽车电子控制系统中,各种电控单元 ECU 的组成大同小异,都是由硬件、软件、壳体和线束插座四部分组成。汽车电控单元 ECU 的软件主要包括监控程序和应用程序两部分。硬件作为实体,为各种电子控制系统正常工作提供基础条件。

汽车各种电控单元 ECU 的硬件所组成的电路较复杂。虽然不同制造公司开发研制的硬件电路的结构各有不同,但是其硬件电路的组成基本相同,都是由输入回路、输出回路和单片微型计算机(即单片机)三部分组成,组成框图如图 3-28(a)所示。

汽车电控单元 ECU 的硬件一般都封装在铝质金属壳体或塑料壳体内部,并通过线束插座与汽车整车的电器线路连接。图 3-28(b)所示为桑塔纳 2 000 GLi 型轿车电控单元 ECU 的外形。ECU 内部是由不同的集成电路、电阻、电容、电路组成,其内部电路结构框图如图 3-29 所示。

1. 输入回路

输入回路又称为输入接口,其功用是将传感器输入信号和各种开关信号变换成单片机能够识别与处理的数字信号。由图 3-29 可知,输入回路主要由 A/D 转换器和数字输入缓冲器两部分组成。

(1) A/D 转换器

A/D 转换器的功用是将模拟信号转换为数字信号,或将数字信号转换为模拟信号,如图 3-29(a)所示。

(2) 缓冲器

缓冲器电路主要由整形电路、波形变换电路、限幅电路和滤波电路等组成。某些传感器的输出信号虽为数字信号,但在输入单片机之前必须进行波形变换或滤波处理之后单片机才能接收。数字输入缓冲器的功用是对单片机不能接收的数字信号进行预处理,以便单片机能够接收和运算处理。如点火开关信号是电压为 12～14 V 的信号,而 ECU 能够接收的信号电压

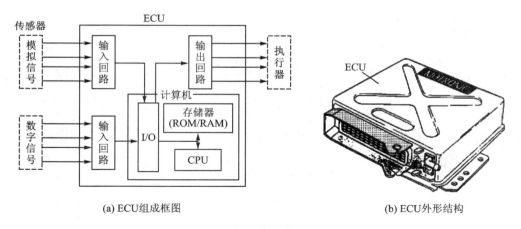

图 3-28 ECU 的组成与外形

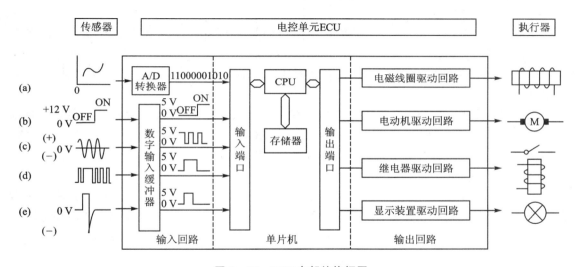

图 3-29 ECU 内部结构框图

为 0 V 或 5 V,因此需要缓冲器将高于 5 V 的信号电压转换成 5 V 信号,如图 3-29(b)所示。电磁感应式信号为正弦波,如图 3-29(c)所示,需要经过缓冲器的波形变换转成数字信号后才能输入。此外,还有触点开关信号如图 3-29(d)所示,各种控制开关接通或断开、旦器负载变化都会产生高频信号,如图 3-29(e)所示,都需要缓冲器的处理。

2. 单片机

单片机是将中央处理器 CPU、存储器(Memory)、定时器/计数器、输入/输出(I/O)接口电路等计算机的主要部件集成在一块集成电路芯片上的微型计算机。虽然单片机只是一块芯片,但其"麻雀虽小,五脏俱全",不仅具有微型计算机相同的组成部件,而且具有微型计算机的功能,故称为单片微型计算机,简称单片机或计算机。芯片外形如图 3-30(a)所示,结构框图如图 3-30(b)所示。

(1) 中央处理器(CPU)

中央处理器(CPU)又称为微处理器,具有译码指令和数据处理能力的电子部件,是汽车电子控制单元的核心,基本结构框图如图 3-30(c)所示。其功能类似于电脑的 CPU,是计算的核心。

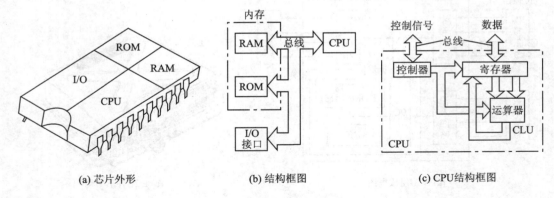

图 3-30 单片机基本结构框图

(2) 存储器(Memory)

在单片机或微型计算机中,存储器是用来存储程序指令和数据的部件。存储器由许多具有记忆功能的存储电路构成,每个记忆存储电路存储1个二进位信息(0或1),称为存储器的存储位(Bit),每8个记忆存储电路构成存储器的一个基本单元,存储8位二进制信息,称为存储字节(Byte)。

存储器有多种分类方法,按读/写操作原理可分为只读存储器(ROM)和随机存取存储器(RAM)。ROM和RAM的作用和手机内存一致,ROM负责存储数据,RAM用于运算存储,即存储中间变量。现有存储器均为半导体存储器,集成在ECU中。

(3) 输入/输出(I/O)接口

I/O(Input/Output)接口是CPU与传感器或执行器之间进行数据交换和下达控制指令的通道。由于传感器和执行器种类繁多,它们的信号速度、频率、电平、功率和工作时序等都不可能与CPU完全匹配,因此必须根据CPU的指令,通过I/O接口进行协调和控制。

(4) 总线(BUS)

总线是微型计算机内部传递信息的连线电路。在单片机内部,CPU、ROM、RAM与I/O接口之间的信息交换都是通过总线来实现。按传递信息不同,总线可分为数据总线、地址总线和控制总线三种。

3. 输出回路

输出回路是单片机与执行器之间的中继站,其功用是根据计算机发出的指令,控制执行器动作。由于计算机只能输出微弱的电信号(如喷油脉冲、点火信号等),电压一般为5V,不能直接驱动执行元件,因此必须通过输出回路对控制指令进行功率放大、译码或D/A转换,变成可以驱动各种执行元件的强电信号。此外,当执行器(各种电磁阀)需要线性电流量驱动时,单片机输出占空比信号来控制输出回路导通与截止,使流过执行器电磁线圈的平均电流逐渐增大或逐渐减小。

3.4.3 汽车电控单元ECU的工作过程

发动机起动时,电控单元ECU进入工作状态,某些运行程序或操作指令从存储器(ROM)中调入中央处理单元(CPU)。这些程序可以控制燃油喷射、点火时刻、急速转速等。在CPU

的控制下,指令按照预先编制的程序进行循环。在程序运行过程中所需要的发动机工况信息由各种传感器提供。

曲轴位置传感器 CPS 检测的发动机转速与转角信号(脉冲信号)、进气歧管压力传感器 MAP 检测的负荷信号(模拟信号)和冷却液温度传感器 CTS 检测的温度信号(模拟信号)等输入 ECU 后,首先通过输入回路进行信号处理。如果是数字信号,就根据 CPU 的指令经缓冲器和 I/O 接口电路直接进入 CPU。如果是模拟信号,则首先经过模/数(A/D)转换器转换成数字信号,以便数字式单片机处理,然后才能经 I/O 接口电路输入 CPU。大多数信息暂时存储在 RAM 中,根据控制指令再从 RAM 传送到 CPU。

下一步是将预先存储在 ROM 中的最佳试验数据引入 CPU,将传感器输入的信息与其进行比较。CPU 将来自传感器的各种信息依次取样,与最佳试验数据进行逻辑运算,通过比较作出判定结果并发出指令信号,经 I/O 接口电路、输出回路控制执行器动作。如果是喷油器驱动信号,则控制喷油开始时刻、喷油持续时间,完成控制喷油功能;如果是点火器驱动信号,则控制点火导通角和点火时刻,完成控制点火功能。如果执行器需要线性电流量驱动,单片机则控制占空比以控制输出回路导通与截止,使流过执行器电磁线圈的平均电流线性增大或减小。

发动机工作时,计算机运行速度相当快,如点火时刻控制,每秒钟可以修正上百次,因此控制精度很高,点火时刻十分准确。

任务3.5 喷油系统的控制过程

发动机燃油喷射系统主要包括喷油泵的控制、喷油正时的控制和喷油量的控制。通过精确控制可以降低燃油消耗量和减少有害气体的排放,从而提高汽车的经济性。

3.5.1 电控燃油喷射系统控制原理

L 型燃油喷射系统的控制原理如图 3-31 所示,其控制过程如下:发动机在工作过程中,各传感器和开关信号输入 ECU 后,首先由接口电路(即输入回路)进行信号处理,将其变换成 CPU 能够识别和处理的数字信号;然后 CPU 根据输入信号利用 ROM 中的控制软件进行数学计算和逻辑判断,并确定出具体的控制量(如喷油开始时刻、喷油持续时间等);最后,CPU 通过输出接口电路(即输出回路)向执行器(即喷油器)发出控制指令,控制信号经输出电路进行功率放大后,再驱动喷油器喷油。

3.5.2 喷油量的控制

电磁喷油器的喷油量取决于电磁阀打开的时间(即喷油器喷射的持续时间),即取决于 ECU 提供的喷油脉冲信号宽度(简称喷油脉宽),目的是控制喷油量使发动机燃烧时混合气的浓度符合发动机运行工况的要求。

喷油脉宽的控制可分为发动机起动过程中的控制和起动后正常运行时的控制。

1. 起动时喷油脉宽的控制

发动机起动时,发动机电控单元(ECU)主要根据起动信号或发动机转速(如 400 r/min 以下),判定发动机是否处于起动工况。

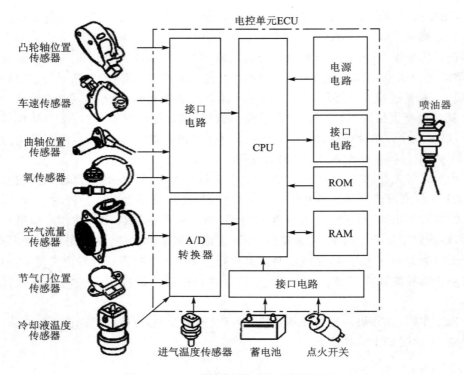

图 3-31 L型燃油喷射系统喷油控制原理

冷车起动时,由于发动机转速、冷却液温度都很低,喷入的燃油不易雾化,造成混合气变稀,因此为了能够产生足够浓度的可燃混合气,使发动机顺利起动,在起动时应该延长喷射脉冲宽度,即增加燃油喷射量。发动机冷却液温度越低,燃油越不易雾化,喷油脉宽应越长。起动时喷油量控制示意图如图 3-32 所示。

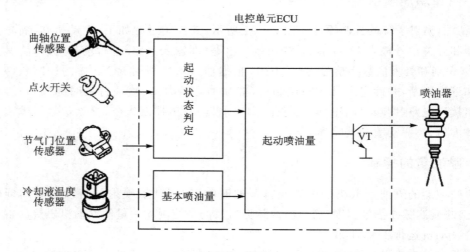

图 3-32 起动时喷油量控制示意图

发动机起动时,ECU根据冷却液的温度,由内存的冷却液温度-喷油时间曲线来确定基本喷油时间(见图 3-33),然后再根据进气温度和蓄电池电压进行修正,得到起动时的喷油持续时间。

一般情况下，起动时喷油脉宽可由下式确定：

起动喷油脉宽(ms)＝由发动机冷却液温度确定的起动喷油脉宽(ms)＋进气温度修正时间(ms)＋电压修正时间(ms)

在发动机转速低于规定值或点火开关位于 STA（起动）挡接通时，喷油时间的确定如图 3-34 所示。ECU 根据冷却液温度传感器信号（THA 信号）和内存中的冷却液温度-喷油时间曲线确定基本喷油时间，根据进气温度传感器信号（THA 信号）对喷油时间作修正（延长或缩短）。然后再根据蓄电池电压适当延长喷油时间，以实现喷油量的进一步修正，即电压修正。

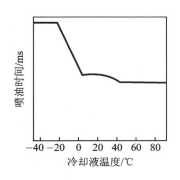

图 3-33 起动时的基本喷油时间

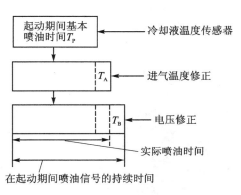

图 3-34 喷油时间的确定

电压修正是因为喷油器的实际喷油时刻比 ECU 发出喷油指令的时刻晚，即存在一段滞后时间（见图 3-35），使喷油器喷油的实际时间比 ECU 确定的喷油时间短，导致喷油量不足，使实际空燃比高于发动机要求的空燃比。且蓄电池电压越低，滞后时间越长。因此，ECU 需根据蓄电池电压适当延长喷油时间，以提高喷油量控制的精度。

2. 起动后喷油器喷油脉宽的控制

（1）起动后喷油器的喷油脉宽

发动机起动后正常运转时，喷油器的喷油脉宽

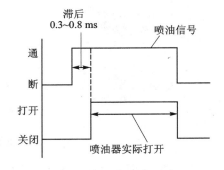

图 3-35 喷油滞后时间

是以每个进气行程中吸入气缸的空气质量为基准计算的。发动机电控单元 ECU 根据空气流量传感器或进气压力传感器、发动机转速传感器、进气温度传感器、冷却液温度传感器等信号计算出进气行程中吸入气缸的空气质量和基本的喷油脉宽，再综合发动机的动力性、经济性及排放等因素对基本喷油脉宽进行修正，即按照发动机电控单元 ECU 存储的各种工况的理想目标空燃比来决定喷油脉宽。

目标空燃比、进气质量和所需燃油量的关系如下：

$$目标空燃比(A/F) = \frac{每个进气行程中进入气缸的空气质量(g)}{每循环燃烧所需要的燃油量(g)} \quad (3.5-1)$$

根据上式，由每个进气行程中吸入气缸的空气质量与目标空燃比，可计算出每次燃烧所需

要的燃油质量。

在喷油压力(即喷油器结构)一定的情况下,喷油器的每次喷油量仅与喷油器的开起时间成正比,所以在发动机的实际控制过程中,每次燃烧所需要的燃油量,是通过控制喷油器的开起时间,即喷油脉宽来实现的。

起动后喷油脉宽可由下式来确定:

喷油脉宽(ms)＝基本喷油脉宽(ms)×喷油脉宽修正系数＋电压修正时间(ms) (3.5－2)

(2) 基本喷油脉宽的确定

基本喷油脉宽是为了实现目标空燃比,利用空气流量传感器(或进气压力传感器)、发动机转速传感器的输入信号计算出喷油脉冲宽度。根据空气流量传感器(或进气压力传感器)类型的不同,确定基本燃油喷射量的过程也有所不同。发动机起动后喷油量控制示意图如图3－36所示。

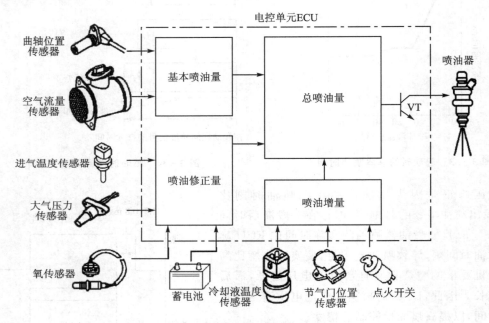

图3－36 发动机起动后喷油量控制示意图

在D型电控燃油喷射系统中,ECU根据发动机转速信号(Ne)和进气歧管绝对压力信号(PIM信号),由内部存储的基本喷油时间三维图(三元MAP图如图3－37所示)确定基本喷油时间。

在L型系统中,ECU则根据发动机转速信号(Ne信号)和空气流量计信号(VS信号)确定基本喷油时间。该基本喷油时间是实现理论空燃比的喷射时间。

(3) 喷油修正量的确定

1) 进气温度修正

由于冷空气的密度比热空气的密度大,在其他因素不变时,吸入发动机的空气质量随空气温度的升高而减少,为了避免混合气随温度升高而逐渐变浓,发动机电控单元ECU根据进气温度对基本喷油脉宽进行修正,即进气温度越高,喷油脉宽越小,如图3－38所示。

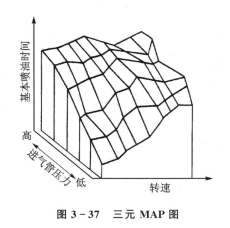 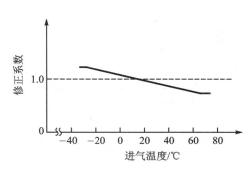

图 3-37　三元 MAP 图　　　　图 3-38　进气温度修正系数

2) 大气压力修正

由于大气压力和密度随着海拔高度的增加而降低,因此汽车在高原地区行驶时传感器检测到同样的控制流量时,实际进入发动机的空气质量流量降低。为了避免混合气过浓及油耗过高,应该根据大气压力传感器输入的信号对基本喷油脉冲宽度进行修正。

一般将汽车从平原开到高原后,如果出现油耗增大,尾气排放有害物增大甚至冒黑烟的现象时,应该检查是否是大气压力修正系统有问题,导致混合气过浓而引起的故障。

采用热线式或热膜式空气流量传感器检测进气量时,由于传感器本身是质量流量传感器,因而不需要进行温度机大气压力的修正。发动机每个工作循环内空气流量传感器检测的进气量越大,则喷油器的基本喷油脉冲宽度也越大。

3) 发动机温度修正

图 3-39 所示为发动机电控单元 ECU 根据冷却液温度传感器等相应传感器的信号进行计算,进而对喷油量进行修正。从图中可以看出,随着发动机温度的升高,喷油量的修正逐渐减小。下面分三种情况介绍与发动机温度相关的燃油修正。

① 起动后修正　在发动机冷起动后的数十秒内,由于空气流动速度低,所以燃油的雾化质量较差,此时应对喷油脉宽进行修正。发动机温度越冷,燃油增量越大,修正的时间越长。

② 暖机修正　发动机起动后,为了尽快使发动机、三元催化转化器和氧传感器达到正常的工作温度,控制系统进入闭环工作状态需要对暖机时的喷油脉冲宽度进行修正,即增加燃油喷射量,这也是对发动机冷态时燃油供给不足的一种补偿措施。控制系统在发动机起动后对燃油喷射量修正的同时,也对暖机燃油增量进行修正。一直持续到冷却液温度达到规定值才会停止。

4) 蓄电池电压的修正

喷油器的电磁线圈为感应性负载,其电流按指数规律变化,因此当喷油器开起和关闭时,喷油器阀门开起和关闭都将滞后一段时间,蓄电池电压值对喷油器开起的滞后时间影响较大。电压越低,滞后时间越长,在开起和关闭过程中的喷射为无效喷射期,故要考虑蓄电池电压变化对无效喷射时间的影响,对喷油时间加以修正。当蓄电池电压降低时,增加喷油脉冲宽度;当蓄电池电压升高时,减小喷油脉冲宽度,如图 3-40 所示。

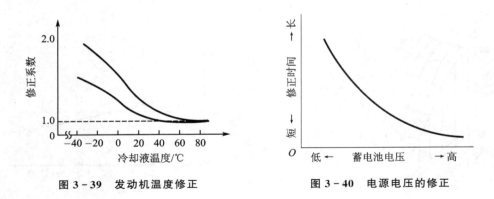

图 3-39　发动机温度修正　　　　图 3-40　电源电压的修正

5）加速修正

当汽车加速时,为了保证发动机能够输出足够的转矩,改善加速性能,必须增大喷油量。在发动机运转过程中,ECU 根据节气门位置传感器信号和进气量传感器信号的变化速率,判定发动机是否处于加速工况。汽车加速时,节气门突然开大,节气门位置传感器信号的变化速率增大,与此同时,空气流量突然增大,歧管压力突然增大,进气量传感器信号迅速升高,ECU 接收到这些信号,立即发出增大喷油量的控制指令,使混合气加浓。

3.5.3　喷油正时的控制

喷油正时是指喷油器何时开始喷油。以桑塔纳 2 000 GSi 轿车为例,当发动机转速为 1 000 r/min 时,喷油提前角为 6°,喷油持续时间为 2 ms,其控制时序与波形,如图 3-41 所示。

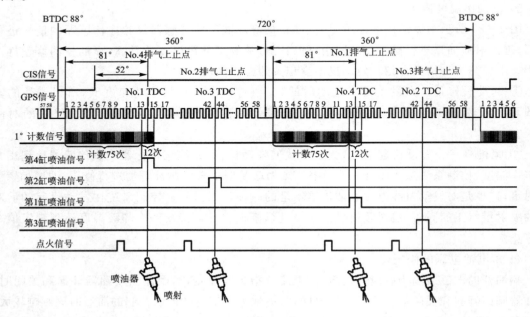

图 3-41　喷油提前角与持续时间控制过程

喷油持续时间为 2 ms,对应的曲轴转角为 12°,即

$$\frac{1\,000 \times 360°}{60\,\text{s}} \times \frac{2}{1\,000}\,\text{s} = 12° \tag{3.5-1}$$

① 发动机每旋转两转(720°),霍尔式凸轮轴位置传感器 CIS 产生一个判缸信号,且信号下降沿在第一缸活塞上止点前 88°产生。

② 发动机每旋转一转(360°),曲轴位置传感器 CPS 产生 58 个脉冲信号,每个凸齿和小齿缺均占 3°曲轴转角,大齿缺占 15°曲轴转角。

③ 大齿缺信号后的第一个凸齿信号如果是在判缸信号后产生,则该凸齿信号上升沿对应于第一缸压缩(同时第四缸排气)上止点前 81°产生。

当 ECU 接收到凸轮轴位置传感器 CIS 下降沿信号时,立即判断第 1 缸活塞位于压缩上止点前 88°、第 4 缸位于排气上止点前 88°,并控制内部的 1°计数电路准备对位置传感器信号进行计数。收到 CPS 上升沿信号时开始计数,此时曲轴已转 7°,当计数 75 次,第 4 缸活塞正好位于排气上止点前 6°(88°−7°−75°),ECU 立即向第 4 缸喷油器驱动电路发出高电平信号,使其接通,即喷油提前角控制在上止点前 6°,持续 12°。其他各缸依次类推。

习 题

1. 简述电控燃油喷射系统的控制原理。
2. 简述电控燃油喷射系统的结构组成及各组成部分的功用。
3. 空气供给系统是由哪几部分组成?
4. 电动燃油泵的作用是什么?
5. 电动燃油泵按安装位置不同分为哪几类?简述各自优缺点。
6. 喷油器按阻值分为哪几类?其各自阻值通常是多少?
7. 简述喷油器的驱动方式。
8. 简述电控燃油喷射发动机喷油脉宽的控制方法。
9. 喷油修正量的确定跟哪些因素有关?
10. 什么是喷油正时?

项目 4　汽油机点火控制系统

点火系统的作用是将汽车电源供给的低压电转变为高压电,并按照发动机的做功顺序与点火时间的要求适时、准确地配送给各缸的火花塞,击穿火花塞电极间隙产生电火花,点燃气缸内的可燃混合气,使发动机稳定运转。为了确保上述要求,点火系统必须进行如下控制:

① 点火提前角控制(点火正时控制)　点火系统需根据发动机工况的变化(如发动机转速、负荷等)对点火提前角进行动态、精确的控制,以确保发动机在最佳状态下工作。

② 点火能量控制　点火系统需使火花塞在各种转速工况下都能产生强烈的火花,以确保可点燃可燃混合气。因此,点火系统需要进行点火能量的控制。

③ 爆震控制　当发动机发生爆震时,点火系统应能推迟点火时刻,使爆震消失,以保护发动机。

任务 4.1　点火控制系统的组成和分类

4.1.1　点火系统的分类

汽车点火系统按其组成和发展分为传统点火系统、电子点火系统和计算机控制点火系统3种类型。

(1) 传统点火系统

传统点火系统也称为"有触点式点火系统",其基本组成包括蓄电池、点火开关、点火线圈、分电器、中央高压线、分缸高压线、火花塞等。该系统通过分电器中的断电器触点的开闭来控制点火线圈初级回路的通断,如图4-1所示。

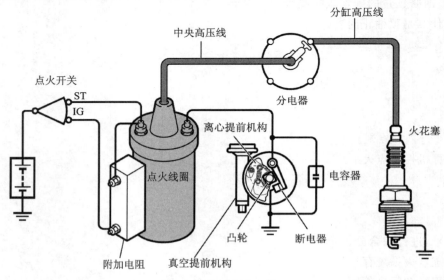

图 4-1　传统点火系统

点火能量控制:触点断开时,次级回路产生的高压经分电器分配到各缸火花塞;触点闭合时,初级回路储存点火能量。触点闭合时间越长,初级电流越大,点火能量越大。但发动机高速运转时,由于触点闭合时间缩短,点火能量不足,容易出现高速断火的现象。

点火时刻控制:安装在分电器上的离心提前机构和真空提前机构分别根据转速和负荷对点火时刻进行控制。点火提前角的控制只参考了转速和负荷两个工况信息(没有参考水温等其他工况信息),因此很难实现点火提前角的最优控制。另外,机械式触点容易出现烧蚀现象,需要经常维护。

(2) 普通电子点火系统

普通电子点火系统也称晶体管控制点火系统,其基本组成包括蓄电池、点火开关、点火线圈、分电器、信号发生器、点火模块、中央高压线、分缸高压线、火花塞等,结构如图4-2所示。

普通电子点火系统中的分电器取消了断电器,用点火模块中的晶体管来控制点火线圈初级回路的通断。由于晶体管导通、截止时不会产生电火花,因此,该点火系统不需要日常维护。晶体管的通断由安装在分电器内部的信号发生器来控制。点火提前角也是由离心提前机构和真空提前机构控制。该点火系统相对于传统点火系统的性能有所改进,如点火模块具有点火能量控制功能,它通过控制初级回路闭合时间来实现点火能量控制,从而消除了高速断火的现象。但由于点火提前角只参考转速和负荷两个工况信息,所以也无法实现点火提前角的最优控制。

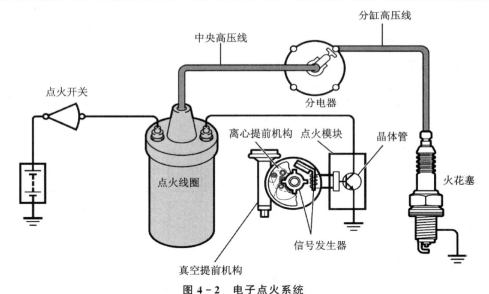

图4-2 电子点火系统

(3) 计算机控制点火系统

计算机控制点火系统也称计算机控制点火系统,如图4-3所示。与普通电子点火系统相比,该系统也是采用晶体管来控制点火线圈初级回路的通断,但取消了离心提前机构和真空提前机构,增加了电子控制单元ECU和监控发动机工况信息的各类传感器,如空气流量传感器、发动机转速传感器、冷却液温度传感器、进气温度传感器、节气门位置传感器等。ECU实时监测这些传感器的信号,进行综合分析和计算,可以实现在各种工况下点火提前角的最优控制。

传统点火系统存在触点容易烧蚀,火花能量的提高受到限制,高速时次级电压降低,造成火花塞积炭和污染等问题。电子点火系统虽然大大提高了点火系统的性能,但对点火提前角

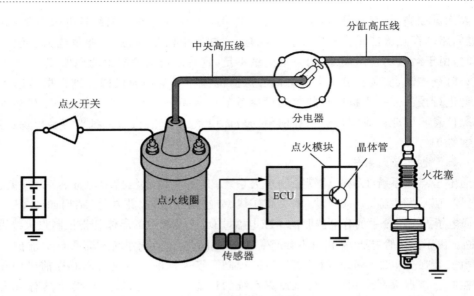

图 4-3 计算机控制点火系统

的控制不够精确。因此，现在电控汽油喷射发动机中广泛采用计算机控制点火系统。

计算机控制电子点火系统按有无分电器又可以分为有分电器计算机控制点火系统和无分电器计算机控制点火系统。

4.1.2 有分电器计算机控制点火系统

有分电器计算机控制点火系统由低压电源、点火开关、计算机控制单元（ECU）、点火控制器、点火线圈、分电器、火花塞、高压线和各种传感器等组成，如图 4-4 所示。

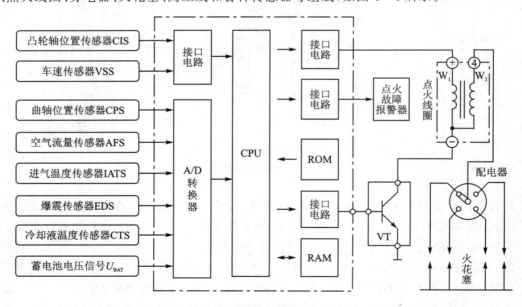

图 4-4 有分电器计算机点火控制系统

各传感器输入 ECU 的信号先经过接口电路和 A/D 转换器等电路进行数据处理，然后存储在随机存储器 RAM 中。

计算机控制单元(ECU)根据各传感器输入信号,计算确定最佳点火提前角和初级电路导通角。然后不断监测凸轮轴位置传感器信号,判定是哪一缸即将到达上止点,对曲轴转角信号进行计数,并对点火提前角进行控制。

当计数到最佳提前角时,ECU 点火控制信号输送给点火控制器,点火控制器控制点火线圈初级电路的通断。

当点火控制器中的大功率三极管导通时,初级电路接通,在点火线圈中形成磁场。当点火控制器大功率三极管截止时,初级电路被切断,初级电流迅速下降,次级绕组中感应出高压电进行点火。曲轴每转两圈,各缸火花塞按点火顺序轮流跳火一次,完成点火工作。

4.1.3 无分电器计算机控制点火系统

无分电器点火系统又称为直接点火系统,在有分电器计算机控制点火系统的基础上,取消了分电器总成,其高压配电由原来的机械式改为电子式。无分电器点火系统的高压配电方式有同时点火和单独点火之分。

1. 同时点火

同时点火方式是利用一个点火线圈对活塞接近压缩上止点和排气上止点的两个气缸同时进行点火的高压配电方法。其中,活塞接近压缩上止点的气缸点火后,混合气燃烧做功,该气缸火花塞产生的电火花是有效火花;活塞接近排气上止点的气缸,火花塞产生的电火花是无效火花。由于排气气缸内的压力远低于压缩气缸内的压力,排气气缸中火花塞的击穿电压也远低于压缩气缸中火花塞的击穿电压,因而绝大部分点火能量主要释放在压缩气缸的火花塞上。同时点火方式中,由于点火线圈仍然远离火花塞,所以点火线圈与火花塞仍然需要高压线连接。

同时点火方式又分为二极管配电方式和点火线圈配电方式两种,工作原理图如图 4-5 和图 4-6 所示。

二极管配电是指依靠二极管控制同时通电的电流方向(见图 4-5),四个火花塞并联,当产生次级高压时,若次级绕组上产生从上向下的高压,则电流依次经过 4 缸和 1 缸火花塞,如图中实线电流方向,该方向两个二极管 D_1 和 D_4 均导通。若高压在次级绕组上从下向上,则电流依次经过 2 缸和 3 缸火花塞,如图中虚线所示,该方向二极管 D_2 和 D_3 均导通。

线圈配电是指依靠点火线圈控制火花塞的导通,点火控制器根据电控单元(ECU)输出的点火控制信号,按点火顺序轮流触发功率三级管的导通和截止,从而控制每个点火线圈轮流产生高压电。在图 4-6 中:三极管 VT_1 切断电流时,火花塞 No.1 和 No.4 放电;三极管 VT_2 切断电流时,火花塞 No.2 和 No.3 放电。

2. 单独点火

单独点火方式是每个缸的火花塞配用一个点火线圈,单独向各缸直接点火,如图 4-7 所示。各点火线圈直接安装在对应气缸的火花塞上,其外形就像火花塞高压线帽。这种结构的特点是去掉了高压线,同时也就消除高压线带来的不利因素。各点火线圈的初级绕组分别由点火控制器中的一个大功率三极管控制,整个点火系统的工作是由计算机控制单元控制。

发动机工作时,计算机向点火器输出点火信号,点火器中的功率管分别接通和切断各缸点火线

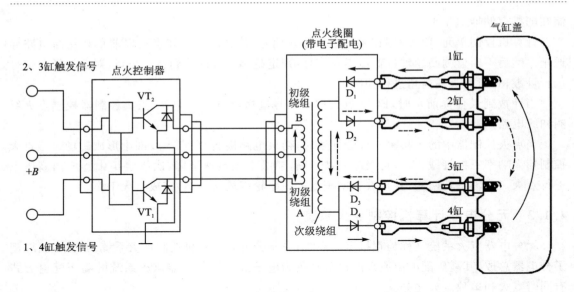

图 4-5 二极管分配高压同时点火电路原理图

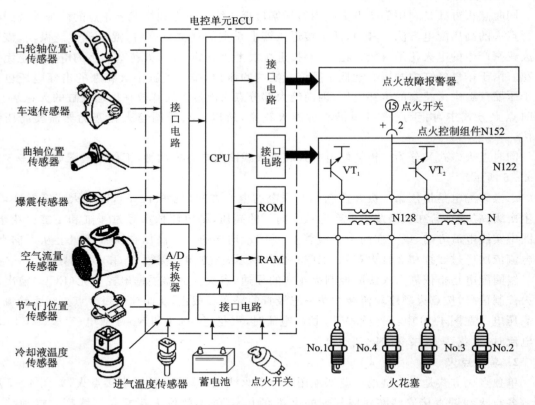

图 4-6 点火线圈分配高压同时点火电路原理图

圈的初级电路。当切断点火线圈初级电流时,在次级绕组产生高压电并点燃气缸内的混合气。

单独点火的点火控制器,需要判断点火气缸的数目比同时点火方式多一倍,所以电路较同时点火复杂。

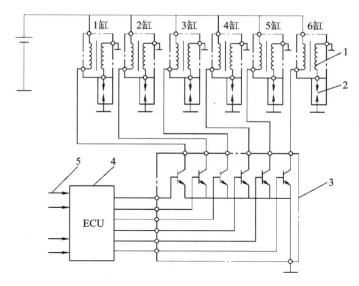

1—点火线圈；2—火花塞；3—点火控制器；4—ECU；5—点火基准信号

图 4-7　单独点火方式的点火系统

任务4.2　点火提前角和闭合角的控制

电喷发动机不仅要对进气量和喷油量进行精确控制，同时还要对点火系统进行控制，只有将三者精确控制，才能提高发动机的动力性、经济性，降低发动机废气的排放。

计算机控制点火系统分别对点火提前角、闭合角和爆震进行控制。

4.2.1　点火提前角控制

1. 点火提前角

发动机的点火时刻是用点火提前角来表示的。点火提前角是指从火花塞发出电火花，到该缸活塞运行至压缩上止点时曲轴转过的角度。

(1) 点火过早，即提前角过大，易爆燃

如果点火过早，混合气在活塞压缩行程中完全燃烧，活塞在到达上止点前缸内压力最大，使活塞上行的阻力增加，使功率下降，还会产生爆震。

(2) 点火过迟，即提前角过小，功率降低

如果活塞在到达压缩上止点时点火，那么混合气在活塞下行时才燃烧，使气缸内压力下降。同时，燃烧的炽热气体与气缸壁接触面增大，热损失增加，发动机过热，使发动机功率下降，油耗增加。

气缸内压力与点火时刻的关系如图4-8所示，从图中可以看出：在B点处点火过早，最大燃烧压力提高，但出现爆震；在D点处点火过晚，最大燃烧压力很低；而在C点处点火可使发动机每循环所做的机械功最多（曲线阴影部分），因此该点为适当点火提前角。

对应于发动机每一工况都存在一个最佳点火提前角。急速时的最佳点火提前角可以使急速平稳、降低有害气体排放和减少燃油消耗；部分负荷时的最佳点火提前角可以减少燃油消耗

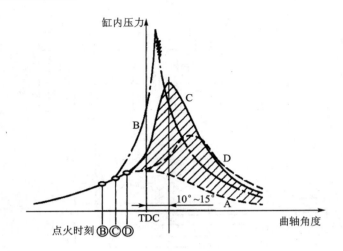

图 4-8 气缸内压力与点火时刻的关系

量和有害气体排放量,提高经济性和排放性;大负荷时的最佳点火提前角可以增大输出转矩,提高动力性。所以,对应于不同的工况,需要选择不同的提前角。

(3) 影响点火提前角的因素

① 发动机转速。发动机转速对最佳点火提前角的影响如图 4-9 所示,发动机转速升高,最佳点火提前角应加大。因为发动机转速升高时,在同一时间内,曲轴转过的角度增大,如果燃烧的速率不变,则最佳点火提前角应按照线性规律增加。但当转速继续升高时,由于混合气的压力和温度的提高及扰流增强,燃烧速度也加快,最佳点火提前角增加速度也减慢。

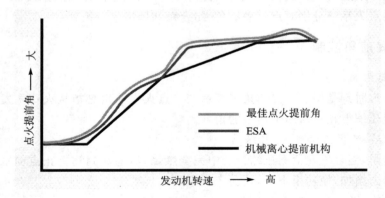

图 4-9 发动机转速对最佳点火提前角的影响

② 发动机负荷。发动机负荷对最佳点火提前角的影响如图 4-10 所示,当发动机负荷增加时(进气歧管绝对压力增加,真空度减小),最佳点火提前角应减小。发动机负荷越大,混合气的质量越好,燃烧的速率加快,要求点火提前角减小。

③ 燃料辛烷值。汽油辛烷值越高,抗爆性越好,点火提前角可增大;反之,点火提前角应减小。

④ 其他因素。除上述因素外,点火提前角还与燃烧室结构、燃烧室温度、空燃比、大气压力、冷却液温度等有关。在传统点火系统和普通电子点火系统中,当上述因素变化时,系统无

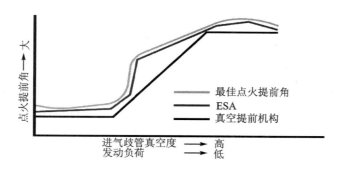

图 4-10 发动机负荷对最佳点火提前角的影响

法对点火提前角进行调整。而计算机控制的点火系统可在发动机所有工况下,都能提供最佳点火提前角。

2. 点火提前角的控制方式

计算机控制单元对点火提前角的控制方式在早期的部分车型中采用开环控制方式,现在绝大多数车型采用开环与闭环控制结合的方式。

(1) 开环控制

ECU 根据传感器提供的发动机工况信息从内部存储器(ROM)中读取出相应的基本点火提前角,并通过计算出的修正值给予修正后得出最佳点火提前角数据来控制点火,而对控制结果不予考虑。

(2) 闭环控制

点火提前角的闭环控制方式是根据发动机实际运行结果的反馈信息来控制点火提前角的,所以闭环控制又称为反馈控制。闭环控制方式可以在控制点火提前角的同时,不断地检测发动机的工作状况(如发动机是否发生爆震、怠速是否稳定等),然后根据检测到的变化量,及时对点火提前角进行修正,使发动机始终处于最佳的点火状态,而不受发动机零部件的磨损、老化以及使用因素的影响,故控制精度高。

3. 点火提前角的确定

在电子控制点火系统中,电控单元对点火提前角的控制分为发动机起动时点火提前角的控制和发动机起动后点火提前角的控制两种。

(1) 发动机起动时点火提前角的控制

发动机在起动期间或转速在规定转速(通常为 500 r/min 左右)以下时,由于进气歧管压力或进气流量信号不稳定,点火提前角应采用定值控制法。

当起动开关闭合(ON)、发动机转动时,即进入起动时的点火提前角控制模式,此时,ECU 根据冷却液温的高低确定点火提前角的值,在发动机起动过程中固定以该点火提前角起动,如图 4-11 所示。当水温在 0 ℃以上起动时,其点火提前角均为 16°;而在 0 ℃以下起动时,还要适当增加点火提前角。

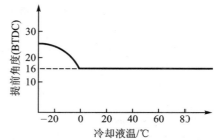

图 4-11 起动时点火提前角

(2) 发动机起动后点火提前角的控制

发动机正常运转时(起动后)，ECU 根据发动机的转速和负荷信号，确定基本点火提前角，并根据其他有关信号进行修正，最后确定实际的点火提前角，并向电子点火控制器输出点火执行信号，以控制点火系统的工作。

计算机控制点火系统的点火提前角由 3 部分组成：初始点火提前角 θ_i、基本点火提前角 θ_b 和修正点火提前角 θ_c。

$$\theta = \theta_i + \theta_b + \theta_c \tag{4.2-1}$$

1) 初始点火提前角 θ_i

曲轴位置传感器在发动机上固定后，点火提前角由曲轴位置传感器的信号转子和曲轴的相对位置决定，故又称为固定点火提前角，一般设为上止点前 8～10°。一旦曲轴位置传感器在发动机上固定，初始点火提前角就相应确定。

当发动机起动时，转速不稳定，空气流量不稳定，点火提前角不能准确控制，采用固定的初始点火提前角进行控制，即起动时的点火提前角。

2) 基本点火提前角 θ_b

发动机正常运转时，电控单元按怠速工况和非怠速工况两种情况确定基本点火提前角。发动机处于怠速工况时，电控单元根据节气门位置信号(怠速触点闭合)、发动机转速信号及空调开关信号，确定基本点火提前角。发动机处于非怠速工况时，电控单元根据发动机转速和节气门位置(进气管压力或空气流量)信号，从 ECU 存储器中的数据表中查出相应工况的基本点火提前角。

基本点火提前角的数据都采用台架实验的方法获得。方法如下：在节气门全开的情况下，在每一转速下，逐渐增加点火提前角，直到得到最大功率为止，此时的提前角即为最佳点火提前角。然后将转速固定，调节节气门，直到最大功率为止。这样即可得到在不同的节气门(负荷)和转速下的最佳点火提前角的数据图形，也称为 MAP 图，如图 4-12 所示。

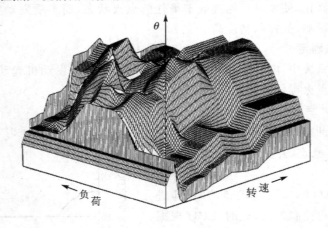

图 4-12 三维点火特性脉谱图

3) 修正点火提前角 θ_c

计算机控制单元根据发动机冷却液温度、节气门开度、爆震传感器信号及氧传感器信号等参数确定点火提前角修正量。由于初始点火提前角是固定的，因此计算机控制点火正时的实质是根据发动机的运行工况和使用条件计算基本点火提前角、确定修正点火提前角,使实际点火提前角尽可能与最佳点火提前角接近。

当ECU计算出的点火提前角超过一定范围时,发动机将不能正常运行。为了防止出现这种情况,在电控点火系统中,由电控单元对实际点火提前角的数值范围进行限制。最大点火提前角范围为35～45°,最小点火提前角范围为10～0°。

4. 点火提前角的修正

不同的发动机控制系统中,对点火提前角的修正项目和修正方法也不同。

(1) 怠速及减速时点火提前角的控制

当节气门位置传感器怠速触点闭合时,即进入怠速或减速时点火提前角控制模式,如图4-13所示。发动机转速低于1 000 r/min,点火提前角为16°;当冷却液温在50 ℃以下、车速不大于8 km/h、发动机转速在1 200 r/min以上时,点火提前角几乎保持在上止点前10°不变。50 ℃以上、车速大于8 km/h时,点火提前角随发动机转速的升高而增大。

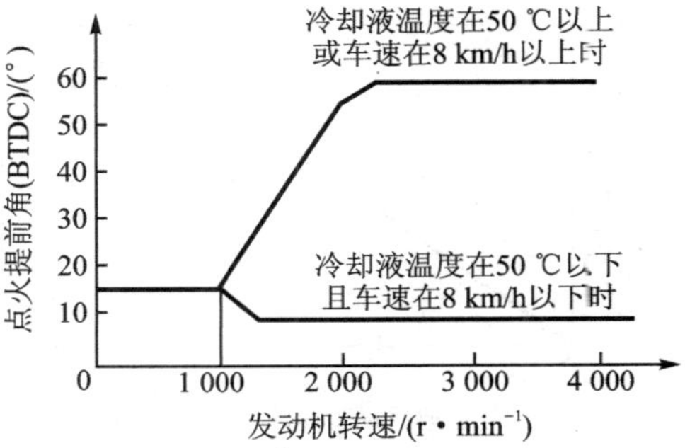

图4-13 怠速或减速时的点火提前角

(2) 暖机修正

发动机起动后,当冷却液温度较低时,应增大点火提前角。暖机过程中,随冷却液温的提高,应适当减小点火提前角,点火提前角的变化趋势如图4-14所示。暖机修正控制信号包括冷却液温度传感器信号、进气管绝对压力传感器信号或空气流量计信号、节气门位置传感器信号(IDL信号)。

(3) 过热修正

当发动机处于非怠速工况(怠速触点IDL断开),冷却液温度过高时,应适当增大点火提前角,点火提前角的变化趋势如图4-15所示。过热修正控制信号包括冷却液温度传感器信号、节气门位置传感器信号(IDL信号)。

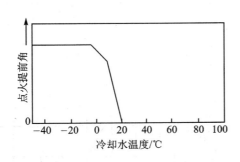

图4-14 点火提前角暖机修正

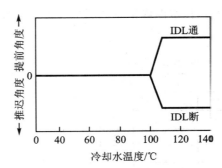

图4-15 点火提前角过热修正

(4) 怠速稳定性修正

发动机在怠速工况,由于发动机负荷变化(如空调、动力转向等)而使转速改变,ECU将随时调整点火提前角,使发动机在规定的怠速转速下稳定运转。ECU根据实际转速与目标转速的差来修正点火提前角,低于目标转速,应增大点火提前角,反之,推迟点火提前角,点火提前角的变化趋势如图 4-16 所示。怠速稳定性修正控制信号包括发动机转速信号（Ne 信号）、节气门位置传感器信号（IDL 信号）、车速传感器信号（SPD 信号）、空调开关信号（A/C 信号）。

(5) 空燃比反馈修正

ECU 根据氧传感器的反馈信号调整喷油量的多少以达到最佳空燃比，喷油量的变化必然带来发动机转速的变化。为了稳定发动机转速，点火提前角需根据喷油量的变化进行修正。为了提高发动机转速的稳定性，在反馈修正油量减少时，适当增大点火提前角，点火提前角的变化趋势如图 4-17 所示。

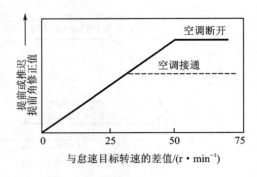

图 4-16 点火提前角怠速稳定性修正

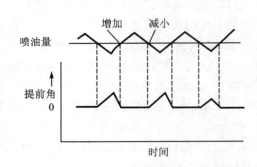

图 4-17 空燃比反馈修正

5. 点火提前角修正系数法

有的发动机的点火提前角不是采用初始点火提前角＋基本点火提前角＋修正点火提前角的计算方法，而是采用乘系数的方法。例如，实际点火提前角＝基本点火提前角×点火提前角修正系数。

基本点火提前角存在计算机的存储器中，如图 4-18 所示。水温修正系数是指在发动机温度变化时，计算机根据水温传感器输入的信息，对点火提前角进行修正的系数，如图 4-19 所示。

发动机工作时，系统根据表中对应工况下的基本点火提前角，结合冷却液温度传感器测得的水温值，从水温修正系数图中查得修正系数，相乘后即可得出该工况的实际点火提前角。

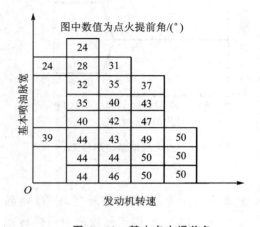

图 4-18 基本点火提前角

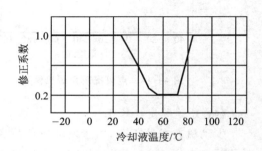

图 4-19 水温修正系数

4.2.2 闭合角的控制

闭合角的概念来源于传统点火系统,是指断电器触点闭合时间(即初级电路接通期间)分电器轴转过的角度。在电子点火系统中,闭合角用初级线圈中电流导通的时间来表示,所以闭合角的控制又称为通电时间控制。

对于电感储能式点火系统而言,当点火线圈的初级线圈通电后,初级电流按指数规律增长。只有当通电时间达到一定值时,初级电流达到饱和状态,才能在点火线圈中存储足够的能量(表现为次级线圈高压)以释放火花。

1. 闭合角的影响因素

次级线圈高压的最大值与通电时间成正比(表现为初级线圈断开时的电流大小)。所以,发动机工作时,必须保证点火线圈的初级电路有足够的通电时间。但如果通电时间过长,点火线圈发热而增大电能消耗。要兼顾上述两方面的要求,就必须控制点火线圈初级电路的通电时间。另外还需根据蓄电池电压对通电时间进行修正(电压高,充电快;电压低,充电慢)。

当发动机转速升高时,则适当增大闭合角,以防止线圈通过的电流值下降,造成次级高压下降,点火困难。当蓄电池电压下降时,基于相同的理由,也应适当地增大闭合角,如图 4-20 所示。

因此,闭合角的控制具有以下特点:

① 随电源电压的变化而变化,即电压增大,闭合角应减小。

② 随转速变化而变化,即转速增大,闭合角应增大。

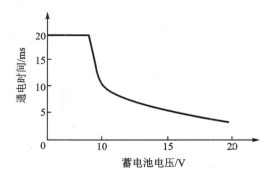

图 4-20 蓄电池电压对闭合角的控制

2. ECU 对闭合角的控制

现代电控点火系统和传统的分电器不同,传统的点火线圈初级电路的通电时间取决于断电器触点的闭合角和发动机转速,是随断电器通断自然形成的。而计算机控制点火系统初级电路的通电时间由 ECU 控制,根据发动机的转速信号和电源电压信号确定计算得出最佳的闭合角(通电时间),并控制点火器输出指令信号,以控制点火器中晶体管的导通时间。

例如,电源电压为 14 V,导通时间为 5 ms,发动机转速为 2 000 r/min,则导通 5 ms 相当于曲轴转角(闭合角)为:$(360°×2\,000/60)×(5/1\,000)=60°$。

如图 4-21 所示,点火提前角为上止点前 40°,闭合角为 60°,ECU 由曲轴位置传感器的 120°信号(表示此时某缸活塞处于压缩上止点前 70°的位置)判别工作缸活塞位置;点火基准信号(上止点前 66°)在上述信号后 4°处;计算机从此处开始计数,经过 26 个 1°信号,在第 27 个 1°信号输入时控制大功率晶体管截止,实现点火,保证了点火时刻为上止点前 40°;再记录 60 个 1°信号,即控制晶体管导通,同时开始记录 1°信号;当再次记录到 60 个 1°信号时,表示晶体管导通时间为 5 ms,即闭合角为 60°。

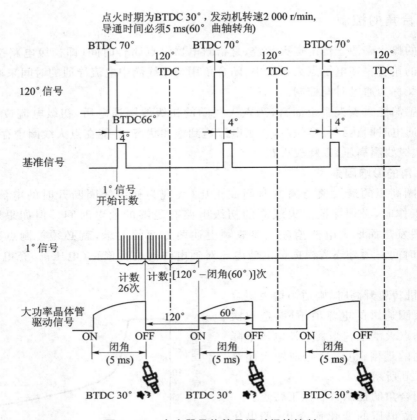

图 4-21 点火器晶体管导通时间的控制

任务 4.3 爆震的控制

汽油发动机使用火花塞跳火将混合气点燃,并以火焰传播方式将混合气燃烧。如果在传播过程中,火焰还未到达时,局部地区混合气因高温、高压等自行着火燃烧,使气流运动速度加快,缸内压力、温度迅速增加,造成瞬时爆燃,这种现象称为爆震。

爆震是一种非正常燃烧,其危害极大,使发动机动力性、经济性变差;爆震产生的压力会使气体强烈震荡,产生噪声;使发动机工作条件恶化,使火花塞、燃烧室、活塞等机件过热,严重情况下会使发动机损坏。

消除爆震的方法通常有:① 采用抗爆性能好的燃料;② 改进燃烧室结构;③ 加强冷却液循环;④ 推迟点火时间。这些方法对消除爆震有明显的作用。在发动机结构参数已确定的情况下,采用推迟点火提前角是消除爆震既有效又简单的措施之一。

4.3.1 爆震界限和点火提前角的设定

爆震与点火时刻的关系:点火提前角越大,燃烧的最大压力越大,则越容易产生爆震。试验证明:发动机发出最大转矩的点火时刻与开始产生爆震的点火时刻(爆震界限)相近,即将爆未爆时发动机的动力最大。

因此,具有爆震控制功能的点火系统使点火时刻离爆震界限只有一个较小的余量,这样既可控制爆震的发生,又能更有效地控制发动机的输出功率。如图 4-22 所示,在机械式控制系统中(图中虚线),为了不产生爆震,点火时刻距离爆震界限有一个较大的余量,此时,点火时刻将滞后于产生最大转矩的点火提前角,使发动机功率下降,输出功率降低,油耗增加,发动机性能恶化。计算机控制的发动机装有爆震传感器,能检测发动机有无爆震现象,并将信号送至发动机 ECU,ECU 根据此信号来调整点火提前角。爆震时,推迟点火,没有爆震时,则提前点火,以保证在任何工况下的点火提前角都处于接近发生爆震的最佳角度。如图 4-22 中,上面的实线部分为爆震区域,下面的实线为计算机控制的点火提前角。离爆震区约为曲轴转角 2°～3°,作为安全界限。

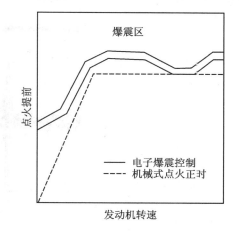

图 4-22 爆震界限与点火提前角

4.3.2 爆震传感器

在计算机控制点火系统中,爆震传感器的作用是:把燃烧时缸体上的机械震动转换成电压信号输送给 ECU,作为发动机爆燃时推迟点火提前角的依据。传感器的类型及工作原理见本书项目 2 内容,发动机上广泛使用的是压电晶体型爆震传感器。桑塔纳 2 000GLi 型轿车压电式爆震传感器与电控单元 ECU(J220)的连接方式如图 4-23 所示。

压电式爆震传感器的输出电压波形如图 4-24 所示。如果发生爆震现象,在燃烧期间的输出振幅将增大,输入 ECU 后,经滤波处理,根据其值的大小判断有无爆震。

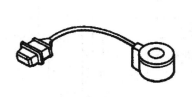

图 4-23 桑塔纳 2 000GLi 型轿车爆震传感器外形及电路连接

发动机爆震的检测方法有三种:一是检测发动机缸体的震动频率;二是检测发动机燃烧室压力的变化;三是检测混合气燃烧的噪声,其中应用比较普遍的方法是检测机体的震动频率。

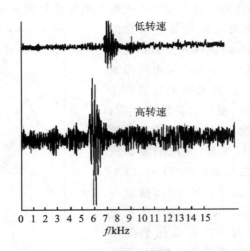

图 4-24 转速不同时压电式非共振型爆震传感器的输出波形

4.3.3 爆震控制系统

爆震控制系统是利用爆震传感器来检测爆震强度。在产生爆震时,ECU 自动减小点火提前角,使点火时刻保持在爆震边界的附近,以提高发动机的功率,降低燃料的消耗。

1. 发动机爆震的判别

要控制爆震,首先必须判断爆震是否发生。图 4-25 所示为爆震信号控制框图,表示将爆震传感器的输出信号进行滤波处理后并判别爆震是否发生的程序。来自爆震传感器各种频率的电压信号,先经滤波电路,将爆震信号与其他信号分离,只允许特定范围频率的爆震信号通过滤波电路,再将此信号的最大值与爆震强度基准值进行比较,如大于爆震强度的基准值,表示已发生爆震,则将爆震信号输入计算机电控单元 ECU,并进行处理。

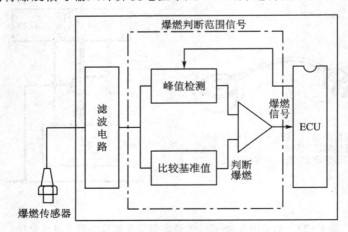

图 4-25 爆震信号控制框图

2. 发动机爆震强度的判别

(1) 基准电压的确定

判定爆震的基准电压通常利用发动机即将爆震时的传感器输出信号电压来确定。最简单的方法如图 4-26 所示,首先对传感器输出信号进行滤波和半波整流,利用平均电路求得信号电压的平均值,然后再乘以常数倍由设计制造时试验确定即可形成基准电压 U_B,由于发动机转速升高时,爆震传感器输出电压的幅值增大,所以基准电压不是一个固定值,其值随发动机转速升高而增大。

(2) 爆震强度的判别

发动机爆震的强度取决于爆震传感器输出信号电压的振幅和持续时间。爆震信号电压值超过基准电压值的次数越多,爆震强度越大;反之,超过基准电压值的次数越少,爆震强度越小。确定爆震强度常用的方法如图 4-27 所示。

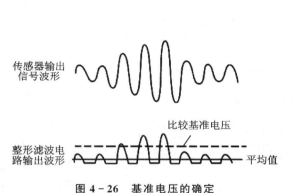

图 4-26 基准电压的确定　　　　图 4-27 爆震强度判定

3. 发动机爆震控制系统结构及原理

发动机爆震控制系统的结构如图 4-28 所示,由传感器、带通滤波电路、信号放大电路、整形滤波电路、比较基准电压形成电路、积分电路、提前角控制电路和点火控制器等组成。

当发动机产生爆震时,ECU 通过爆震传感器的输入信号和比较电路判别出发动机产生爆震,并依据爆震强度输入信号,由 ECU 控制减小点火提前角。然后,爆震传感器又检测下一工作循环的爆震信号,若爆震还存在,继续减小提前角。当爆震现象消失时,则又不断增加点火提前角以恢复发动机动力,直到爆震再次出现。爆震反馈控制原理如图 4-29 所示。爆震时,点火提前角的控制如图 4-30 所示。

4. 检测实例(桑塔纳 AJR 发动机爆震传感器的检测)

桑塔纳 AJR 发动机有两个爆震传感器,分别安装在进气歧管下面和 1/2 缸与 3/4 缸之间,传感器插座上有三根引线,其中两根为信号线,一根为屏蔽线。

爆震传感器本身在实际中很少发生故障,发生故障时多为爆震传感器拧紧力矩不对(标准力矩为 20 N·m)。如果发动机爆震传感器固定力矩过大,使爆震传感器过于灵敏,减小了点火提前角造成发动机反应迟钝、排气温度过高、油耗增大;如果发动机爆震传感器固定力矩过小,传感器灵敏度下降,此时发动机容易产生爆震,从而使得发动机温度过高、NO_x 化合物的排放量超标。此外还有插头锈蚀、线束插头损坏、爆震传感器本身内部摔裂损坏等。

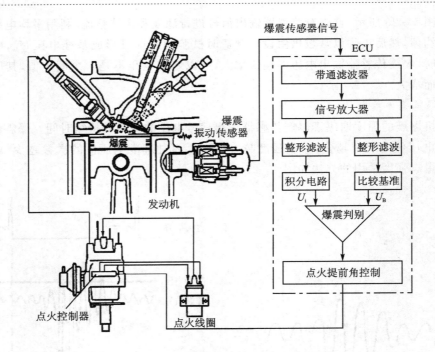

图 4-28 爆震控制系统结构

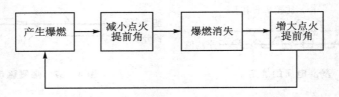

图 4-29 爆震反馈控制原理

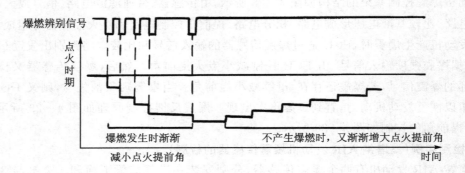

图 4-30 爆震时点火提前角的控制

爆震传感器是否正常,应该用示波器检测发动机工作时,爆震传感器输出电压波形。如果有不规则的振动波形出现,并且该波形随发动机爆震情况的变化而明显地变化,则说明爆震传感器工作正常。如果没有波形输出或者输出波形不随发动机工作情况的变化而变化,则说明爆震传感器有故障,应该更换。

在没有示波器的情况下,也可以通过测量电阻的方法对爆震传感器进行粗略的检测。将爆震传感器导线插头拔下,用万用表的欧姆挡测量传感器两个端子与接地之间的电阻,若导通,说明传感器已经损坏,必须更换。桑塔纳 AJR 发动机爆震传感器的结构图及电路图如图 4-31 所示,在爆震传感器的连接电路中,端子 1 为信号线正极,端子 2 为信号线负极,端子 3 为屏蔽线。

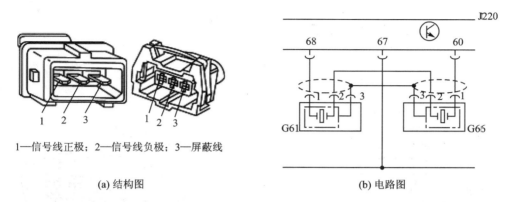

1—信号线正极;2—信号线负极;3—屏蔽线

(a) 结构图　　(b) 电路图

图 4-31　桑塔纳 AJR 发动机爆震传感器

① 检测传感器电阻　断开点火开关,拔下传感器线束插头,检测结果应与表 4-1 所列中标准值相符合。

② 检测线束电阻　断开点火开关,拔下传感器线束插头和 ECU 线束插头,两插头各端子间导线电阻检测结果应与表 4-1 所列中的标准值相符合。

表 4-1　桑塔纳 2 000Gsi 爆震传感器检修标准

检测项目	检测条件	检测部位	电阻标准值/Ω
爆震传感器的电阻	断开点火开关并拔下传感器插头	传感器插座上端子 1 与 2	>1 000
		传感器插座上端子 1 与 3	>1 000
		传感器插座上端子 2 与 3	>1 000
传感器信号正极线	拔下控制器和传感器插头	控制器 60 端子至传感器插头 1 端子	<0.5
		控制器 68 端子至传感器插头 1 端子	<0.5
传感器信号负极线		控制器 67 端子至传感器插头 2 端子	<0.5
传感器屏蔽线		控制器模块旁边发动机搭铁点至传感器插头 3 端子	<0.5

③ 检测输出信号　插上传感器线束插头,起动发动机,测量端子 1 与 2 间的电压,正常值为 0.3~1.4 V。爆震传感器的 3 个端子之间不能发生短路现象,否则更换爆燃传感器。传感器插头和发动机控制单元线束插头间的线路若有断路或短路时,应排除故障。

2. 点火模块的检测

AJR 型发动机点火系统采用无分电器双火花直接点火系统。点火线圈发生故障,发动机立即熄火或不能起动。ECU 不能检测到该故障信息。如果一个火花塞由于开路使该点火回路断开,那么和它共用一个点火线圈的火花塞也因电气线路故障而不能跳火;如果一个火花塞由于短路而不能跳火,但电气回路没有断开,那么和它共用一个点火线圈的火花塞仍然能够跳火。AJR 型发动机点火系电路接线如图 4-32 所示。拔下点火线圈 4 针插头,用发光二极管测试灯连接蓄电池正极和插头上端子4,发光二极管测试灯应亮。如果测试灯不亮,检查端子4和接地点的线路是否有断路。

① 点火线圈的供电电压测试　拔下点火线圈的4针插头,用发光二极管测试灯连接在发动机接地点和插头上端子2之间,打开点火开关,发光二极管测试灯应亮。如果测试灯不亮,检查中央电器D插头23端子与4针插座端子2之间线路是否断路,如图4-33所示。

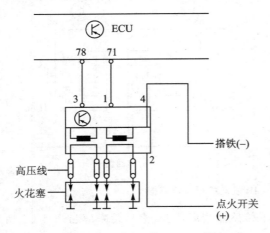

1、3—信号端子;2—点火开关(+);4—搭铁(-)

图4-32　AJR型发动机点火系电路接线图

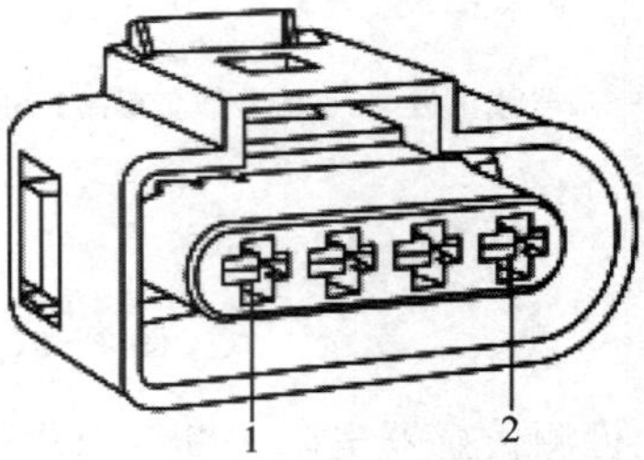

1—信号端子;2—搭铁

图4-33　点火线圈4针插头

② 点火线圈工作测试　拔下4个喷油器的插头和点火线圈的4针插头,打开点火开关,用发光二极管测试灯连接发动机接地点和插头上端子1,接通起动机数秒,测试灯应闪亮,然后用测试灯连接发动机接地点和端子3,接通起动电动机数秒,测试灯应闪亮。如果测试灯不闪,则检查点火线圈插头上端子和发动机控制单元线束的插头间导线是否开路或短路;如果线路正常,则应更换发动机ECU。

(1) 电阻测试

本项目电阻测试为辅助性测试,主要是检测线束的导通性,以确认线束通畅,无断路或短路,插接器牢固,各信号传递无干扰。测试在汽车计算机控制故障检测诊断实验系统的发动机实验台上进行。

① 线束导通性测试　将数字万用表设置在电阻挡,在电路图上找到点火线圈图形下面的针脚号与ECU信号测试端口图相应的针脚号,分别测试点火线圈针脚与应至电控单元针脚之间的电阻,所有电阻都应低于 $0.5\,\Omega$,如表4-2所列。

表4-2　点火线圈针脚对应至电控单元针脚的正常阻值

	ECU针脚	点火线圈针脚	导通性
点火线圈(N152)线路电阻的测量	搭铁点	4	通
	—	2与D23	通
	78	3	$<0.5\Omega$
	71	1	$<0.5\Omega$

② 线束短路性测试　将数字万用表设置在电阻 $200\,\mathrm{k}\Omega$ 挡,测量点火线圈针脚与其不相

对应的电控单元针脚之间电阻应为∞。

在实际维修中,欲测试各条线束的导通性,应关闭点火开关,拔下传感器插头与电控单元插接器,使用数字万用表分别测量各线束间的电阻,相连导线电阻应小于 0.5 Ω 相连导线电阻应为∞为正常。在实际测量中,由于测量手法、万用表本身的误差以及被测物体表面的氧化与灰尘等因素,发生几欧姆的误差属正常现象,不必拘泥于具体数字。

(2) 电压测试

本项目电压测试有电源电压测试和信号电压测试两部分,其中信号电压测试是确定点火线圈是否失效的主要依据。

① 电源电压测试　在实际维修中,应拔下传感器插头,打开点火开关,测量 2 号端子与接地间电压时应显示 12 V。此时电控单元会记录点火线圈的故障码,测试完毕后要使用诊断仪清除故障码。

② 信号电压测试　起动发动机至工作温度,拔下 4 个喷油器的插头和点火线圈的 4 针插头,打开点火开关,用发光二极管测试灯连接发动机接地点和插头上端子 1,接通起动机数秒,测试灯应闪亮,然后用测试灯连接发动机接地点和端子 3,接通起动电动机数秒,测试灯应闪亮。

3. 注意事项

① 爆震传感器要轻拿轻放,避免爆震传感器掉到地上摔坏。
② 点火线圈要轻拿轻放,避免点火线圈掉到地上摔坏。
③ 在实物台架上,测试端口与电控单元直接相连,不要将任何电压加在发动机实验台的测试端口上,以免损坏电控单元。

习　题

1. 简述计算机控制点火系统的分类?
2. 简述计算机控制点火系统的原理?
3. 无分电器点火系统按配火方式不同分为哪两类?
4. 计算机控制点火系统有哪三个方面的点火控制内容?
5. 点火提前角的控制方式包括什么?
6. 发动机起动时的点火提前角是如何确定的?
7. 发动机起动后的点火提前角是如何确定的?
8. 闭合角随电压和转速是如何变化的?
9. 爆震控制系统是如何工作的?

项目 5　发动机辅助控制系统

发动机除了喷油和点火两个最重要的工作,还需要处理怠速、污染排放、进气控制等多项功能,这些功能可以满足系统在不同工况下的需求,统称为发动机辅助控制系统。

任务 5.1　怠速控制系统

汽车行驶时,驾驶员通过加速踏板控制节气门的开度,调节进气量,此时控制系统根据发动机转速和空气流量计算出喷油器的喷油量,调节空燃比以控制发动机运行。发动机怠速运转时,驾驶员不控制加速踏板,节气门几乎关闭,空气流量计检测到的空气流量大幅度减小,计算的燃油量少,使供油量不足,进而导致发动机怠速不稳定,易熄火。此外,燃油喷射式发动机在起动时不操纵节气门,进气量不足也会影响发动机的起动。为此,燃油喷射式发动机设有怠速控制系统,根据发动机运行情况的不同,电控系统通过怠速调节机构调节怠速时的进气量,使怠速转速稳定。

5.1.1　概　述

1. 怠速控制应用概况

发动机在怠速工况下,节气门关闭,从节气门缝隙和怠速旁空气通道进入的空气,与相应的汽油混合并燃烧,所产生的转矩用于克服发动机本身的摩擦、压缩阻力矩及由发动机驱动的附加装置阻力矩,以使发动机维持在低转速下稳定运转。

早期的汽油喷射式发动机采用了温控辅助空气阀来控制怠速时辅助怠速空气通道的空气流量,用以实现冷起动后的低温怠速稳定和快速暖机控制,如图 5-1 所示。

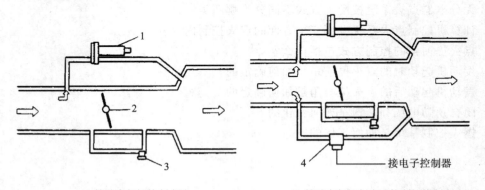

(a) 辅助空气阀控制怠速　　　　(b) 辅助空气阀与怠速控制阀控制怠速

1—辅助空气阀;2—节气门;3—怠速调节螺钉;4—怠速控制阀

图 5-1　发动机怠速的控制

常见的辅助空气阀有双金属型和石蜡型。在低温下,辅助空气阀打开,一部分空气经辅助怠速空气通道进入气缸,使发动机在低温怠速工况下有较大的供气量,发动机可在较高的怠速下稳定运转,实现快速暖机过程。随着发动机温度的上升,辅助空气阀慢慢关闭,使发动机在正常的怠速下运转。这种温控辅助空气阀的控制功能有限,不能满足现代汽车发动机全过程的怠速控制要求。

现代汽车电子怠速控制系统一般都覆盖了温控辅助空气阀的功能,同时具有多项控制功能,因此温控式的辅助空气阀在现代电控发动机上已很少使用。

2. 怠速控制系统的作用

汽车怠速控制系统主要有如下功能:稳定怠速控制、快速暖机控制、高怠速控制及其他控制。

① 稳定怠速控制 怠速控制系统以设定的发动机转速为怠速控制目标,当发动机的转速偏离目标转速时,电子控制器便输出怠速调整信号,通过怠速控制执行器将发动机怠速调整到设定的目标范围之内。设定的目标转速是使发动机在各种状态下都能保持稳定运转的最理想怠速,因此电子怠速稳定控制可使发动机在各种状态下都可在最佳的稳定怠速下运转。

② 快速暖机控制 在冷机起动后,怠速控制系统可以使发动机在较高的怠速下稳定运行,并可加速发动机的暖机过程。

③ 高怠速控制 在怠速工况下,当发动机负荷增加时(如开起空调、起动音响),为保持发动机的稳定运转或使发动机向外能输出一定的功率,怠速控制系统将发动机调整至设定的高怠速下稳定运转。

④ 其他控制 当发动机起动时,怠速控制系统使怠速辅助空气通道自动开启至最大,以使发动机起动容易。在活性炭罐控制阀、废气再循环控制阀等工作时,调整怠速控制阀以稳定怠速。因发动机部件磨损、老化等原因使发动机的怠速偏离正常范围时,电子怠速控制系统能自动将怠速修正到正常值。

3. 怠速控制系统的分类

(1) 按进气量的调节方式分

按进气量的调节方式分为节气门直动式和旁通空气式。

① 节气门直动式 电子控制器通过控制执行机构直接操纵节气门,以改变节气门开度来实现怠速的控制(见图5-2(a))。节气门直动式控制系统具有工作可靠性好,控制位置的稳定性良好的特点,但动态响应性较差,执行机构较为复杂且体积较大。

② 旁通空气式 电子控制器通过怠速控制阀改变怠速辅助空气通道的空气流量来实现怠速的控制(见图5-2(b))。这种控制方式动态响应好,结构简单且尺寸较小,目前较为常见。

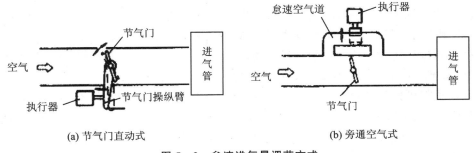

图5-2　怠速进气量调节方式

(2) 按怠速控制阀的结构原理分

按怠速控制阀的结构原理分为步进电机式、旋转电磁阀式、占空比电磁式及开关电磁式。

① 步进电动机式　这种怠速控制阀的主要元件是可精确控制旋转角的步进电动机,安装在进气室或节气门阀体上。

② 旋转电磁阀式　旋转电磁阀式怠速控制阀在实际运行时,ECU将检测到的怠速转速实际值与储存的设定目标值相比较,并随时校正送至怠速控制阀的驱动信号,以实现稳定的怠速运行。

③ 占空比电磁式(ACV)　该类型怠速控制阀在5.1.2节中详细介绍。

④ 开关电磁式(VSV)　该类型怠速控制阀在5.1.2节中详细介绍。

5.1.2 发动机怠速控制系统执行器

怠速执行器的功能是改变怠速时的进气量。如前所述,按照改变进气量的方式不同,怠速控制系统分为节气门直动式和旁通空气控制式两种类型。

节气门直动式直接操纵节气门,调节节气门最小开度。旁通空气控制式是控制旁通空气道的流通截面积。目前,旁通空气控制式在汽车上应用广泛。按照执行器驱动方式的不同,旁通空气控制式的怠速执行器又分为步进电机式、旋转电磁阀式、占空比电磁式和开关电磁式。

1. 节气门直动式

节气门直动式怠速控制系统通过控制节气门开启程度,调节空气通道的截面积,从而控制进气量,实现对怠速转速的控制。这种方式早期应用在单点喷射系统中,其结构如图5-3所示。

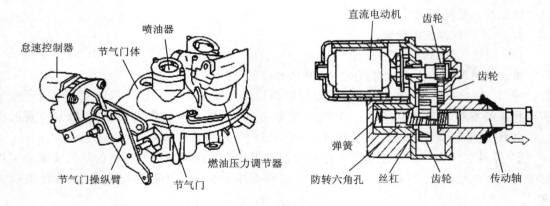

图5-3　节气门直动式怠速执行器

如图5-3所示,节气门直动式怠速执行机构由直流电动机、减速齿轮、丝杠等部件组成。当ECU控制直流电机通电时,直流电机产生旋转力矩,通过减速齿轮,旋转力矩增大。然后通过丝杠将角位移转变为传动轴的直线运动,通过传动轴的旋入旋出,调节节气门关闭时的位置,达到调节节气门处空气通路截面,进而实现怠速转速控制的目的。

该怠速执行机构具有较强的工作能力,控制位置稳定性好。但由于节气门直动式怠速执行器工作时,使用了减速机构以克服节气门关闭方向回位弹簧的作用力,导致变位速度下降,造成响应较差。同时,怠速执行机构的外形尺寸较大,所以目前较少采用。

2. 旁通空气式

旁通空气控制阀在节气门旁的旁通空气道中设立一个阀门,称为怠速控制阀(Idle Speed Control Valve,ISCV)。阀门开度越大,旁通空气道的流通截面积增大,空气流量增大,则怠速转速提高;反之,怠速转速降低。

(1) 步进电机型怠速控制阀

步进电机型怠速控制阀由步进电机和控制阀两大部分组成,结构如图5-4所示。控制阀上部为步进电机,可以顺时针旋转或逆时针旋转;控制阀阀轴另一端的进给丝杠旋入步进电机的转子,丝杠将步进电机的旋转运动转换成阀轴的直线运动;随着步进电机的正转或反转,阀轴向上或向下运动,来改变阀轴与座阀之间的间隙大小,从而调整进气量。阀开度与空气流量的关系如图5-5所示。

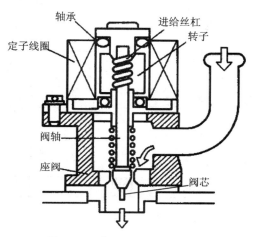

图5-4 步进电机怠速控制阀

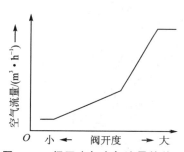

图5-5 阀开度与空气流量的关系

步进电机实现精确控制的原理如图5-6所示。

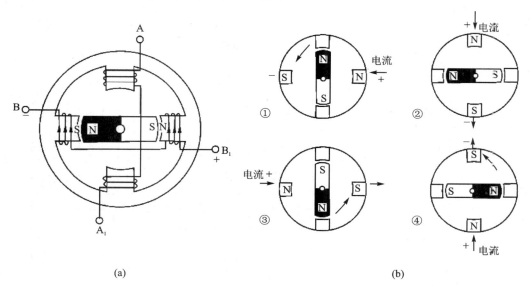

图5-6 永磁磁极式步进电机工作电路

步进电机的转子是一个永久磁铁,定子有两相独立的绕组,当从 B_1 到 B 输入一个电信号时,绕组产生一个磁场,根据同极相斥、异极相吸,使转子 N 极朝左、S 极朝右,并稳定在此位置,如图 5-6(a)、图 5-6(b)中①所示。

当从 A 到 A_1 输入一个电信号时,产生的新磁场 N 极朝上,S 极朝下,转子逆时针旋转 90°,如图 5-6(b)中的②所示。

同理当继续输入电信号,从 B 到 B_1,A_1 到 A 时,转子依次逆时针旋转 90°如图 5-6(b)中③,图 5-6(b)中④所示。

当改变通电顺序,B→B_1、A→A_1、B_1→B、A_1→A,转子每次顺时针旋转 90°。

每输入一个电信号,转子的旋转角度称为步进角,图 5-6 的步进角为 90°,如果增加转子和定子的磁极数,则步进角变小,常用的步进角有 30°、15°、11.25°、7.5°。

图 5-7 所示为皇冠汽车的永磁式步进电机,转子有 8 对磁极,定子有 32 对磁极。转子转一圈需 32 步,步进角为 11.25°(360°/32=11.25°),步进电机的工作范围是 0~125 步。

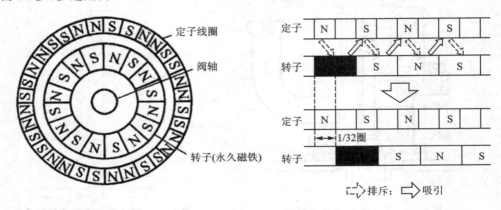

图 5-7 步进电机工作原理

步进电机型怠速控制阀与 ECU 的连接如图 5-8 所示。图中+B 和+B_1 为通过主继电器的蓄电池电压;Batt 为未经主继电器的蓄电池电压。与冷却液温度、空调等负荷的工作状态相对应的目标转速,都存放在电子控制单元的存储器中。

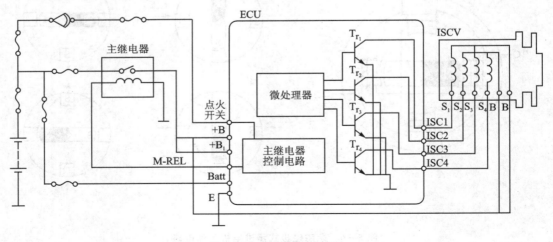

图 5-8 步进电机的控制

当ECU根据节气门开启的角度(怠速开关)和车速判断发动机处于怠速运转时,根据实际转速与目标转速的差值,确定三极管$T_{r1} \sim T_{r4}$的通断,实现为怠速控制阀供电,以驱动步进电机,同时调节旁通空气量,使发动机转速达到所要求的目标值。

由于丝杠的自锁作用,为确保启动时怠速阀处于全开位置,故在发动机点火开关断开后,ECU须控制怠速阀全部打开。随后的启动以全开为初始位置进行控制,只要掌握控制的步进数和正、反旋转方向,就能将阀的最新位置经常记忆在存储器中,确保控制正确进行。

步进电机型怠速控制阀的进气量调整范围大,无需附加空气阀即可完成起动控制、暖机控制等全部功能。所以这是目前在汽车上应用最为广泛的一种怠速控制机构。但由于该控制阀是按照进给步数顺序控制的,阀的位置改变需要一定时间,因此响应速度有限。

(2) 旋转电磁阀型怠速控制阀

旋转电磁阀型怠速控制阀是通过控制阀片的旋转,改变控制阀处空气流通截面积的大小来调整旁通进气量的,其结构如图5-9所示。旋转电磁阀式怠速控制阀部件有永久磁铁、2个线圈、旋转电磁阀、电刷及引线等。

旋转电磁阀安装在电枢轴上,其转动角度被限制为90°,在电枢轴上安装有两个线圈。在运行时,ECU将检测到的怠速转速实际值(转速传感器输入信号)与存储的设定目标值相比较,并根据结果向电枢轴上两线圈交替输出电压,利用电磁线圈的电磁力与永久磁铁之间的磁力相互作用,使旋转电磁阀开度改变,以改变空气通过量,直到实际怠速转速与设定目标转速相同为止。

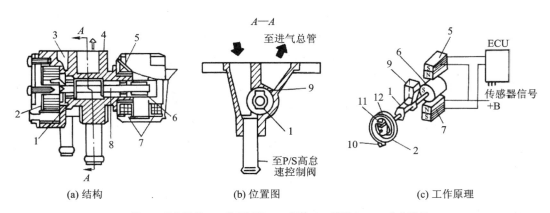

1—阀;2—双金属带;3—冷却液腔;4—阀体;5—线圈L_1;6—永久磁铁;
7—线圈L_2;8—电枢轴;9—旁通口;10—固定销;11—挡块;12—杆

图5-9 旋转电磁阀式怠速控制阀

驱动旋转电磁阀是通过永久磁铁和通电线圈磁场的相互作用来完成的。如图5-10(a)所示,线圈L_1和L_2分别被三极管VT_1和VT_2控制,占空比信号使三极管一通一断(占空比信号是指一个脉冲周期中,通电时间占脉冲周期的百分比,如图5-10(b)所示),通过线圈磁场与永久磁铁的相互作用使电枢轴旋转,从而带动阀片旋转。占空比信号的比值不同,磁场强弱不同。当电枢轴转过一定角度之后,受力趋于平衡,电枢轴停止转动,使阀片的位置固定。阀片的转角大小由控制信号占空比决定,转角限制在90°以内,变化范围为18%~82%。当占空比为50%时,阀片不动,旋转电磁阀处在全关位置。

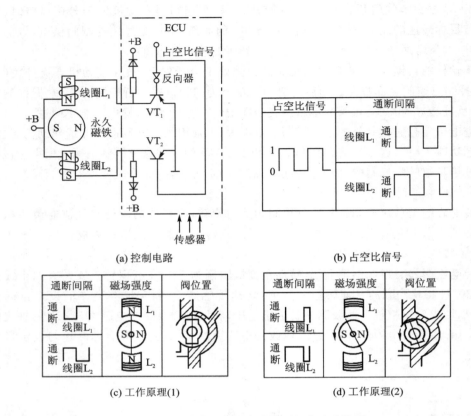

图 5-10 旋转电磁阀式怠速控制阀电路连接图

(3) 占空比电磁式怠速控制阀

占空比电磁式怠速控制阀主要由弹簧、电磁线圈、阀杆、阀、波纹管等结构组成(见图 5-11)。电磁线圈通过电流时产生电磁吸力,当电磁吸力超过弹簧的弹力,阀杆带动阀芯沿阀杆轴向移动,使阀芯离开阀座将旁通空气道打开。当电磁线圈断电时,阀杆和阀芯在弹簧弹力的作用下复位,将旁通空气道关闭。

旁通空气道开启与关闭的时间由 ECU 发出的占空比信号(见图 5-12)控制。发动机工作时,ECU 根据怠速转速高低,向电磁阀发出频率相同而占空比不同的控制脉冲信号,通过改变阀芯开启与关闭时间来调节旁通进气量。

占空比在 0%~100% 的范围内变化。当怠速转速过低时,ECU 自动发出信号增大占空比,使电磁线圈通电时间延长,断电时间缩短,阀芯开启时间延长,旁通进气量增多,怠速转速将升高,防止怠速转速过低而导致发动机熄火。反之,当怠速转速过高时,ECU 自动发出信号减小占空比,使电磁线圈通电时间缩短,断电时间延长,阀芯开启时间缩短,旁通进气量减少,怠速转速将降低。

(4) 开关电磁式怠速控制阀

开关电磁阀式怠速控制阀只有开和关两种状态,即电磁线圈通电时阀打开,电磁线圈断电时阀关闭。开关电磁阀式怠速控制阀的结构如图 5-13 所示。

ECU 输出的控制信号只有高电平和低电平两种,以控制电磁阀的通电或断电。因此,开关控制方式的电磁阀式怠速控制阀只有打开(高怠速)和关闭(正常怠速)两种工作状态。电磁线圈通电,产生电磁吸力,吸引开关阀向左移动,旁通空气道打开,进入空气;电磁线圈断电,开关阀关闭,旁通空气道关闭。

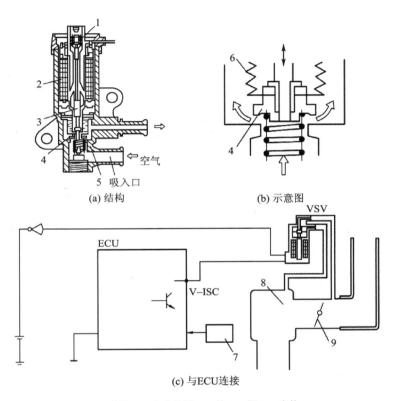

1—弹簧;2—电磁线圈;3—轴;4—阀;5—壳体;
6—波纹管;7—传感器;8—进气总管;9—节气门
图 5-11 占空比电磁式怠速控制阀

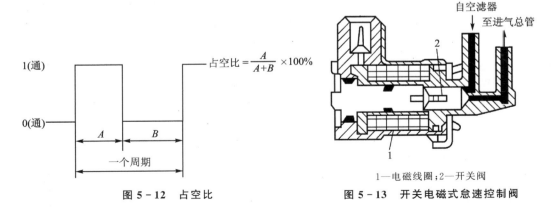

图 5-12 占空比

图 5-13 开关电磁式怠速控制阀

开关电磁式怠速控制阀包括以下几种工作情况:
① 当发动机曲轴正在旋转时,以及在起动后的瞬间;

② 当怠速触点接通,发动机转速低于一预定的转速(视空挡起动开关信号而定)时;
③在怠速触点接通(自动变速器车辆),从"P"或"N"位换至其他任何位后的几秒钟。

5.1.3 发动机怠速控制系统的原理

1. 怠速控制原理

怠速控制的实质是对怠速时进气量的控制。发动机运转时,其转速是由驾驶员通过加速踏板来改变节气门的位置,以调节进气量来实现的。怠速时,驾驶员的脚离开加速踏板,驾驶员不再对进气量进行调节,而由 ECU 根据发动机运行状态控制怠速控制机构实现对进气量的调节。ECU 调节怠速时的进气量,同时控制喷油量及点火提前角,改变怠速工况下所发出的燃料消耗功率,从而稳定或改变怠速转速。图 5-14 所示为一种典型的怠速控制系统,在该控制系统中,怠速时进气量由怠速执行器通过旁通进气道来调节。

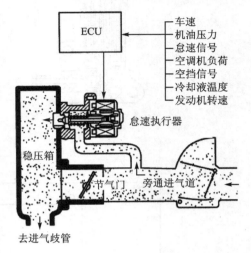

图 5-14 典型怠速控制系统

典型怠速控制过程如图 5-15 所示,ECU 根据冷却液温度、空调开关信号和空挡位置开关信号等参数确定将要控制的目标转速,并由怠速开关信号及车速信号判断发动机是否处于怠速状态,如果是,则怠速控制起动。ECU 不断地将测得的发动机转速与设定的目标转速相比较,根据比较结果,通过怠速执行器增大或减少进气量,同时控制供油及点火参数,保证怠速转速稳定在目标转速上。而目标转速则随发动机机型的不同、温度状态的变化及电器负载的大小变化。

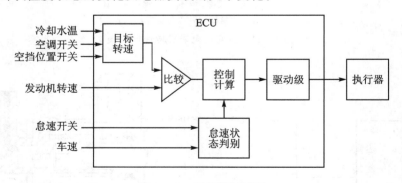

图 5-15 怠速控制过程

2. 怠速控制过程

怠速控制系统对进气量调节时还要考虑发动机状态,包含起动控制、暖机控制、高怠速控制等。如空调开关接通时,怠速控制系统通过控制喷油量和进气量来调节怠速。以下步进电机型怠速控制阀为例来说明怠速控制的内容及过程。

(1) 起动控制

发动机起动时,由于怠速控制阀预先设定为全开状态,故经过怠速控制阀的旁通空气量最大,发动机容易起动。发动机起动后,若怠速控制阀仍保持全开状态,怠速转速会上升过高。因此,发动机起动后,ECU 根据冷却液温度,确定旁通进气量,将阀门关到确定的位置,从而使发动机具有一个稳定的转速。例如,发动机起动时,冷却液温度为 20 ℃,当发动机转速达到 500 r/min 时,ECU 使怠速控制阀从全开位置(125 步)A 点关小到 B 点位置(见图 5-16)。

(2) 暖机控制

发动机起动后进入暖机阶段,怠速控制系统根据冷却液温度的变化不断调整旁道进气量,使发动机在温度变化下保持稳定的转速,如图 5-16 所示的 B 点到 C 点位置。当冷却液温度达到预先设定的第一个阈值(如 20 ℃)时,怠速转速的设定一般较高,以便于暖机。在冷却液温度达到第二个设定的阈值(如 80 ℃)后,暖机控制结束,发动机进入正常怠速。

(3) 怠速稳定控制

当发动机处于怠速工况时,怠速控制系统不断监测发动机的转速,并与当前发动机状态下的目标转速进行比较,当发动机怠速出现波动,偏离了设定的目标转速时,ECU 输出控制脉冲使怠速控制执行器动作,将发动机的怠速调节在设定的目标转速范围之内,如图 5-16 所示 CD 段。

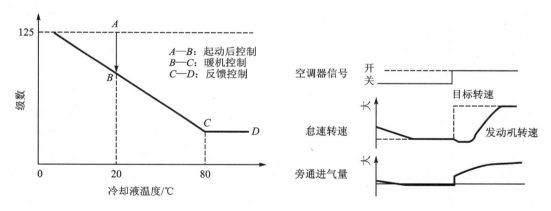

图 5-16 怠速反馈控制　　图 5-17 负荷变化(空调开关接通)的怠速执行器控制

怠速稳定控制是一种怠速反馈控制,在 ECU 存储器中,存储着发动机在不同状态下的最佳稳定怠速参数(也称目标转速),如图 5-17 所示。

怠速稳定控制所需的传感器信号包括以下几种:

① 发动机转速传感器　提供发动机在怠速工况下的发动机转速信号。

② 节气门位置传感器　提供节气门关闭信号,该信号是 ECU 判断发动机是否处于怠速工况的基本信号。

③ 发动机冷却液温传感器　提供发动机温度信号,ECU 根据此信号选定目标转速。

④ 车速传感器　提供汽车行驶速度信号,当车速低于 2 km/h 且节气门关闭时,ECU 作出"发动机处于怠速工况"的判断,进入怠速控制程序。

⑤ 空调开关　提供空调开、关信号,只有在空调不使用时,ECU 才进入发动机转速反馈式怠速稳定控制。

5.1.4 怠速控制系统检查

1. 怠速控制系统的就车检测

怠速控制系统的就车检测方法包括以下三种：

(1) 发动机怠速运转状况检测

在冷车状态下起动发动机后，暖机过程开始时，发动机的怠速转速应能达到规定的快怠速转速（通常为 1 500 r/min）；发动机达到正常工作温度后，怠速转速应能恢复正常（通常为 750 r/min）。如果冷车起动后怠速不能按上述规律变化，则怠速控制系统有故障。

发动机达到正常工作温度后，在打开空调开关时，发动机怠速转速应能上升到 900 r/min 左右。若打开空调开关后发动机转速下降，则怠速控制系统有故障。

在发动机怠速运转中，若对怠速调节螺钉作微量转动，发动机怠速转速应保持不变（转动后应使怠速调节螺钉恢复到原来的位置）。若在转动中怠速转速发生变化，说明怠速控制系统不工作。

(2) ECU 控制电压的检测

对于脉冲线性电磁阀式怠速控制阀，应拔下怠速控制阀线束连接器，用万用表电压挡测量其端子电压。如果在发动机运转过程中，怠速控制阀线束连接器端子有脉冲电压输出，则 ECU 和怠速控制系统线路无故障。若无脉冲电压输出，可打开空调开关后再测试。若仍无脉冲电压输出，则怠速控制系统不工作，应检查 ECU 与怠速控制阀之间的线路（是否有接触不良或断路故障）；若怠速系统的线路无故障，则 ECU 有故障，应更换 ECU。

(3) 怠速控制阀的工作状况检查

对于脉冲线性电磁阀式怠速控制阀，可在发动机怠速运转中拔下怠速控制阀线束连接器，观察发动机的转速是否有变化。若此时发动机转速有变化，则怠速控制阀工作正常。对于步进电动机式怠速控制阀，可在发动机熄火后的一瞬间注意怠速控制阀是否发出"嗡嗡"的工作声音（此时步进电动机应工作，直到怠速控制阀完全开启，以便发动机再起动）。若怠速控制阀发出"嗡嗡"声，则怠速控制阀工作状况良好。也可以在发动机起动前拔下怠速控制阀线束连接器，待发动机起动后再插上，观察发动机转速是否有变化。如果此时发动机转速发生变化，则怠速控制阀工作正常；否则，怠速控制阀或控制电路有故障。

2. 步进电机式怠速控制阀的检测

对于步进电动机式怠速控制阀，将点火开关置于"ON"位置，测量 ECU 的端子 ICS1、ICS2、ICS3、ICS4 与端子 E_1 间的电压值应为 9～14 V，如无电压则说明 ECU 有故障。

(1) 怠速控制阀线圈电阻的检测

将怠速控制阀拆下，用万用表"Ω"挡测量怠速控制阀线圈的电阻值。脉冲线性电磁阀式怠速控制阀只有①组线圈，其电阻值应为 10～15 Ω。步进电动机式怠速控制阀通常有 2～4 组线圈，各组线圈的电阻值应为 10～30 Ω。若线圈电阻值不在上述范围内，需要更换怠速控制阀。

(2) 步进电动机的动作检查

将蓄电池电压以一定顺序输送给步进电动机各线圈，使步进电动机转动，如图 5-18 所示。不同步进电动机的接线端的布置形式和线圈形式都有差异。这里以皇冠 3.0 轿车 2JZ-GE 发动机怠速控制阀步进电动机为例说明其检查方法。首先，将步进电动机连接器端子 B1

和 B2 与蓄电池正极相连,然后将端子 S1、S2、S3、S4 依次(S1→S2→S3→S4)与蓄电池负极相接,此时步进电动机应转动,阀芯向外伸出,若将端子 S1、S2、S3、S4 按相反的顺序(S4→S3→S2→S1)与蓄电池负极相接,步进电动机应朝相反方向转动,即阀芯向内缩入。

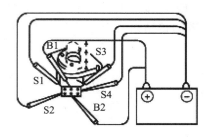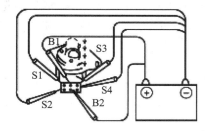

图 5-18 测试怠速控制阀

3. 节气门直动式怠速控制阀系统测试

(1) 机械检查

节气门体在长时间使用后,在进气通道和节气门之间有可能形成积碳,使节气门卡滞,造成怠速不稳等现象。此外节气门体经受长期剧烈的振动,有可能出现如怠速直流电动机轴承磨损、塑料齿轮断齿、阀门驱动机构卡滞、驱动机构盖板破裂等,这类故障都无法修复,只能更换节气门体总成。所以在对节气门体检查时,可先采用目测的方式观察有无以上故障的发生。

(2) 部件测试

电阻测试 直动式节气门(桑塔纳 AJR 发动机)怠速控制阀插头与插座上接线端子的位置如图 5-19 所示。

检修时用万用表"Ω"挡检测相关端子的电阻。检测时,断开点火开关,拔下传感器线束插头,检测结果应符合规定。

当用万用表电阻 OHM×200Ω 或 R×1Ω 挡检测线束电阻时,断开点火开关,拔下控制器线束插头和怠速控制阀线束插头,检测两插头上各端子之间的导线电阻应符合规定。若阻值过大,说明线束与端子接触不良或断路,应予修理。

图 5-19 桑塔纳 AJR 发动机怠速控制阀端子位置

拔下节气门控制组件插头,打开点火开关,测量相关线束端子之间电压应符合标准。

(3) 节气门体供电检测

如图 5-20(a)所示,拔下节气门体插头,有 8 只端子,其中端子 6 是空的(没有接线),端子 1、2、3、4、5、7、8 分别与 ECU 的端子 T80/66、T80/59、T80/69、T80/62、T80/75、T80/67、T80/75 相接。1、2 端子直接接直流电动机,5、8 端子分别接节气门位置传感器和怠速节气门位置传感器的滑动触点,它们的输出信号都不超过 5 V,并且信号电压与节气门开度成反比。端子 3 输出怠速开关信号,端子 4、7 向节气门体提供 5 V 电压,其中端子 7 通过发动机控制模块接地。

将点火开关置于"ON"(接通而不起动)位置,按如图 5-20(b)所示方法用万用表进行测量。测量端子 4 与端子 7 之间的电压,电压值应为(5.0±0.5) V。若测量值与上述要求不符,将点火开关置于"OFF"挡,拔下 ECU 接头用万用表检测线路,节气门体电路图如图 5-20(b)所示。端子 4 与 ECU 接头端子 T80/62、端子 7 与 ECU 接头端子 T80/67 之间的导线阻值小于 1.5 Ω 端子 4 与端子 7 间的电阻应为无穷大。若测得结果与上述要求不符,按电路图查找故障并排除。

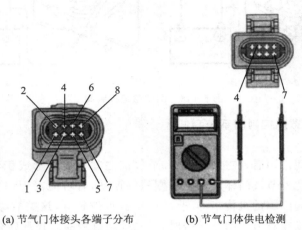

(a) 节气门体接头各端子分布　　(b) 节气门体供电检测

注:1—接 T80/66(ECU);2—接 T80/59(ECU);3—接 T80/69(ECU);4—接 T80/62(ECU);
5—接 T80/75(ECU);6—空;7—接 T80/67(ECU);8—接 T80/75(ECU)

图 5-20　节气门体接头端子的分布和供电检测

3. 怠速控制装置检测

(1) 怠速节气门位置传感器性能检测

如图 5-21 所示,将探针插入节气门体接头端子 8 引线内,起动发动机,进入怠速运行。在冷却液温度达到 80 ℃以上时,按图示方法用万用表测量探针检测点与蓄电池负极之间电压,电压值应为 2.8～3.6 V。

(2) 怠速节气门位置传感器检测

把点火开关置于"OFF"挡,按照"电机驱动器"操作说明和接线图将其安装在节气门体上,如图 5-22 所示。具体操作见表 5-1 所列。

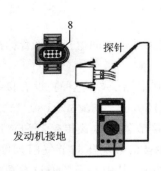
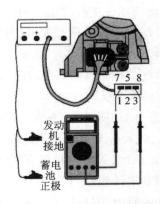

图 5-21　怠速节气门开度传感器性能检测　　图 5-22　怠速节气门位置传感器及直流电机检测

表 5-1 检测急速节气门位置传感器的操作流程

操作步骤	操 作
1	打开电动机驱动器电源开关,节气门转臂转到初始位置
2	按"-"按钮,节气门转臂从初始位置向急速最小位置限位块方向移动,每按一次"-"按钮,转臂移动一次,直到该臂与急速最小位置限位块接触为止
3	按"+"按钮,节气门转臂从当前位置向急速最大位置限位块移动,每按一次"+",转臂移动一次,直到转臂与急速最大位置限位块接触为止
4	在上述操作中,用万用表测量节气门体接头端子 8 与端子 7 之间的电压值,电压应不超过 5 V
5	关掉电源开关,节气门转臂又自动返回到初始位置

(3) 直流电动机检测

把点火开关置于"OFF"位置,拔下节气门体接头,用万用表测量过程如下:

节气门体接头端子 1 与端子 2 之间的阻值应为 30~200 Ω。若不符合要求,更换节气门体总成。

若测得结果与上述要求不符,应更换节气门体总成。图 5-23 所示为节气门转臂的位置,用万用表检测节气门体接头端子与 ECU 端子之间的电阻值。检测节气门接头端子 1、2、7、8,测试端子 1、2、7、8 分别与 ECU 接口两端端子之间的电阻均应小于 1.5 Ω,与其他端子之间的电阻应为无穷大。若以上节气门体的各项检查结果全都满足,但急速控制装置仍不工作,则更换发动机控制模块。

(4) 节气门位置传感器检测

打开点火开关,如图 5-24 所示。将万用表表笔插入节气门体插座第 5 端子引线内,缓慢踩下加速踏板使节气门开从关闭到全开,万用表电压读数应随着节气门开度的增大而缓慢下降。反之,随节气门的逐渐关闭,万用表电压读数应逐渐上升,否则应进行供电和线路检查。

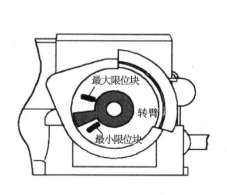

图 5-23 节气门转臂的位置

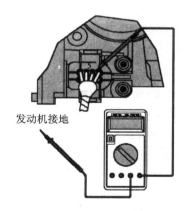

图 5-24 节气门位置传感器的检测

① 供电检测 关闭点火开关,拔下节气门体插座,再打开点火开关,检查节气门体接头端子 4 和端子 7 间的电压,电压值应为(5.0±0.5) V。

② 线路检查 检测节气门体接头端子 4、5、7 分别与 ECU 接口两端端子电阻,均应小于

1.5Ω,与其他端子之间电阻应为无穷大。若供电和线路均无故障则更换节气门体总成。

（5）检测怠速开关

将点火开关置于"OFF"挡,拆下节气门接头。用万用表检测节气门全闭时端子 3 与端子 7 之间的电阻,电阻值应小于 1 Ω,缓慢踩下加速踏板,端子 3 与端子 7 间阻值应为无穷大。否则更换节气门。

任务 5.2　排放控制

汽油机的有害排放物主要包括以下几点：
① 混合气燃烧不完全而产生的碳氢化合物（HC）、一氧化碳（CO）；
② 混合气高温燃烧所产生的氮氧化合物（NO_x）；
③ 油箱内汽油蒸气和曲轴箱漏气等。

所以汽车上设计了排放控制系统,主要包括三元催化转化器、曲轴箱强制通风系统、废气再循环系统、燃油蒸气回收系统、二次空气喷射系统等。

5.2.1　闭环控制与三元催化转化器

1. 概　述

三元催化转化器与闭环电喷发动机配合使用,将汽车尾气中的有害成分碳氢化合物（HC）、一氧化碳（CO）、氮氧化合物（NO_x）进行催化反应,生成二氧化碳（CO_2）和水（H_2O）并排放到大气中。从三元催化转化器的转化效率与空燃比的关系（见图 5-25）可知,只有发动机在标准的理论空燃比（14.7）运转时,三元催化转化器的转化效率最佳。因此必须精确控制空燃比,使其保持在理论值附近很窄的范围内。

在发动机开环控制过程中,ECU 根据转速、进气量、进气压力、进气温度等信号确定喷油量,从而控制混合气空燃比,所以开环系统不可能精确控制空燃比在 14.7 附近很窄的范围内。故发动机控制系统中采用了由氧传感器组成的空燃比反馈闭环控制系统。

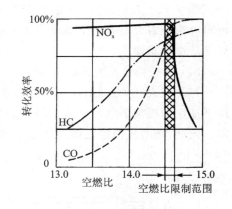

图 5-25　三元催化转换装置的转换效率

反馈闭环控制系统原理是在三元催化转化器前面的排气歧管或排气管内装氧传感器,以检测排气中的氧气含量,向 ECU 输出电压信号。系统的组成如图 5-26 所示,ECU 根据氧传感器输入的电压信号判断可燃混合气的浓度,再发出控制指令对喷油量进行修正,使实际空燃比精确地控制在设定值很窄的范围内。

2. 三元催化转化器的结构和原理

三元催化转化器安装在汽车排气系统中最重要的机外净化装置处。三元催化转化器的结构如图 5-27 所示,外部结构类似排气消声器,是用耐高温、耐腐蚀的双层不锈钢材料制成的壳体,双层薄板的夹层中装有石棉纤维（绝热材料）,内部在网状隔板中间装有净化剂。

净化剂由载体和催化剂组成。载体一般由三氧化二铝（Al_2O_3）制成的球形颗粒,催化剂

项目 5 发动机辅助控制系统

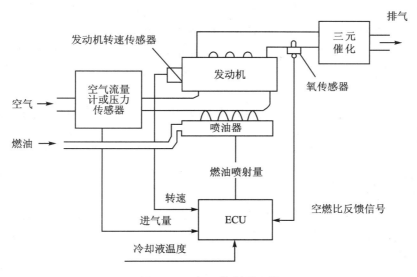

图 5-26 闭环控制原理图

所用的材料通常是金属铂、钯、铑,将其中一种金属喷涂在载体上,就构成了净化剂。铂能促使 CO、HC 氧化,而铑能加速 NO_x 还原,工作过程如图 5-28 所示。

常温下,三元催化转化器不具备催化能力,只有加热到一定温度才具备氧化或还原能力。催化剂的活化开始温度一般在 250~300 ℃,其正常工作温度一般在 400~800 ℃。温度过高则会引起三元催化转化器故障,三元催化转化器工作的极限温度为 1 000 ℃,可通过发动机尾气加热来实现温度变化。

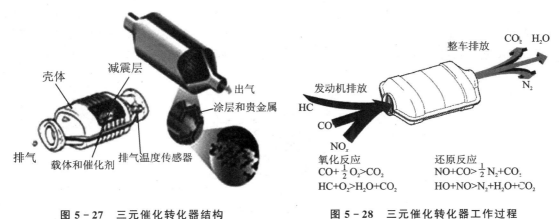

图 5-27 三元催化转化器结构   图 5-28 三元催化转化器工作过程

5.2.2 废气再循环系统

燃油在高温条件下燃烧时,氮与氧气化合生成有毒气体氮氧化物 NO_x。在其他条件相同时,发动机温度越高,产生氮氧化物就越多。

废气再循环(Exhaust Gas Recirculation,EGR)是指将发动机排出的部分废气引入进气管,与新鲜空气混合后再吸入气缸参与工作循环。废气再循环的目的是利用废气中的 CO_2

(CO_2 不能燃烧却能吸热)减少氮氧化物 NO_x 的排放量。因此,废气再循环量越大,发动机最高温度就越低,抑制氮氧化物的效果也越好。但是,废气再循环量过大,会导致混合气着火性能变差,不仅会使发动机动力性降低、油耗增加,而且还会增大 HC 的排放量。因此,必须对废气再循环量进行合理的控制,在保证发动机正常工作的前提下,最大限度地减小氮氧化物的排放量。

废气再循环的多少可用 EGR 率表示,它是指再循环的废气量与气缸内气体总量的比值,即

$$EGR 率 = [EGR 量/(进气量+EGR 量)] \times 100\% \qquad (5.2-1)$$

EGR 系统的功能主要是根据发动机的运行工况控制 EGR 率,将各种工况下的最佳 EGR 率预先存储在 ECU 中。在大负荷(一般 90% 以上)或低转速(一般 750 r/min 以下)时,发动机不进行废气再循环,而在其他工况下,随进气量的增多,废气再循环量也增加。

按控制模式不同,EGR 系统可分为开环控制系统和闭环控制系统。按 EGR 阀的驱动方式不同,EGR 电控系统可分为真空驱动型和电驱动型。

在开环控制 EGR 系统中,ECU 根据各传感器信号确定发动机工况,并按其内部存储的 EGR 率与转速、负荷的对应关系进行控制,但对控制的结果不能进行监测。

而在闭环控制式废气再循环系统中,计算机根据 EGR 率传感器的反馈信号实现闭环控制,计算机对该输入信号进行分析计算后,向废气再循环控制阀输出控制信号,不断地调整 EGR 率,使废气再循环的 EGR 率时刻保持在理想值上,从而有效地减少 NO_x 的排放量。

1. 真空驱动型 EGR 开环控制系统

真空驱动型 EGR 开环控制系统如图 5-29 所示。该控制系统主要由 EGR 阀和 EGR 电磁阀等组成,EGR 阀安装在废气再循环通道中,用以控制废气再循环量。EGR 电磁阀安装在通向 EGR 阀的真空通道中,ECU 根据发动机转速、负荷和冷却液温度等信号来控制电磁阀的通电或断电。EGR 电磁阀不通电时,控制 EGR 阀的真空通道接通,EGR 阀开启,进行废气再循环;EGR 电磁阀通电时,控制 EGR 阀的真空通道被切断,EGR 阀关闭,停止废气再循环。

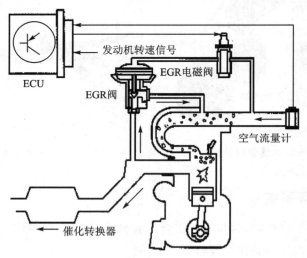

图 5-29 真空驱动型 EGR 开环控制系统

2. 电驱动型 EGR 开环控制系统

电驱动型 EGR 开环控制系统如图 5-30 所示。该系统利用占空比控制型电磁阀型 EGR 阀或步进电动机型 EGR 阀直接控制废气再循环量。与真空驱动型 EGR 系统相比,电驱动型 EGR 系统的突出优点是控制精度高、响应速度快,但由于电驱动装置距离高温废气近,工作环境差,对其工作可靠性要求高。

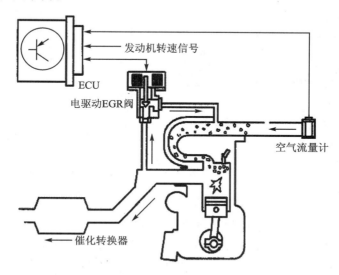

图 5-30 电驱动型 EGR 开环控制系统

3. 真空驱动型 EGR 闭环控制系统

用 EGR 阀开度(位置)作为反馈信号的真空驱动型 EGR 闭环控制系统如图 5-31 所示,与前述真空驱动型 EGR 开环控制系统相比,该闭环控制系统只是在 EGR 阀上增设了一个 EGR 阀开度传感器。闭环控制 EGR 系统工作时,ECU 可根据 EGR 阀开度传感器的反馈信号修正电磁阀的开度,使 EGR 阀的控制精度更高。EGR 阀开度传感器为电位计式或差动电感式传感器。

4. 电驱动型 EGR 闭环控制系统

用 EGR 率作为反馈信号的电驱动型 EGR 闭环控制系统原理如图 5-32 所示,EGR 率传感器安装在进气总管中的稳压箱上,新鲜空气经节气门进入稳压箱,参与再循环的废气经电驱动 EGR 阀进入稳压箱,传感器检测稳压箱内气体中氧浓度(氧浓度随 EGR 率的增加而降低),并转换成电信号输送给 ECU,ECU 根据此反馈信号修正电驱动 EGR 阀的开度,使 EGR 率保持在最佳值。

5. 真空驱动型 EGR 阀和电驱动 EGR 阀

真空驱动型 EGR 阀为气动膜片式,其结构如图 5-33 所示。膜片的下部与大气相通,膜片的上部为真空室且室内装有弹簧,其真空度由 EGR 电磁阀控制。真空室的真空度增大时,膜片克服弹簧预紧力向上拱曲,阀门开度增大,废气再循环量增加。当上部真空室失去真空度时,膜片在弹簧力作用下复位,阀门将气流通道关闭,废气循环停止。

采用真空驱动型 EGR 阀,虽然系统结构复杂、响应速度慢,但 EGR 电磁阀远离高温废气,可靠性好且真空驱动力较大。

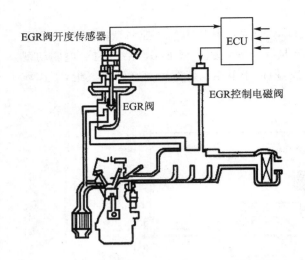

图 5-31 真空驱动型 EGR 闭环控制系统

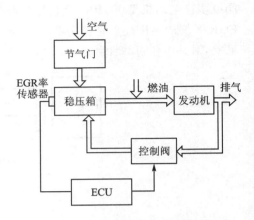

图 5-32 电驱动型 EGR 闭环控制系统

电驱动型 EGR 阀由电信号直接驱动 EGR 阀,相对于真空驱动型少了一个 EGR 电磁阀(即将真空驱动系统的 EGR 阀和 EGR 电磁阀,双阀合一)。电驱动型 EGR 阀反应更快、控制精度更高。该 EGR 阀结构如图 5-34 所示,进气管与排气管相连,出气口与进气歧管相连。在这种电磁阀上,通常都配有阀门开度传感器以提供废气循环量的反馈控制信号。当阀门移动时,开度传感器将阀芯位移量转换为电信号,输入 ECU 作为 EGR 的反馈控制信号,从而实现闭环控制。

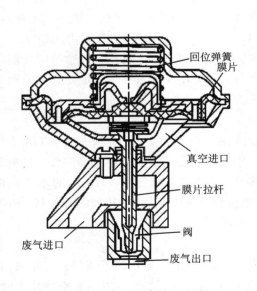

图 5-33 真空驱动型 EGR 阀

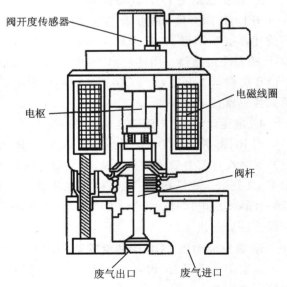

图 5-34 电驱动型 EGR 阀

发动机工作时,ECU 根据发动机转速和负荷等信号,通过调节占空比直接控制阀门开度,从而控制废气循环量。

当占空比增大时,电磁阀线圈平均电流增大,阀芯产生的电磁吸力增大,克服复位弹簧预紧力后向上移动的位移量增大,并带动阀杆一同上移使阀门开度增大,废气循环量增大。

计算机控制 EGR 系统的功能主要是根据发动机的运行工况控制 EGR 率,将各种工况下的最佳 EGR 率预先存储在 ECU 中。在大负荷(一般 90% 以上)或低转速(一般 750 r/min 以下)时,发动机不进行废气再循环,而在其他工况下,随进气量的增多,废气再循环量也增加。废气再循环的控制过程如表 5-2 所示。

表 5-2 排气再循环的控制过程

工况	EGR 电磁阀	废气再循环
发动机起动时; 节气门位置传感器怠速触点接通时; 发动机温度低时; 发动机转速低于 900 r/min 或高于 3 200 r/min	ON(电磁阀"接通"阀门关闭)	不进行
除以上工况	OFF	进行

6. 废气再循环系统检修

(1) 检测废气再循环电磁阀

① 真空测试仪与电磁阀连接 EGR 阀一侧向相连,检测电磁阀真空度,开始无真空度,电磁阀开始工作后将有真空产生。

② 检测废气再循环电磁阀的电阻值 拔下废气再循环电磁阀线束接头,用万用表测量废气再循环电磁阀两端之间的电阻,应符合规定值,多数车型电阻通常在 14~20 Ω。

③ 废气再循环电磁阀电路检测 拔出废气再循环电磁阀线束插接器,接通点火开关,但不起动发动机,用万用表测量的电源端子与搭铁间电压应为电源电压 12 V(有些车需要起动发动机)。测量喷油器搭铁端子与发动机 ECU 端子之间的阻值应小于 1 Ω。

(2) 检测废气再循环阀(EGR 阀)及位置传感器

用手动真空泵向 EGR 阀膜片上方施加约 15 kPa 的真空度时,EGR 阀应能开启(见图 5-35);不施加真空度时,EGR 阀应能完全关闭。若施加约 51 kPa 的真空度时,应出现怠速不稳或熄火。若不符合上述要求,说明 EGR 阀工作不良。

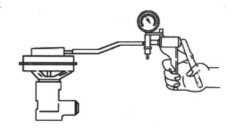

图 5-35 检查 EGR 阀

EGR 位置传感器的电源电压应为 5 V,当 EGR 阀位置改变时,传感器信号应在 0~5 V 之间作相应的改变。

5.2.3 汽油蒸气排放控制系统

1. 汽油蒸气排放控制功用

汽油蒸气排放控制系统(Evaporative Emission Control,EVAP)又称为燃油蒸气回收系统,是为了防止汽油箱内的汽油蒸气排入大气产生污染而设定的。由于汽油的挥发性很强,燃油箱、曲轴箱、气门室和燃油管路内的燃油受热后,表面产生蒸气,使压力升高,该蒸气排入大气会导致空气污染,所以设计了 EVAP。

EVAP 控制系统可将燃油箱内的燃油蒸气暂时存储在活性炭罐中,并在合适的工况下经进气管吸入燃烧室内部并烧掉,不仅避免了因泄漏产生的环境污染,还节约了燃油。

2. EVAP 系统的分类

根据燃油蒸发控制系统能否检测系统泄漏可分为非增强型系统和增强型系统。非增强型系统只能控制燃油蒸发的净化量,但不能检测系统是否存在泄漏;增强型系统既可以控制燃油蒸发的净化量,又可以检测系统是否存在泄漏。

根据燃油蒸发控制系统的控制方式可分为真空控制式和 ECU 控制式。早期的车辆上普遍采用真空控制式,它利用节气门前方的真空度来控制燃油蒸气的净化量;现代轿车普遍采用 ECU 控制方式,它利用占空比型电磁阀控制燃油蒸气的净化量。

根据 EVAP 系统能否吸附加注燃油时产生的油气可分为普通 EVAP 系统和具备车载燃油加注油气回收功能的 EVAP 系统。

3. 工作原理

EVAP 控制系统主要由单向阀、电磁阀、真空室、真空控制阀、定量排放孔、活性炭罐等组成,如图 5-36 所示。其中活性炭罐内的活性炭具有吸附性,通过吸附以收集燃油蒸气。

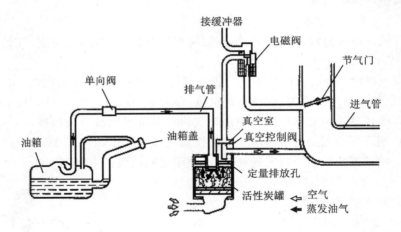

图 5-36 EVAP 控制系统

活性炭罐与油箱之间设有排气管和单向阀,汽油箱内的汽油蒸气超过一定压力时,顶开单向阀经排气管进入活性炭罐,活性炭罐内的活性炭将燃油蒸气吸在炭罐内。炭罐开度由上方真空控制阀与受 ECU 控制的电磁阀(该双阀设计类似于真空控制的 EGR 系统。电磁阀调节真空控制阀上方真空室的真空度,改变真空控制阀的开度,从而控制吸入进气管的汽油蒸气量)控制。

发动机工作时,ECU 向电磁阀发出指令,控制电磁阀开启真空控制阀。由于进气歧管内压力低于大气压力,且活性炭罐下方设有进气滤芯并与大气相通,活性炭罐内的汽油蒸气与部分清洁空气经定量排放孔吸入进气管。

也有部分电控 EVAP 系统将电磁阀(双阀合一且受 ECU 控制)直接装在活性炭罐与进气管之间的吸气管中。如图 5-37 所示为韩国现代轿车装用的电控 EVAP 系统,电脑(ECM)根据节气门位置传感器、冷却液温度传感器和进气温度传感器信号控制电磁阀通电或断电,电磁阀控制活性炭罐与进气管之间的吸气通道。发动机怠速(进气量较少)或温度较低时,计算机使电磁阀断电,关闭吸气通道,活性炭罐内的汽油蒸气不能被吸入进气管。

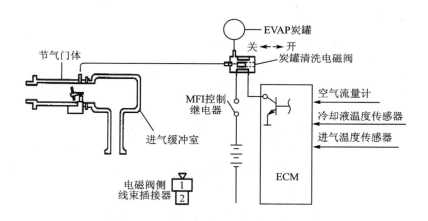

图 5-37 韩国现代轿车 EVAP 系统

4. EVAP 系统检修

(1) 故障原因分析

燃油蒸发系统故障点主要包括炭罐故障、EVAP 阀故障、蒸气管路故障等,具体故障原因如图 5-38 所示。

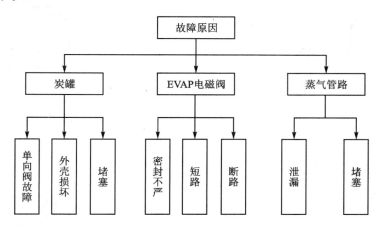

图 5-38 EVAP 系统故障原因

(2) 常见故障现象

EVAP 系统出现故障后常见的故障现象有燃油箱吸瘪、泄漏、热车易熄火、热车难起动等。

(3) 检修过程(以丰田 1ZR 发动机 EVAP 系统为例)

丰田 1ZR 发动机 EVAP 系统组成如图 5-39 所示,是 ECU 控制、非增强型 EVAP 系统。

1) 炭罐检测

① 炭罐通风检查 该系统的炭罐安装在油箱内部,如图 5-40 所示。关闭端口 B,向端口 A 施加压缩空气,检查并确认空气从端口 C 流出,否则,应更换炭罐。

② 单向阀检查 关闭端口 C,向端口 A 施加压缩空气,检查并确认空气从端口 B 流出,如图 5-41 所示。用手持式真空泵向端口 A 施加真空,且真空逐渐加大。刚开始时真空表应能

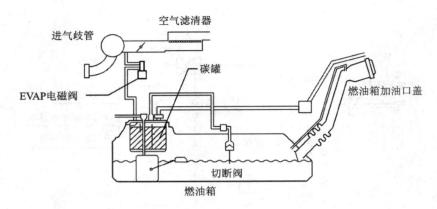

图 5-39　丰田 1ZR 发动机 EVAP 系统组成

保持真空(没有达到真空阀开启压力),当逐渐加大真空时,真空达到规定值后真空度开始下降(达到了真空阀开启压力)。若上述两项不符合要求,更换炭罐。

 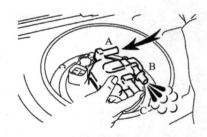

注:A 口:接燃油箱;B 口:接 EVAP 电磁阀;C 口:通气口

图 5-40　炭罐通风检查　　　　图 5-41　单向阀检查(压力阀检查)

2)EVAP 电磁阀检查

① EVAP 阀动态测试具体操作如下:

a. 将智能检测仪连接到 DLC3。

b. 断开 EVAP 电磁阀上连接炭罐侧的真空软管,如图 5-42 所示。

c. 起动发动机。

d. 打开检测仪。

e. 选择以下菜单项:Powertrain / Engine and ECT / ActiveTest / Activate the VSV for Evap Control。

f. 使用智能检测仪操作 EVAP 电磁阀时,检查断开的软管是否对手指有吸力。若有吸力,表明 EVAP 系统正常;若无吸力,说明 EVAP 电磁阀故障或者 EVAP 电磁阀到进气管之间的真空管有泄漏。

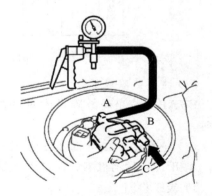

图 5-42　EVAP 阀动态测试

② 检查 EVAP 电磁阀到进气管之间的真空管是否有泄漏。若有泄漏,则修复。

③ EVAP 电磁阀的电阻检测　EVAP 电磁阀与 ECU 之间的接线如图 5-43 所示(图中

B19 为 EVAP 电磁阀）。

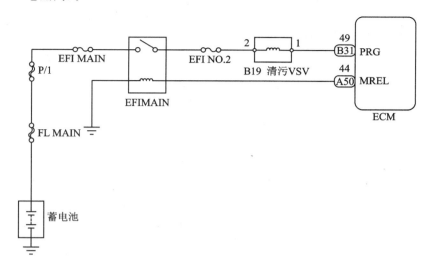

图 5-43　EVAP 电磁阀与 ECU 之间的接线

如图 5-44 所示，拔下 EVAP 阀的连接器插头，检测 B19 的插座上 1 与 2 之间的电阻，20 ℃时，阻值应为 23～26 Ω；检查插座上两个端子与搭铁之间的阻值，应大于 10 MΩ。否则，更换 EVAP 电磁阀。

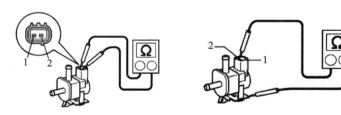

图 5-44　EVAP 阻值与搭铁检查

④ 检测 EVAP 阀的工作情况　如图 5-45 所示，用压缩空气从 EVAP 电磁阀的 E 口吹入，不通电时 F 口不应有空气流出；通电时，F 口应有空气流出。否则，更换 EVAP 电磁阀。

⑤ EVAP 阀电源检查　拔下 EVAP 电磁阀插头，点火开关置于"ON"位置，检测 B19 插头（见图 5-46(a)）上"2"与搭铁之间的电压，应为 9～14 V，否则检查 EVAP 阀供电电路。

⑥ EVAP 阀到 ECU 之间线路检查　拔下 ECU 上的 B31 连接器（见图 5-46(b)），检查 B19 插头上"1"到 B31 插头上"49"之间的电阻，应小于 1 Ω。否则修复线路。

⑦ 若上面检查均无故障，更换 ECU。

图 5-45　EVAP 电磁阀工作情况检查

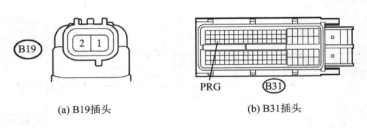

(a) B19插头　　　　　(b) B31插头

图 5-46　B19 和 B31 插头

5.2.4　二次空气喷射控制系统

1. 二次空气喷射系统的作用

发动机在低温运行时,由于混合气较浓,使其燃烧不完全,导致 CO 和 HC 的排放量较高。因此,为降低发动机低温运行工况时的 CO 和 HC 排放量,某些车辆安装了二次空气喷射系统(Air Injection,AI)。二次空气喷射系统在一定工况下将适量的新鲜空气送入排气管或三元催化转化器中,使没有完全燃烧的 CO 和 HC 继续燃烧,从而降低 CO 和 HC 的排放量;另外,由于 CO 和 HC 燃烧时会释放出热量,可使氧传感器和三元催化转换器快速升温,使氧传感器和三元催化器尽快进入工作状态,提高三元催化转换器的转换效率。

2. 二次空气喷射系统的分类

按空气进入排气系统的动力源不同可分为空气泵型和脉冲型。空气泵型利用空气泵将压缩空气喷入排气系统;脉冲型又称"负压型"或"吸入型",利用排气管内的负压将空气吸入排气系统。

空气可以通过两个位置进入发动机排气系统,可从三元催化器前面的排气管进入,也可直接进入三元催化转化器内部。前者对应的空气流称为"上游气流",后者对应的空气流称为"下游气流",如图 5-47 所示。空气从哪个位置进入排气系统由 ECU 根据发动机工况进行控制。

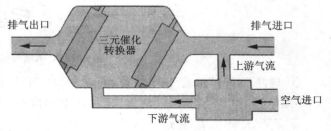

图 5-47　二次空气喷射系统简图

按上游气流喷入排气系统的具体部位不同可分为以下 2 种情况:

① 新鲜空气喷入气缸盖内的排气通道内,HC、CO 的氧化更早。

② 新鲜空气喷入排气管与气缸盖相连接的根部,HC、CO 的氧化稍晚。

按照是否采用 ECU 控制可分为非 ECU 控制式和 ECU 控制式。

3. 二次空气喷射系统组成及工作原理

现代轿车普遍采用 ECU 控制、空气泵型二次空气喷射系统,如图 5-48 所示。空气泵型 AI 系统主要由发动机 ECU、空气泵继电器、电动空气泵、空气喷射阀、真空电磁阀 VSV 及相关传感器等组成。该系统由发动机 ECU 控制,只有当发动机处于冷机状态或车辆减速使 HC 和 CO 废气排放增大时,该系统进行运作。

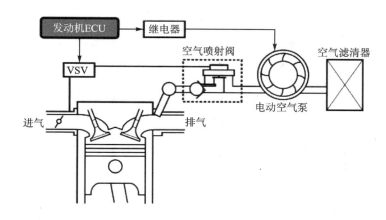

图 5-48 空气泵型 AI 系统组成图

ECU 通过空气泵继电器控制空气泵运转,空气泵运转时产生一定压力的空气。ECU 根据传感器的信息,在合适的工况起动系统工作。当系统工作时,ECU 控制真空电磁阀 VSV 通电,打开其控制的真空管通路使膜片动作,打开空气泵到排气管之间的空气通道,空气泵的空气经空气喷射阀、单向阀排放到排气管中。

4. 二次空气喷射系统检修

(1) 故障原因

以奥迪 A6 二次空气喷射系统为例,二次空气喷射系统常见的故障包括空气泵故障、空气泵继电器故障、真空电磁阀故障、组合阀故障、真空管路及空气管路泄漏等。

(2) 故障现象

二次空气喷射系统的故障有两类:一类是在需要进行二次空气喷射的时候没有进行;另一类是在不需要进行二次空气喷射时空气进入了排气系统。前一类情况会引起三元催化器和氧传感器预热缓慢,冷车时 CO 和 HC 排放增多。后一种情况会引起排气中空气过多,氧传感器认为混合气过稀,ECU 不断增大喷油量,使油耗增加。同时,过多的混合气在排气管中燃烧,容易使三元催化器温度过高而损坏。

(3) 检修过程

以奥迪 A6 轿车为例,介绍二次空气喷射系统的检修方法。奥迪 A6 二次空气喷射系统电路如图 5-49 所示。

1) 检查真空电磁阀

① 连接 VAS5051 故障诊断仪,选择"发动机控制系统"。

② 选择"测试元件诊断"功能,对真空电磁阀进行测试。真空电磁阀应"嗒嗒"响。

③ 如果没有"嗒嗒"响,则拔下真空电磁阀的插头,将二极管试灯连接在插头上,再次执行"测试元件诊断"功能。

④ 如果二极管试灯闪亮,则更换真空电磁阀。如果二极管试灯不闪亮,则检查真空电磁阀插头上"1"端子到 ECU 插头上"44"号端子之间的电阻,应小于 1.5 Ω。否则排除线路故障。

⑤ 如果上述线路无故障,则检查真空电磁阀供电电路。

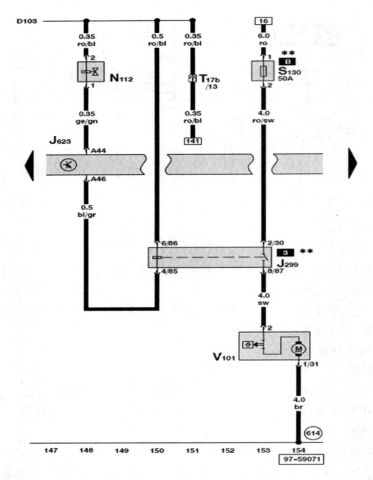

N_{112}—真空电磁阀;J_{299}—空气泵继电器;V_{101}—空气泵;J_{623}—发动机ECU;SB_0—二次空气泵保险

图 5-49 奥迪汽车二次空气喷射系统电路图

2)检查空气泵及继电器

① 连接 VAS5051 故障诊断仪,选择"发动机控制系统"。

② 选择"测试元件诊断"功能,对空气泵继电器进行测试。空气泵应间歇运转。

③ 如果空气泵没有间歇运转,则拔下空气泵上的插头,将二极管试灯连接在插头上,再次执行"测试元件诊断"功能。

④ 如果二极管试灯闪亮,则更换空气泵。如果二极管试灯不闪亮,则拔下继电器并检查其是否有故障。若继电器故障,则更换。若继电器无故障,则检查继电器供电电路及继电器与ECU之间的控制电路。

3)检查组合阀

如图 5-50 所示,将组合阀的真空管从真空电磁阀上拆下并连接在真空泵 V.A.G1390 上,将组合阀的空气管从空气泵上拆下。按照图中箭头方向吹气,组合阀应不通气;用真空泵抽真空后,再按照箭头方向吹气,组合阀应通气。否则,更换组合阀。

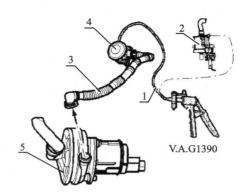

1—真空软管;2—真空电磁阀;3—空气管;4—组合阀;5—空气泵

图 5-50 检查组合阀

5.2.5 发动机断油控制系统

断油控制是指在某些特殊工况下,燃油喷射系统暂时中断燃油喷射,以节约燃油、降低排放。断油控制系统的原理如图 5-51 所示。

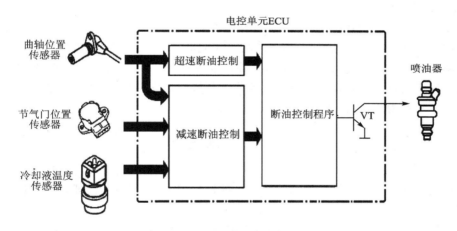

图 5-51 超速断油与减速断油控制

常见的断油控制分为超速断油、减速断油和清除溢流。

1. 超速断油

超速断油是指当发动机转速超过允许的极限转速时,ECU 立刻控制喷油器中断燃油喷射,目的是保护发动机,防止发动机超速损坏机件。

断油控制系统有一个设定的极限转速,如图 5-52 所示,当实际转速超过极限转速 80 r/min 时,停止喷油,以限制发动机转速升高,停止喷油后,发动机转速将迅速降低,低于极限转速 80 r/min 时,恢复喷油。

2. 减速断油

当发动机在运转过程中突然减速时(松开油门,节气门位置传感器 TPS 怠速触点 IDL 闭合),发动机在惯性力作用下继续高速运转,由于气门关闭,进入气缸的空气减少,发动机停止喷油。若不停止喷油则会导致燃烧不完全,有害气体的排放量将急剧增多。减速断油可以节

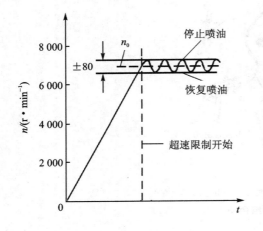
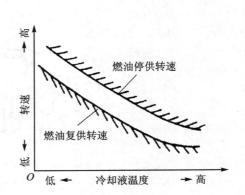

图 5-52 超速断油与减速断油控制

约燃油,降低有害气体的排放。减速断油还要求冷却液温度 $T \geqslant 80 ℃$ 且发动机转速高于燃油停供转速($n \geqslant n_s$)。

3. 清除溢流

起动发动机时,燃油系统向发动机喷射的是较浓的混合气,如果多次起动未成功,则淤积在气缸内的混合气会浸湿火花塞,导致发动机无法起动,该现象称为"溢流"。

清除溢流方法:将加速踏板踩到底同时接通起动开关,此时 ECU 中断燃油喷射,通过进气气流起动机带动发动机转动形成进气气流排出气缸内的燃油蒸气,使火花塞干燥。

当多次起动均为成功时,先清除溢流后可再次起动。

任务5.3 进气控制

汽油机的进气效率和燃烧速度对汽油机性能影响很大,为改善其性能,发动机引入了进气控制系统。

进气控制系统主要包括动力阀控制系统,谐波增压控制系统,可变气门正时和气门升程电子控制系统,废气涡轮增压系统。

5.3.1 动力阀控制系统

1. 动力阀控制系统工作原理

动力阀控制系统可根据发动机负荷的不同改变进气量,从而改变发动机的动力性能,其结构如图 5-53 所示。

动力阀安装在进气管上,可控制进气道空气流通截面的大小。动力阀由膜片真空气室控制,ECU 根据传感器信号通过真空电磁阀控制真空罐与真空气室的真空通道,进而控制真空室真空,从而控制动力阀。

当发动机小负荷运转时,进气量较少,ECU 断开真空电磁阀搭铁回路,真空罐中的真空度不能进入膜片真空气室,动力阀处于关闭位置,进气通道变小。进气通道空气流通截面减小,可提高进气流速,增大进气流惯性以提高发动机的充气效率;此外,流速提高可增加气缸内的涡流强度,有利于提高低速小负荷工况下的燃烧和热效率,从而改善发动机的低速性能。

当发动机大负荷运转时,进气量较多,ECU 接通真空电磁阀搭铁回路,真空罐中的真空度经真空电磁阀进入膜片真空气室,动力阀开启,进气通道变大。增大进气道空气流通截面,不仅可以减小进气阻力,对由于进气流速过高而导致的燃烧室内气流扰动也可起到抑制作用,有助于改善发动机的高速性能。动力阀控制系统的主要控制信号有发动机转速、温度、空气流量等信号。

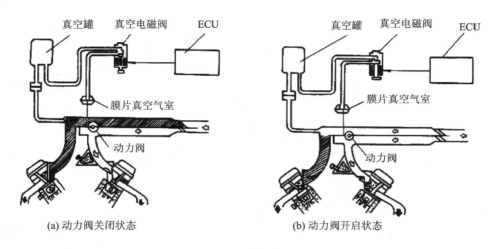

图 5-53 动力阀控制系统

2. 动力阀控制系统举例

（1）本田动力阀控制系统

如图 5-54 所示为本田轿车采用的动力阀控制系统。发动机 ECM 根据节气门位置传感器和发动机转速传感器信号,通过真空电磁阀和膜片驱动器控制转换阀打开或关闭。低速、中小负荷时,转换阀关闭,进气通过主进气歧管完成；高速、大负荷时,转换阀打开,进气通过主、副进气歧管完成。

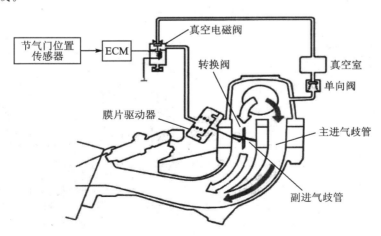

图 5-54 本田轿车动力阀控制系统

(2) 丰田轿车动力阀控制系统

如图 5-55 所示为丰田轿车采用的动力阀控制系统。每一个气缸的两个进气门各配有一个进气歧管，其中一个进气歧管中安装有转换阀。发动机在低速、中小负荷工况下工作时，ECU 关闭转换阀，只通过一个进气歧管进行充气，此时进气流速提高，进气惯性大，可提高发动机转矩；当发动机在高速、大负荷工况下工作时，ECU 控制转换阀开启，两个进气歧管同时进气，此时进气截面增加，进气阻力小，进气量大，使高速时发动机的动力性得到很大的提高。

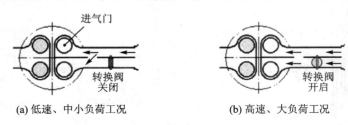

图 5-55 丰田动力阀控制系统

5.3.2 谐波增压控制系统

1. 谐波增压控制工作原理

发动机工作中，进气管内的气体经进气门高速流入气缸，当进气门关闭时，由于气体流动惯性使进气门附近的气体受到压缩而压力增高；之后进气门附近被压缩的气体由于膨胀而流向进气相反的方向，压力下降；膨胀的气体流动到进气管口时被新的进气挤压反射回来，这样在进气管内产生了压力波。

谐波增压控制系统利用了进气管内的压力波与进气门的开启配合，即当进气门开启时，使反射回来的压力波正好传到该气门附近，可使进气管内的空气产生谐振，从而形成进气增压的效果，以提高发动机的充气效率和功率。

一般而言，进气管较长时，谐振压力波的波长较长，有利于发动机中低速输出功率的增加；进气管较短时，谐振压力波的波长较短，有利于发动机高速范围内输出功率的增加。若发动机进气管的长度随转速变化，发动机在整个转速范围内可充分利用进气谐振效应，有效地提高发动机的动力性能。

波长可变的谐波增压控制系统的工作原理如图 5-56 所示。该发动机进气管的长度虽不能改变，但由于在进气管中部增设了一个大容量的空气室和进气控制阀，从而实现了改变压力波传播长度。当发动机转速较低时，同一气缸的进气门关闭与开启间隔的时间较长，此时进气控制阀关闭，使进气管内压力波的传递距离为进气门距离（从空气滤清器经进气道、喷油器进入气缸），这一距离较长，压力波反射回到进气门附近所需

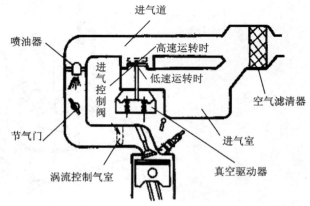

图 5-56 谐波进气增压系统的工作原理

时间也较长;当发动机处于高速运转时,此时进气控制阀开启,由于受大容量进气室的影响,使进气管内压力波传递距离缩短为进气门到进气室之间的距离(从空气滤清器经进气室、喷油器进入气缸),与同一气缸的进气门关闭与开启间隔的时间较短相适应,从而使发动机在高速运转时进气增压效果较好。

2. 谐波增压控制系统举例(丰田 3UZ-FE 发动机谐波增压控制系统)

(1) 结构与组成

如图 5-57 所示为丰田 3UZ-FE 发动机谐波增压控制系统,该系统由节气门位置传感器、曲轴位置传感器、发动机 ECU、真空罐、真空电磁阀 VSV、膜片驱动器、进气控制阀等组成。

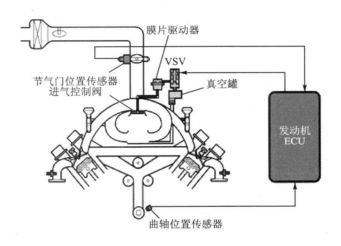

图 5-57 丰田 3UZ-FE 发动机谐波增压控制系统

进气控制阀安装在进气歧管内,该阀可根据发动机的节气门开度和转速信号改变进气歧管的长度。真空电磁阀 VSV 受发动机 ECU 控制,它可将大气压或真空传递到膜片驱动器的膜片上,从而控制进气控制阀动作。真空罐中有一个内置的单向阀,内部储存有真空,以便即使在低真空条件下也能使膜片驱动器可靠动作。进气控制阀和真空电磁阀 VSV 的结构如图 5-58 所示。

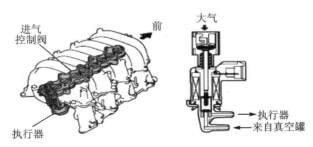

图 5-58 丰田 3UZ-FE 发动机进气控制阀和真空罐电磁阀

(2) 工作原理

如图 5-59 所示,当发动机处于低速、中小负荷工况时,ECU 控制使真空电磁阀通电,真空作用在膜片驱动器的膜片上,膜片动作使进气控制阀关闭。此时,发动机进气路径较长。

如图 5-60 所示,当发动机处于高速、大负荷工况时,ECU 控制使真空电磁阀断电,大气压作用在膜片驱动器的膜片上,进气控制阀开启。此时,发动机进气路径较短。

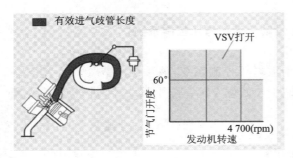

图 5-59 低速、中小负荷工况　　　　图 5-60 高速、大负荷工况

5.3.3 可变气门正时和气门升程电子控制系统

1. 概　述

发动机在换气过程中,若能排气彻底、进气充分,则可提高充气系数,增大发动机的输出功率。四冲程发动机的每个工作行程,理论上曲轴要转过 180°。为了在短时间内进气充分、排气干净,实际上发动机都会延长进、排气时间,即气门的开启和关闭时刻并不是活塞处于上止点和下止点的时刻,而是分别提前和延迟一定的时间,以改善发动机进气、排气状况,从而提高发动机的动力性。发动机进气门、排气门开启和关闭的时刻称为气门正时。

传统的汽油发动机的气门升程是固定不可变的,这使发动机在高速区和低速区都不可能得到良好的响应,即发动机的高速功率和低速扭矩均不是最佳值。可变气门升程,是在气门正时的基础上,在不同工况下,改变气门开启的大小,满足发动机在高速区和低速区的气门升程,从而改善发动机高速功率和低速扭矩。

发动机气门调节的方式有两种,一是随工况改变气门正时,二是改变气门升程。

2. VTEC 的结构和原理

可变气门正时和气门升程电子控制系统,即 VTEC 系统,可随发动机转速、负荷、水温等参数的变化而变化,适当地调整配气正时和气门升程,使发动机在高、低速下均能达到最高效率。VTEC 机构主要由气门(每缸 2 进、2 排)、凸轮、摇臂、同步活塞、正时活塞等组成,结构如图 5-61 所示。

VTEC 机构有三个凸轮,它们的线型不相同,如图 5-62 所示。位于中央的高速凸轮称为中间凸轮,该凸轮升程最大;另两个低速凸轮中,较高的一个称为主凸轮,较低的称为次凸轮。与这三个凸轮相对应的是中间摇臂、主摇臂和次摇臂。在三个摇臂内有一孔道,内装有同步活塞 A、B,正时活塞和定位活塞。每个气缸的两个气门上都安装有如上所述的 VTEC 结构。

VTEC 控制系统由传感器、控制部分和执行部分组成,如图 5-63 所示。在 VTEC 结构中的进气凸轮上分别装有三个凸轮,用于顶动摇臂轴上的三个摇臂。当发动机处于低速或低负荷时,三个摇臂之间无任何连接,左边和右边的摇臂分别顶动两个进气门,使两者具有不同的正时和升程,以形成挤气的作用效果。此时,中间的高速摇臂不顶动气门,只是在摇臂轴上

项目 5 发动机辅助控制系统

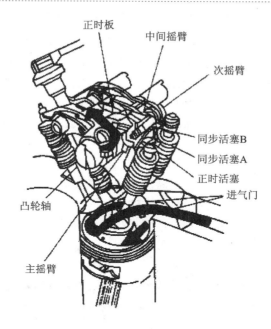

图 5-61 本田 ACCORD F22B1 发动机 VTEC 结构

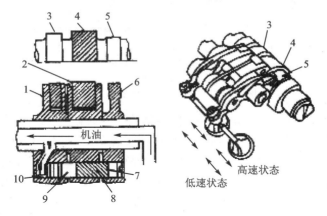

1—主摇臂；2—中间摇臂；3—主凸轮；4—中间凸轮；5—次凸轮；6—次摇臂；
7—定位活塞；8—同步活塞 B；9—同步活塞 A；10—正时活塞

图 5-62 VTEC 发动机进气凸轮轴示意图

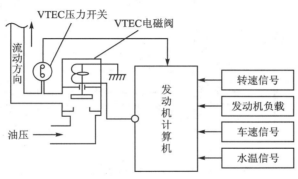

图 5-63 VTEC 控制系统

115

做无效的运动。当发动机转速不断提高时,发动机的各种传感器将检测到的负荷、转速、车速和水温信号送到 ECU 中,ECU 对这些信号进行分析处理。当达到需要变换为高速模式时,ECU 发出信号打开 VTEC 电磁阀,打开油路,机油泵输出的压力油推动同步活塞,将三个摇臂连成一体,使两个气门都按高速模式运行,实现气门正时和气门升程的变动,即 VTEC 控制,以改变进气量,增加发动机功率。当发动机转速降低到气门正时需要再次变换时,ECU 再次发出信号,VTEC 电磁阀断电,切断油路,气门再次回到低速工作模式。

5.3.4 废气涡轮增压系统

废气涡轮增压是指利用发动机排出的高温高压废气的能量,驱动涡轮做高速旋转,带动同轴上的压缩机,对燃烧所需的空气进行预压缩,这样,在发动机排量和转速不变的情况下,增加了流入发动机的空气量,提高了进气效率,从而提高发动机的功率,如图 5-64 所示。

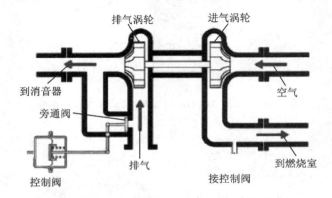

图 5-64 废气涡轮增压工作原理

如图 5-65 所示,ECU 根据发动机转速传感器信号、水温传感器信号以及大气压力信号决定涡轮增压系统是否工作。当涡轮增压系统达到工作的要求时,即 ECU 检测到的进气压力在 0.098 MPa 以下时,受 ECU 控制的电磁阀的搭铁回路断开,电磁阀关闭。此时由涡轮增压器出口引入的压力空气,进入驱动气室,克服气室弹簧的压力推动切换阀将废气送入涡轮

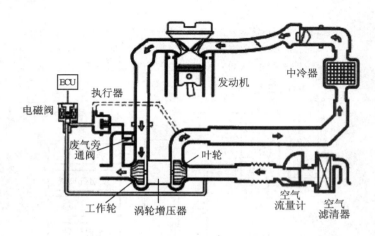

图 5-65 废气涡轮增压系统工作过程

室,使通道打开,同时将排气旁通口关闭,此时废气流经涡轮室使增压器工作。当 ECU 检测到的进气压力高于 0.098 MPa 时,ECU 接通电磁阀搭铁回路,电磁阀打开,通往驱动气室的压力空气被切断,在气室弹簧弹力作用下,驱动切换阀,关闭进入涡轮室的通道,同时将排气旁通口打开,废气不经涡轮室而直接排出,增压器停止工作,进气压力下降,直至进气压力降到规定的压力时,ECU 关闭电磁阀,切换阀打开进入涡轮室的通道口,废气涡轮增压器又开始工作。

习　题

1. 怠速控制系统的作用是什么?
2. 怠速控制阀的基本方法是什么?
3. 怠速控制过程分为哪三个阶段?
4. 三元催化转化器的转化效率什么时候最高?
5. 三元催化转化器的催化剂包含什么?
6. EGR 率过高或过低会有什么影响?
7. EGR 系统的执行器包括哪些?
8. EVAP 系统中活性炭罐的作用是什么?
9. 二次空气喷射系统有什么作用?
10. 发动机在什么情况下断油控制系统起作用?
11. 进气控制系统的作用是什么?
12. 谐波增压控制系统在发动机高低转速不同时,是如何调节进气管长度的?

项目6 电喷发动机故障诊断与排除

汽车电子控制系统的广泛应用,提高了汽车的安全性、动力性、经济性和排放性能,促进汽车向智能控制的方向发展。同时,汽车电控系统复杂程度日趋提高、电气线束增多、故障率增加、故障诊断难度提高,给汽车维修工作带来更多的挑战,对汽车维修技术人员的技术提出了更高的要求。因此,针对越来越复杂的电控发动机,所使用的故障诊断方法也越来越多样化和高效化。

同时,如图6-1所示,发动机由过去单一的以机械结构为主体的产品到目前以机电液相结合的复杂产品,使其故障诊断方法发生质的变化。

图6-1 电控发动机基本组成

任务6.1 故障诊断的原理和方法

经过各国专家、学者以及广大工程技术人员多年来的共同努力,发动机故障诊断方法无论是在广度还是在深度方面都得到了较大的发展,新的理论不断产生,诊断技术手段也不断完善,机械故障诊断学日趋科学化、实用化。目前,汽车故障诊断的诊断方法大致可分为:人工经验诊断、故障仪器设备诊断、故障征兆模拟实验法。

6.1.1 人工经验诊断

在故障诊断技术发展之初,各种先进的检测设备仪器还未问世,人们常常基于维修技师或驾驶员的经验对汽车发动机的故障进行诊断。由于汽车使用面广,量大且极其分散,尤其是汽车发动机在使用过程中的随机故障诊断,人工经验诊断仍不失为一种行之有效的诊断方法。其诊断方法大致为:问、看、听、嗅、触、试。

① 问　即询问,了解汽车的使用及维护情况。除驾驶员诊断自己的车辆之外,其他人尤其是维修技师在诊断之前,必须先了解车辆的情况。包括使用条件、故障的预兆等,这些都是故障诊断的重要依据。

② 看　即观察车辆的情况。如:有无水、油泄露,有无连接件松动,排气颜色是否正常等。

③ 听　即通过听觉判断发动机工作时有无异响,并大致判断异响的位置及原因。

④ 嗅　即通过发动机运转过程中发出的某种特殊气味来判断故障的位置。这对于诊断发动机电器系统线路故障,是一种简单高效的诊断方法。

⑤ 触　即用手触摸可能产生故障的部位,判断其是否工作有效。

⑥ 试　即通过实验进行验证。例如,使用单缸断火法来判定发动机异响的部位,突然加减速来查听发动机异响的变化;试换零件,查找故障的部位等。

对于以上6种方法,在诊断过程中可以交替使用。但是在故障诊断中,作为了解基本情况的"问",是必不可少的。

基于人工经验的故障诊断方法不需要专用的仪器设备,驾驶员可以随时对发动机故障进行诊断和排除。但是,这一类诊断方法速度慢、准确性较差,对诊断人员的技术水平有较高的要求,同时不能对发动机问题进行定量分析。因此,现如今,人工经验法主要用于对发动机故障的初步诊断。

6.1.2 故障仪器设备诊断

仪器设备诊断是在人工经验诊断方法的基础上发展起来的。随着社会的进步和科学技术的提高,此类方法越来越成熟,因此越来越受到维修技师的青睐。与人工经验法相比较,仪器设备诊断法的不同点是:大量借助仪器设备;检测结果定量化。

目前用于发动机故障检测的仪器设备大致有:万用表、解码仪、点火正时灯、真空表、气缸压力表、油压表、流量计、声级计、油耗仪、示波器、曲轴箱窜气量检测仪、气缸漏气量检测仪等。这些仪器设备为人们提供了可靠的依据,使得发动机故障诊断从定性诊断逐步发展为定量诊断。

仪器设备诊断法具有检测速度快、能定量分析、准确性高、可实现快速诊断等优点,同时,随着科技的不断进步仪器设备越来越智能化,尤其是配备计算机控制的仪器设备能够对故障进行自动分析、判断并存储及打印,极大地提高了故障诊断的效率。但是,部分仪器设备投资大、占用厂房、检测成本较高、操作人员需要经过培训等,都将是此类方法不可忽视的缺点。

关于常见的电控发动机故障诊断用的仪器设备,如万用表、解码仪等,将会在下面章节中进行详细的介绍。

6.1.3 故障征兆模拟实验法

现代汽车发动机电控系统结构复杂、理论较深、电路特殊,同时还具有一定的抽象性。同时,发动机电控系统的疑难故障还有一定的潜伏性、交叉性、间断性、误导性及虚假性,无疑给故障的检测和排除带来了相当大的难度。即便是维修技师具备丰富的经验,熟练的技术,同时拥有相应的高科技检测仪器设备,在进行故障检测时同样会遇到很多困难和问题。同时,如果不经过系统的分析和故障模拟就盲目地对发动机进行拆卸和更换,不仅会给用户造成不必要的经济损失,同时还有可能会导致更多的人为故障。

汽车发动机系统故障诊断中的模拟技术,本质上就是以实验的方式,使故障车辆在相同或者相似的条件和环境下再现故障,然后经过验证和分析后确定发动机故障的部位和明确原因,对潜在的故障进行排除,或者缩小潜在故障的范围,为其他诊断方法提供有力的支撑,提高故障诊断的效率。

因此,在掌握和综合利用人工经验和仪器设备的同时,还需要充分利用故障征兆模拟实验法来进行故障诊断。常见的模拟技术有震动法、加热法、加湿法、电路全接通法。

1. 震动法

所谓震动法,即针对某些怀疑存在故障的元器件、接插件、导线束、执行器、传感器进行敲打(锤柄或橡胶锤敲击)和摇摆(对导线和接插件进行水平、垂直方向的摇摆、拉动),以检查发动机局部是否存在松动、虚焊、导线断裂、接触不良等故障,如图6-2所示。值得注意的是,操作过程中用力不宜过大,以免损坏相应的元器件。尤其对继电器进行检测时,切勿用力过度,否则容易改变继电器状态,导致不必要的损失。在使用震动法对电控发动机进行故障诊断时,应时刻注意被检测装置的状态,以便准确地确定故障部位。

2. 加热法

所谓加热法,即针对某些怀疑存在故障的元器件、接插件、导线束、执行器、传感器等进行局部加热,检测故障是否再现,以此判断故障的位置,如图6-3所示。值得注意的是,加热器应选用电热风机或者类似的相关加热器,切勿采用明火加热的方法。加热时,温度不宜太高,不超过80℃为宜,同时,不可直接对ECU等温度敏感元器件进行加热。

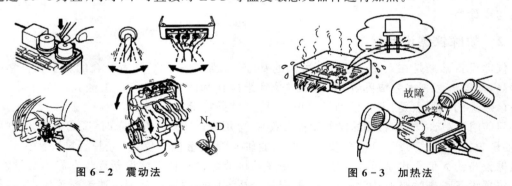

图6-2 震动法　　　　　　图6-3 加热法

例如,汽车发动机电控系统出现软性故障,即发动机起动后经过一段时间才出现故障,说明部分电子元器件出现软击穿故障,即元器件达到一定温度后异常,冷却后又恢复正常。此时,应根据故障出现的相关现象,初步判断需要进行诊断的部位或者元器件。然后再使用热源对怀疑对象进行加热故障诊断,加热顺序应依次为晶体管、集成块、电阻电容元件。当加热某个元器件或者部位时故障再现,说明该元器件或者部位存在故障,应予以更换。

3. 加湿法

每当雨天或洗车后,汽车发动机都会出现相同或相似的故障,可采用加湿法对车辆发动机进行高湿度环境的模拟,如图6-4所示。在使用加湿法进行故障诊断时,应注意保护湿度敏感器件,以免积水锈蚀某些电子设备或易锈蚀部位。

4. 电路全接通法

当怀疑发动机故障可能是因电负荷过大而引起时,可以尝试接通全车电气设备,包括加热空调、车窗除雾器、前照灯等,检查是否是因电负荷过大引起的故障,如图6-5所示。

图6-4 加湿法

图6-5 电路全接通法

6.1.4 电控发动机故障诊断注意事项

由于电控发动机结构复杂,电控系统结构复杂、理论较深、电路特殊,在进行故障诊断的过程中,某些不正确的操作会增加新的故障,因此要特别注意以下几点:

① 在进行故障诊断前,一定要了解所诊断部分的线路及电路板,包括各元器件管脚的含义及连接状态,然后再对该部分进行故障诊断。

② 切勿带电插拔各类插头和控制板。带电插拔极易造成短路,同时,带电插拔很容易产生较强的感应电动势。根据电磁原理可知,在带电插拔的同时,电路的电流变化率非常大,所产生的感应电动势甚至可以达到几千伏。这样的峰值电压,很有可能击穿电控发动机计算机控制系统的电源保护装置,进而造成计算机控制器的不可逆损伤。

③ 发动机未熄火时,蓄电池的任意一根线不能随意断开。因为蓄电池与发电机处于并联状态,如果发动机在工作的过程中将蓄电池断开,会导致发电机处于低负载状态,造成瞬时电压过大,损坏发电机系统。

④ 强磁场不能靠近计算机控制器。尤其是由永磁铁制作而成的强磁场不能靠近计算机控制器,容易造成计算机控制器的相关零件受到损坏,例如收录机,大功率喇叭等。进行电弧焊时,电弧本身就是一个电磁波发射源,且具备较高的强度,因此在对引擎舱进行电弧焊时,应切断计算机控制器的电源。

⑤ 切记电控汽车上所采用的供电系统均为负极搭铁,因此安装蓄电池时,要特别注意正、负极不可接反。

⑥ 拆开任何油路部分,应首先对燃油系统进行卸压。检修油路系统时,切勿吸烟,且远离明火。

⑦ 在一般情况下,不要打开计算机盖板,因为电控发动机上的故障大部分是外部设备故障,计算机故障一般较少,即使是计算机有故障,在没有检测手段(检测计算机工作的示波器、信号发生器等设备)的情况下,打开计算机盖板也不能解决问题,相反,很可能因为操作不当而导致新的故障。在确认是计算机故障时,应由专业人员对其进行测试和维修。

任务6.2　检测诊断设备及工具

为了有效、快速、准确地完成汽车电控系统的检测工作,除了一些常用工具和检测设备外,还必须配备一些与检测电控系统有关的专用工具和检测设备。常用的专用工具和检测设备包括：跨接线、测试灯、手提式真空泵、压力表、真空表、喷油器清洗器、万用表、解码仪、发光二极管、示波器、扫描仪、专用诊断仪和发动机综合性能检测仪等。其中，测试灯、手提式真空泵、压力表、真空表、万用表、发动机综合性能检测仪，是包括化油器式发动机在内的必不可少的专用工具和检测设备。

下面将对一些常见的检测诊断设备及工具进行分类、详细地讲解。

6.2.1 跨接线

跨接线也称为维修专用线，起旁通电路的作用，是专用维修工具之一。简单的跨接线一般是一段多股导线，两端分别接有鳄鱼夹（见图 6-6），或其他形式的插头（见图 6-7）。检修人员通常要备有多种形式的跨接线，以用作多个部位的测量。

图 6-6 鳄鱼夹式跨接线

图 6-7 法兰跨接线

跨接线作为一种最基本的电控发动机故障诊断设备，其结构简单，使用方法和注意事项举例说明如下：

① 对于有故障的电气设备，首先应将跨接线连接在该电气设备接线点"−"与车身搭铁之间。如果此时故障消失，说明其搭铁线路断路。

② 如果故障未消除，再将跨接线连接在该电气设备接线点"＋"与蓄电池正极之间。如果故障消失，说明其电源线路断路或短路。

③ 用跨接线连接电源和电气设备之前，必须先确认电气设备的使用电压是否为 12 V。如果电气设备的电压低于 12 V，则不能连接。

④ 跨接线不能将电气设备接线点"＋"直接与搭铁线直接连接。

6.2.2 测试灯

测试灯也称测电笔，作为电控发动机故障检测的另一个基本工具，其作用及原理与跨接线基本相同。不同的是，测试灯在跨接线的基础上增加了用于显示电路导通状态的指示灯，同时，使用者还可以根据灯泡的明暗程度判断被测线路的电压大小。测试灯分无源测试灯和有源测试灯，或者称之为带电测试灯和不带电测试灯。无源测试灯可用电压表代替，有源测试灯可用欧姆表代替。

测试灯（见图 6-8）作为一种最基本的电控发动机故障诊断设备，其结构简单，成本低廉，下面将会对两种不同的测试灯分别进行介绍。

1. 不带电源测试灯（12 V 测试灯）

不带电源测试灯以汽车电源作为电源，由 12 V 测试灯、导线和各种不同的端头组成，主要

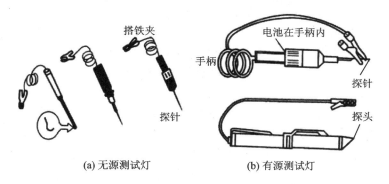

(a) 无源测试灯　　　　　(b) 有源测试灯

图 6-8　测试灯

用来检查系统内电源电路是否给电器部件供电,检测方法如下所述:

① 将 12 V 测试灯一端搭铁,另一端接电器部件电源接头。若灯亮,说明该电器部件电源电路无故障。

② 如果灯不亮,再将 12 V 测试灯接电源的一端去接电源方向的第二个接点。如果灯亮,说明在第一接点和第二接点之间电路出现断路故障。

③ 如果灯仍不亮,则去接第三个接点、第四个接点……(愈来愈接近电源),直至灯亮为止,且断路故障发生在最后被测接头与前一个被测接头之间。

2. 自带电源测试灯

自带电源测试灯在其手柄内装有两节干电池,其余组成同 12 V 测试灯,用于检查线路断路与短路故障。

(1) 检查断路

断开电器的电源电路,将自带电源测试灯的一端连接在电路首端,将另一端依次分别连接其他各接点。如果灯亮,说明测点与电路首端导通。

(2) 检查短路

断开电器的电源电路,将自带电源测试灯一端搭铁,另一端连接电器部件电路。如果灯亮,表示有短路故障。然后依次将电路接头脱开、开关打开或拆除部件等操作,直至电源测试灯熄灭,则短路出现在最后开路与前一开路部件之间。

6.2.3　气缸压力表

活塞到达压缩终了上止点时的气缸压力大小,可表征气缸密闭性,因此,只要对气缸压力进行测量,将测量值和标准值进行对比,可得出气缸的密闭性。气缸压力表作为发动机密闭性检测的主要工具之一,如图 6-9 所示,该表具有价格低廉、实用性强、仪表轻便和检测方法简单等特点,是发动机故障检测和诊断必不可少的仪器。

气缸压力表使用方法和步骤如下所述:

① 使发动机正常运转,直至水温达 75 ℃时,拆下空气滤清器,使用压缩空气吹净火花塞周围的

图 6-9　气缸压力表

灰尘和杂物,防止在后续操作中灰尘和杂物进入气缸。

② 卸下全部火花塞,注意火花塞应按顺序放置。

③ 将气缸压力表的橡胶接头塞入被测气缸的火花塞孔里,扶正压紧。

④ 节气门处于全开位置,利用启动机转动曲轴,待气缸压力表读数保持最大压力时停止转动曲轴。读取此时气缸压力表的读数。

⑤ 依次测量各缸,为保证数据有效性,各缸测量次数不低于两次。

气缸压缩终了压力标准值一般由制造厂商提供。根据 GB/T15746.2—95《汽车修理指令检测评定标准·发动机大修》附录规定:大修竣工发动机的气缸压力应符合原设计规定,各缸压力与各缸平均压力之差,汽油机不超过 8%,柴油机不超过 10%。

根据相关资料可知,常见车型的发动机气缸压缩终了压力标准值如表 6-1 所列。

表 6-1 常见车型气缸压缩终了压力标准值

发动机型号	压缩比	气缸压缩终了压力/kPa	各缸压力差/kPa
奥迪 100 1.8 L	8.5	800~1 000	≤300
捷达 EA827	8.5	900~1 100	≤300
桑塔纳 AJR 1.8 L	9.3	1 000~1 350	≤300
富康 TU3	8.8	1 200	≤300

6.2.4 万用表

万用表是一种多用途的电工仪表(见图 6-10)。是维修各种电子仪器及家用电器的最常用的工具。万用表可以直接测量电阻阻值、电容容值、电感感抗、直流电压与交流电压、直流电流与交流电流。除了常规的基本电气物理量测量以外,汽车专用万用表还提供一些特殊的功能,具体如下:

① 测量转速;

② 测量二极管的性能;

③ 测量传感器输出的电信号频率;

④ 记忆最大值和最小值。该功能用于检查某电路的瞬间故障;

⑤ 万用表可提供晶体管接口,判断晶体管引脚功能;

⑥ 万用表提供温度探头接口,接入专用的万用表温度探头后,可读取被测物的温度,如冷却液温度、尾气温度和进气温度等;

⑦ 测量脉冲波形的频宽比和点火线圈一次侧电流的闭合角。该功能用于检测喷油器、怠速稳定控制阀、EGR 电磁阀及点火系统等的工作状况。

综合以上信息,数字式汽车专用万用表,基本上可以对电控发动机上大部分电信号,包括模拟信号和数字信号进行采样和测量。

1. 万用表的使用方法

汽车万用表作为一种最常见、最基本的电控发动机故障诊断仪器,在电控发动机乃至整个汽车电气设备的故障检测中都起着举足轻重的作用,以下对汽车万用表的基本使用方法进行介绍。

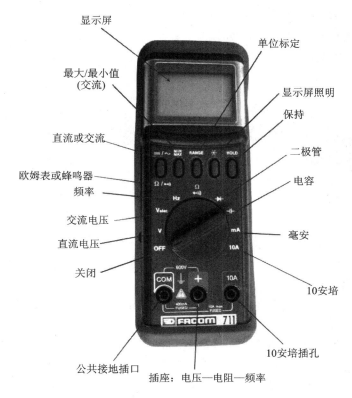

图 6-10 常见汽车万用表面板

(1) 常规测量

首先将万用表的中央旋钮旋至直流电压挡——"V"挡,接着将万用表的公共接地端——"COM 端"接万用表的黑表笔,插接口端——"+端"接万用表的红表笔。然后将红表笔探头接入电压测量点,黑表笔接入电压参考点,即搭铁。万用表的表笔接法可以简单总结为"红正,黑负"。此时,显示屏上显示的数值则为该测量点的电压值。根据此方法稍作变化,即调整万用表的中央旋钮,选择不同的测量项目,即可对直流电流、交流电流、交流电压、频率等进行测量,在此不再一一赘述。

(2) 通断测量

将万用表的中央旋钮旋至欧姆/蜂鸣挡,部分万用表将欧姆挡和蜂鸣挡分开,在使用过程中需要稍加注意。两支表笔同样按"红正,黑负"接入,如果此时万用表发出蜂鸣声,则表明被测两点之间为短路或通路;如果没有蜂鸣声,则表明被测两点之间存在电阻或断路。利用万用表能够很快地检测出两检测点之间的通断情况。由于万用表具有检测便捷性特点,将会逐步取代跨接线和测试灯对线路故障的检测。

(3) 氧传感器测试

拆下氧传感器线束连接器,将万用表的中央旋钮旋至直流电压挡,将黑表笔搭铁,红表笔与氧传感器信号输出端相连,随后快速(约 2 000 r/min)运转发动机,将测得的电压信号和该车所配备的氧传感器信号标准值进行对比,即可测试出氧传感器的工作状态是否良好。

2. 万用表使用的注意事项

① 严格遵守"红正,黑负"的规定;

② 不要轻易用万用表对控制单元（ECU）进行检测；

③ 在用万用表检查防水型连接器时,应注意保护连接器的防水性,应小心地取下皮套,如图 6-11(a)所示。用测试表笔插入连接器检查时不可对端子用力过大,如图 6-11(b)所示。

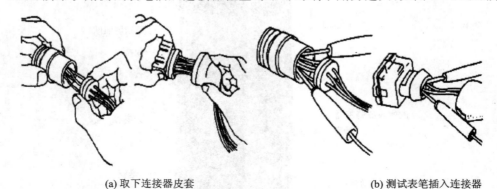

(a) 取下连接器皮套　　　　　　　　(b) 测试表笔插入连接器

图 6-11　检查防水型连接器

3. 万用表测量的技巧

检测时,测试表笔可以从带有配线的后端插入（见图 6-12(a)),也可以从没有配线的前端插入（见图 6-12(b)）。

① 检查线路断路故障时,应先脱开 ECU 和相应传感器的连接器,然后测量连接器相应端子间的电阻值,以确定是否有断路或接触不良故障。

② 所有传感器、继电器等装置都是和 ECU 连接的,而 ECU 又通过导线和执行部件连接,所以在检查故障时,可以在 ECU 连接器的相应端子上进行测试。

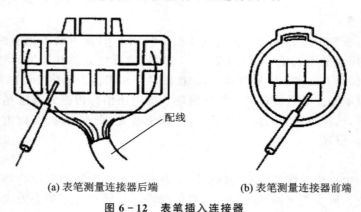

(a) 表笔测量连接器后端　　　　　　(b) 表笔测量连接器前端

图 6-12　表笔插入连接器

6.2.5　解码仪

解码仪的作用是将故障代码从"车载诊断系统"中读出,为检修人员提供参考,其工作原理如图 6-13 所示。

1. 解码仪功能

解码仪功能如下所述：

① 读取故障码；

② 消除故障码；

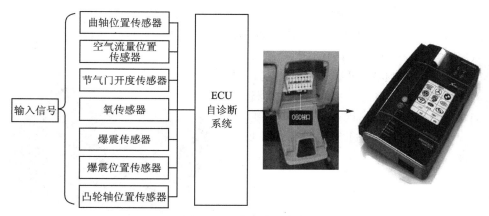

图 6-13 解码仪原理图

③ 测试动态数据流；
④ 测试执行元件；
⑤ 控制单元的编码；
⑥ 可以和 PC 机相连,更新与升级资料；
⑦ 有的还具有示波器功能、万用表功能和打印功能；
⑧ 有的还能显示系统控制电路图和维修指导,以供诊断时参考。

解码仪具备如此强大的功能,而且使用起来非常方便,已经成为汽车电控系统,尤其是电控发动机控制系统故障诊断必不可少的工具之一。

2. 常见解码仪简介

常用的解码仪大致分为两大类：一类为通用型（如元征、车博士、修车王、OTC、红盒子等),该类解码仪存储着故障诊断的逻辑步骤和判断数据,并且将其成功地集成到程序当中去,由解码仪自带的微型处理器执行各车系的故障诊断任务,如读取和清除故障码、测试执行元件等,如图 6-14 所示);另一类解码仪为专业型(见图 6-15),只能专用于本公司所生产的车系(如大众公司的 V.A.G1551 和 V.A.G1552、克莱斯勒车系 DRB-Ⅱ、福特车系 STAR-Ⅱ)。

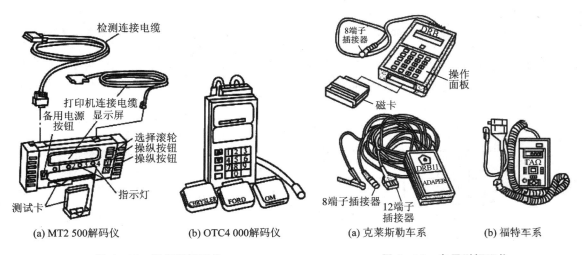

图 6-14 通用型解码仪　　　　图 6-15 专用型解码仪

3. 解码仪的使用

目前市面上的解码仪型号众多，特性也不同，但基本上大同小异，在此选择博世公司(BOSCH)金德 KT300 系列解码仪进行介绍。

金德 KT300 是博世公司最具代表性的一款通用解码仪（见图 6-16）。可对欧洲、美洲、日本、韩国及国产的众多车型进行故障诊断。金德 KT300 可以实时地通过互联网进行数据和程序升级。

（1）解码仪连接

将 KT300 的连接主线一端连接到主机接口，另一端连接到汽车的诊断座（即 OBD-Ⅱ 接口上），连接示意图如图 6-17 所示。

常规车辆的 OBD-Ⅱ 接口位于方向盘的左下方，如图 6-18 所示。部分车辆 OBD-Ⅱ 接口可能位于其他位置，在具体使用中应注意。

图 6-16　金德 KT300 解码仪

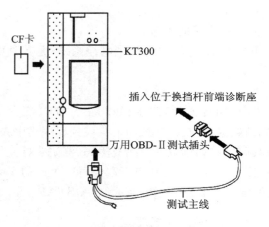

图 6-17　连接 KT300 解码仪

图 6-18　OBD-Ⅱ 接口位置示意图

OBD-Ⅱ 接口作为"车载诊断系统"和外界诊断设备数据交流的接口，统一为 16 针插座，如图 6-19 所示。"车载诊断系统"将故障码通过 OBD-Ⅱ 接口传输到解码仪，故障码的通用形式如图 6-20 所示和表 6-2 所列。

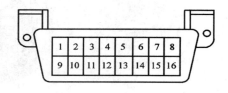

图 6-19　OBD-Ⅱ 诊断接口

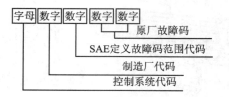

图 6-20　OBD-Ⅱ 故障代码形式

表 6-2　OBD-Ⅱ故障码形式详解表

故障码性质	代码	代码含义
控制系统代码	P	汽车发动机和汽车变速器控制系统
	C	汽车底盘控制系统
	B	汽车车身控制系统
制造厂代码	0	SAE定义的故障码
	1,2,3,…,9	汽车制造厂自定义的故障码
SAE定义故障码范围代码	1	燃油或进气测量系统故障
	2	燃油或进气测量系统故障
	3	点火系统故障或发动机间歇熄火故障
	4	废气控制系统故障
	5	急速控制系统故障
	6	ECU或执行元件控制系统故障
	7	自动变速器控制系统故障
	8	自动变速器控制系统故障
原厂故障码		由不同厂规定的具体元件故障码含义不同

（2）故障码的读取和清除

将解码仪KT300连接到被测车辆后，即可进入解码仪操作界面，如图6-21所示。通过翻页功能按键，可以查找到不同的车系，以奥迪车辆为例进行演示。

打开中国车系，单击奥迪大众图标，则会显示该车系的诊断信息（V02.06为当前仪器内该车型的诊断车型版本，根据测试版本的不同，该号码在程序升级后会随之改变），如图6-22所示。

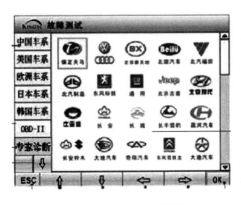

图6-21　KT300操作界面

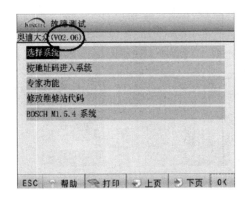

图6-22　奥迪大众故障测试界面

进入当前的V02.06系统，在系统功能菜单中选择"01－发动机"，进入发动机故障界面，如图6-23所示。随后选择"01－读取车辆电脑型号"，进行发动机电脑型号读取，如图6-24所示。

图 6-23 系统选择菜单	图 6-24 读取车辆发动机电脑型号

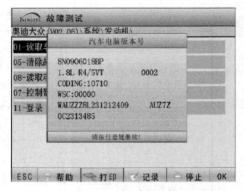

在系统功能选择菜单中选择"02—读取故障码",系统开始检测电脑随机存储器(ROM)中存储的故障记忆内容,测试完毕,屏幕显示出测试结果,如图 6-25 所示。在系统功能选择菜单中选择"05—清除故障码"进入操作故障码清除界面,如图 6-26 所示。

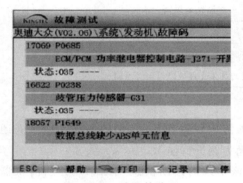
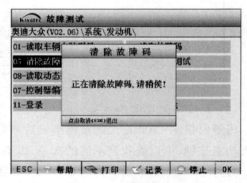

图 6-25 读取故障码　　　　　　　图 6-26 清除故障码

(3) 元件控制测试

在系统功能选择菜单选择"03—元件控制测试"进入操作界面,如图 6-27 所示。在系统功能选择菜单选择"08—读取动态数据流"菜单进入操作界面,如图 6-28 所示。奥迪大众车系的数据流很齐全,但是需要原厂手册支持,否则只显示数据而不知道内容。

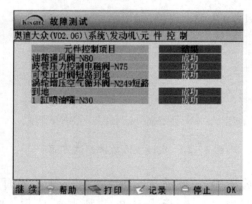
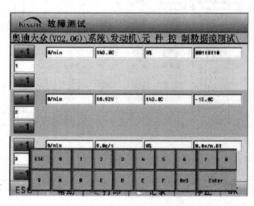

图 6-27 元件控制测试　　　　　　　图 6-28 读取动态数据流

通过以上的操作流程可知,利用解码仪可以对电控发动机的故障码进行读取、清除以及对元器件控制测试等进行相关操作,其他相应操作可以结合解码仪的使用说明书进行练习和实践。

当然,在汽车故障尤其是电控发动机故障诊断和检测方面的专用仪器还有很多,比如:汽车专用示波器、汽车尾气分析仪以及发动机综合性能分析仪等。综合利用先进的故障诊断仪器和设备,有利于更高效地判断电控发动机的故障。

任务6.3 常见故障诊断与排除

6.3.1 常见故障诊断与排除原理和流程

由于电控发动机结构复杂,其故障也呈现出多样性,电控发动机常见故障有多种,如不来油、混合气体过浓、混合气体过稀、怠速不良、加速不良、动力不足等。由于电控发动机故障的诊断方法和设备有多种,因此针对不同故障需要采用不同的方法和设备。但方法之间也有一定的规律可循,其规律如图6-29所示。

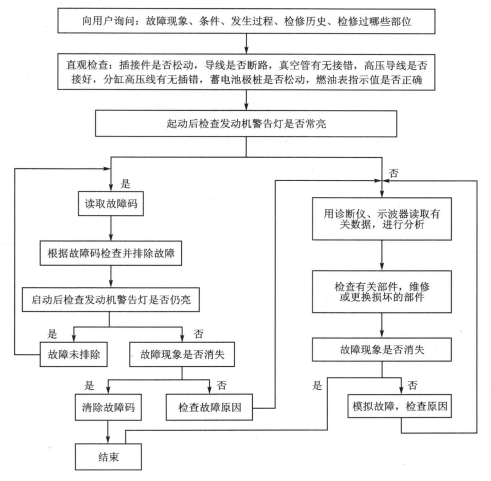

图6-29 电控发动机故障诊断基本流程

电控发动机出现故障,需要询问发动机故障的具体表现、检测维修历史情况等,结合相关专业知识和经验,初步判断发动机故障的原因,进而检查相关元器件是否松动,线路是否连接正常。如果仍没有发现相应问题,需要点火检查行车电脑上是否显示有故障码。如果有故障码,则可借助解码仪对发动机故障进行诊断;若没有故障码,则需要结合其他相应的方法和仪器设备对发动机进行专项的故障诊断。

例如,冷车起动困难是电控发动机常见故障,即发动机在冷却液温度低于发动机工作温度下起动时,需要起动若干次才能起动,或者不能起动。而发动机在正常工作温度下(即热起动时),一次就能起动。结合图6-29所阐述的方法,充分考虑冷车起动困难的具体问题,得出针对冷车起动困难的诊断思路,如图6-30所示。

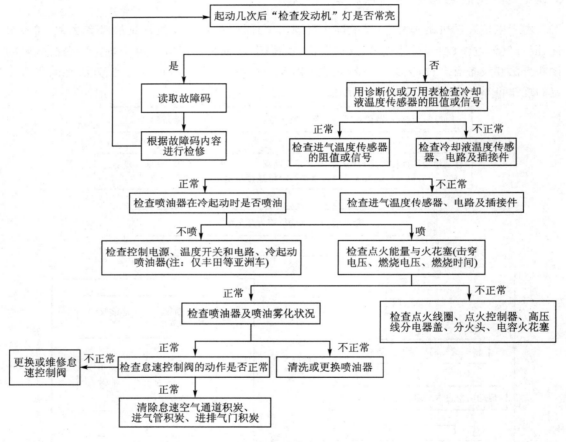

图6-30 冷车起动困难故障诊断流程图

6.3.2 发动机功率下降诊断与排除

1. 发动机功率下降表现

发动机功率下降的表现主要包括以下几点:
① 动力不足,上坡无力;
② 不易起动;
③ 温度过高;

④ 转速不易提高,加速时伴有回火现象;
⑤ 怠速不稳,易熄火。

电控发动机的故障往往不是单独出现的,比如,发动机功率下降往往会伴随着发动机不易起动,怠速不稳等故障现象。这种多重性,为电控发动机的故障诊断带来很多困难,在进行故障诊断时应该多分析,多注意。

2. 原因分析

导致发动机功率下降的原因大致分为如下几种:
① 冷却液温度传感器工作失常;
② 空气流量计或进气歧管压力传感器工作失常;
③ 节气门位置传感器工作失常;
④ 燃油压力过低。

3. 故障诊断与排除

① 进行故障自诊断,检测有无故障码。若有故障码,应按故障码查找原因,然后进一步排查诊断。

由于发动机 ECU 具备测量、计算以及判断能力,因此可对电控发动机所涉及的传感器及电子元器件进行工作状态监测,以达到自诊断的目的。电控发动机自诊断的示意图如图 6-31 所示,由图可知,冷却液温度传感器的数值在某一区间内。发动机 ECU 对温度传感器数字进行判断,当该数值超出了这个规定的区间,即判定该温度传感器故障,随即用固定值代替冷却液温度传感器数值,并发送故障码。

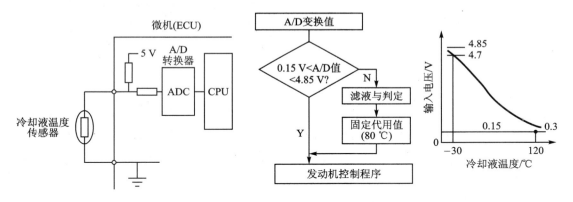

图 6-31 发动机自诊断原理示意图

② 检测冷却液温度传感器,确认温度传感器是否工作正常。若其温度不符合标准,则测量温度大于实际温度,会导致 ECU 误以为发动机处于高温状态,以至于发动机喷油量减少,动力不足。

绝大部分的温度传感器都是基于电阻的热敏性进行设计的,即温度变化导致电阻变化,反之电阻变化反应温度变化,因此测量温度传感器的电阻值,可测算出被测物的温度。测量方法如图 6-32 所示。

测得温度传感器的阻值,结合图 6-31 所示的电阻-温度转换曲线,测算出温度值。将测算出的温度值和温度计相对比,即可判断冷却液温度传感器是否存在故障。

③ 检测空气流量计或进气歧管压力传感器,确认其是否工作正常。如图 6-33 所示,空

气流量计或进气歧管压力传感器直接或者间接地对空气流量进行实时测量,结合不同工况的空燃比,精确计算该时刻的喷油量。如果空气流量计或进气歧管压力传感器发生故障,将会直接导致喷油量不准,以致动力不足或油耗增加。

空气流量计大致可分为四类:翼片式、热线式、热膜式和卡门涡流式。虽然四种空气流量计的流量检测原理有所不同,但是其故障诊断方式大同小异。在此以翼片式空气流量计为例,对空气流量计的故障诊断进行详细介绍。

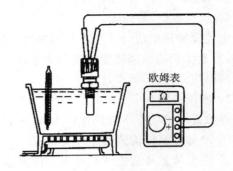

图 6-32 温度传感器检测

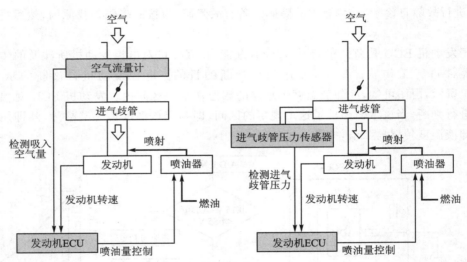

图 6-33 空气流量计和进气歧管压力传感器作用示意图

翼片式空气流量计的工作原理如图 6-34 所示,可简单地将其理解为对空气流的风量大小进行测量。该传感器提供一个接线插头,该接线插头共计 7 个接线端子,如图 6-35 所示,接线端子名称和作用如表 6-3 所列。

表 6-3 空气流量计接线插头端子名称和作用

端子名称	THA	V_S	V_C	V_B	E_2	F_C	E_1
作用	进气温度	输出信号	基准电压	电源电压	THA搭铁控制回路搭铁	油泵开关	电位计的搭铁控制回路搭铁

表 6-4、表 6-5 所列为相应端子之间的标准电阻值和标准电压值,与实际测量值进行比较,即可初步判断流量计的是否存在故障。

项目 6　电喷发动机故障诊断与排除

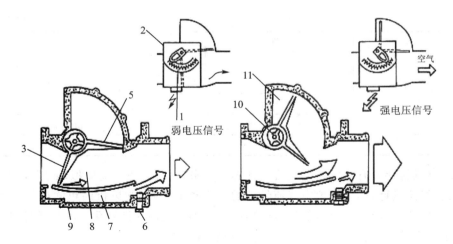

1—卷簧；2—电位计；3—翼片；4—进气温度传感器；5—缓冲片；6—旁通空气调节螺钉；
7—旁通空气道；8—主流道；9—空气流量计；10—销轴；11—缓冲室

图 6-34　翼片式空气流量计工作原理图

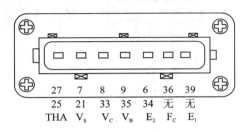

图 6-35　空气流量计接线插头

表 6-4　翼片式空气流量计各端子间的标准电阻值

端　子	电阻值/kΩ	条　件
$F_C - E_1$	∞	计量板全关闭
	0	计量板非全关闭
$V_S - E_2$	0.2～0.6	计量板全关闭
	0.2～1.2	计量板从全关到全开
$V_C - E_2$	0.2～0.4	……
THA—E_2	10～20	-20 ℃
	4～7	0 ℃
	2～3	20 ℃
	0.9～1.3	40 ℃
	0.4～0.7	60 ℃

表 6-5　翼片式空气流量计标准信号值

端　子	电压值/V	条　件
$F_C - E_1$	12	计量板全关闭
	0	计量板非全关闭

135

续表 6-5

端子	电压值/V	条件	
$V_S - E_2$	3.7~4.3	点火开关"ON"	计量板全关闭
	0.2~0.5		计量板全开
	2.3~2.8	怠速	
	0.3~1.0	3 000 r/min	
$V_C - E_2$	4~6	点火开关"ON"	

最后,还可以将怀疑有故障的空气流量计拆卸下来,进行工作状况模拟,如图 6-36 所示。将电源接入空气流量计,然后模拟空气流量计的工作环境(如用吹风机向里吹风等),读取 VS 接线端子的电压信号,应注意电压信号是否随风量大小变化而线性变化。如果条件具备,应将 VS 接线端子的电压信号接入到示波器,通过示波器观察电压信号波形。

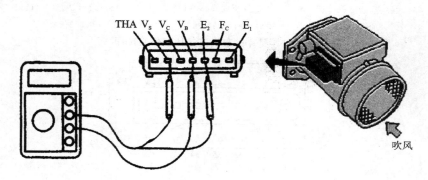

图 6-36 空气流量计工作模拟

④ 检查节气门位置传感器,确认其是否工作正常。节气门位置传感器的检测电路图和检测原理图,如图 6-37 所示。

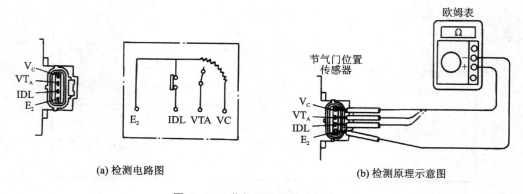

(a) 检测电路图　　　　　　　　(b) 检测原理示意图

图 6-37 节气门位置传感器检测

测量节气门位置传感器端子间的电压值,与表 6-6 所列的参考值进行比较,即可判断节气门位置传感器是否存在故障。

表 6-6 节气门位置传感器端子间参考电压值

节气门杆与止动螺钉间的间隙/mm	接线端子	电阻值/kΩ
0 mm	VTA - E_2	0.28~6.4
0.35 mm	IDL - E_2	≤0.5
0.70 mm	IDL - E_2	∞
节气门全开	VTA - E_2	2.0~11.6
节气门全开	VC - E_2	2.7~7.7

⑤ 燃油压力过低,会导致喷油量减少,进而导致发动机功率降低,汽车动力不足。测量燃油压力的常用工具为燃油压力表,如图 6-38 所示。将燃油压力表安装在供油管路上,即可对燃油压力进行测量,燃油压力表的安装示意图如图 6-39 所示。

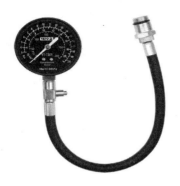

图 6-38 燃油压力表

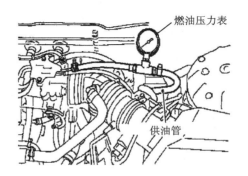

图 6-39 燃油压力表安装

测量燃油压力的步骤如下：
① 释放燃油压力；
② 拆开燃油滤清器和主供油管(发动机侧)之间的燃油软管；
③ 安装压力表到燃油压力检查接头上；
④ 起动发动机,检查燃油是否泄漏；
⑤ 读取压力表上的数值。

在急速时:有真空管连接燃油压力约为 235 kPa(2.4 kg/cm^2);无真空管连接燃油压力约为 294 kPa(3.0 kg/cm^2)。

测量燃油压力时应特别注意如下几点：
① 确定固定夹螺栓没有接触到附近的其他零件。
② 按固定扭矩锁紧固定夹。
③ 勿在电气系统(如灯光、后窗除霜器、空调等)工作过程中检查燃油压力(燃油压力表可能指示出错误的数值)。
④ 燃油管路拆卸后恢复时,须使用新的固定夹。

习 题

1. 汽车故障诊断的诊断方法包括哪些？
2. 汽车诊断常用的检测诊断设备有哪些？
3. 常用的解码仪分为哪两类？
4. 冷车起动困难的故障诊断思路是什么？

项目 7 电控自动变速器

自动变速器是在汽车行驶过程中,驾驶员仅仅操纵油门踏板,汽车就可以根据行驶阻力(车速高低、地面坡度大小等)和节气门开度大小自动变换挡位改变车速的变速器。

1. 自动变速器的特点

（1）优　点

自动变速器相比于手动变速器的优点体现在以下几方面：

① 操纵简化、省力　装有自动变速器的汽车取消了离合器踏板,但控制发动机供油的油门踏板仍然保留,即该汽车只有刹车踏板和油门踏板,可使动作大大简化,降低了驾驶员的劳动强度。

② 提高了行车安全性　由于操作简化,驾驶员可集中精力观察地面情况、交通情况,掌握好方向,极大地提高行车安全性。

③ 乘坐舒适性好　自动变速器可将发动机的转速控制在一定范围内,避免发动孔急剧变化,有利于减小发动机的振动和噪声；自动变速器具有专门的控制系统,可实现平稳换挡；此外,液力传动本身还能吸收和减弱换挡过程中的冲击。以上均可改善车辆的乘坐舒适性。

④ 机件的使用寿命长　自动变速器采用液力元件,可以平缓增减动力；自动换挡避免了粗暴换挡所产生的冲击和动载,故传动零件的使用寿命较长。据统计,装有自动变速器的车辆在最坏地段行驶时,传动轴上最大扭矩振幅只相当于手动换挡机械变速器的 20%～40%,原地起步时扭矩峰值相当于机械式变速器的 50%～70%。因此,可使发动机的寿命提高 1.5～2 倍,而且自动变速器的寿命比机械式变速器高 2～3 倍,其他传动零件的寿命也可提高 1.5～2.5 倍。

⑤ 改善车辆动力性能　主要表现在提高起步加速性、功率利用及平均车速等方面。自动变速器由于液力变矩器的变矩性能及连续自动换挡特点,极大地提高起步加速性；自动换挡过程中传动系统传递功率中断,且设有手动换挡以减小供油操作,以及自动换挡可时刻保证发动机功率得到充分的利用,所以自动换挡具有良好的加速性能,提高了行驶的平均速度。试验统计资料表明,装有自动变速器的公共汽车,起步加速至 20 km/h 的车速所需时间比手动机械式变速器缩短 20%,而加速至 40 km/h 车速时,则可缩短 10% 的时间,因此可使车辆平均车速提高。

⑥ 改善车辆的通过性　由于自动变速器绝大多数都是液力传动,再加以自动控制换挡,便显著改善了车辆的通过性,使车辆能以较高的平均行驶速度通过雪地、松软路面。

⑦ 空气污染降低　在手动换挡变速器中,由于换挡过程中供油量会急剧变化,使发动机转速的变化较大,导致燃油燃烧不充分,使得发动机有害气体的排放量增加,加重空气污染。使用自动变速器,由于液力传动和自动换挡技术,发动机可限制在污染较小的转速范围内工作,减少了发动机有害物质的排放量,有利于社会环境卫生。

（2）缺　点

自动变速器优点很多,但同时也有一定的缺点,主要缺点大致包括以下两点：

① 结构比较复杂，制造精度要求较高，重量增加，成本较高。通常安装有自动变速器的小轿车，其价格上升 10% 左右。

② 传动效率低，这主要是由液力传动造成的。一般液力传动效率最高可达 86%~90%，机械传动效率则为 100%。

此外，自动变速器由于结构复杂，在维修、故障分析处理方面比较复杂。

2. 自动变速器的分类

(1) 按结构不同分类

① AMT 电控机械自动变速器，是在普通人工换挡机械式变速器基础上用电子控制操作机构替代人工换挡的机构，此自动换挡机构也称为换挡机械手。这种变速器具有传动效率高、结构简单等优点，但是换挡过程不可避免存在动力中断。因此起步和换挡必然不够平稳且冲击较大。

② AT 液力自动变速器，是由液力变矩器、行星齿轮机构和液压操纵系统组成的自动变速箱，通过液力传递和齿轮组合的方式来达到变速变矩，故该自动变速器传动效率低，动力损耗大，比较费油。但由于这种变速器是通过液力传递扭矩，换挡过程中冲击较小，传递平稳，是目前自动变速器的主流。

③ CVT 机械式无级变速器，是以两个可改变直径的传动轮，中间套上传动钢带实现传动的，该变速器可在相当宽的范围内实现无级变速，从而获得传动系与发动机工况的最佳匹配，所以理论上燃油经济性是最好的，但由于 CVT 的钢带式传动效率低于传统手动的齿轮传动机构，故该变速器不是最省油的变速器。由于受到钢带强度的限制，该变速器不能用于较大扭矩的传递中，所以如果发动机扭矩较大(大于 300 N·m)时，并不适用。

④ DCT 或 DSG 双离合器变速器，是一个由两组离合器片集合而成的双离合器装置，由电子控制系统及液压装置同时控制两组离合器及齿轮组的动作。一个多片式离合器连接 1、3、5 挡和倒车挡，另一个多片式离合器连接的是 2、4、6 挡。在某一挡位时，离合器 1 双离合器其中一个结合，一组齿轮啮合输出动力，在接近换挡时，下一组挡段的齿轮已被预选，而与之相连的离合器 2(双离合器中的另一个)仍处于分离状态；在换入下一挡位时，处于工作状态的离合器 1 分离，将使用中的齿轮脱离动力，同时离合器 2 啮合已被预选的齿轮，进入下一挡。两个多片式离合器的一合一闭几乎保持在同一时间内完成，整个过程只需要 0.2 s 的时间。

⑤ 手自一体变速器就是将汽车的手动换挡和自动换挡结合在一起的变速方式。最常见的大众 Tiptronic 系统，是在自动变速器的基础上加装了电子控制系统和液压装置。实际上是利用自动控制部分来模拟人工的换挡工作。

(2) 按自动变速器前进挡位数分类

自动变速器按前进挡的挡数不同，可分为 4 挡、5 挡、6 挡、7 挡、8 挡和 9 挡自动变速器。现代轿车常用的是 4 个前进挡，当挂前进挡(D)时，随车速升高逐级从低到高升挡(即 1、2、3、4 挡)，4 挡是超速挡。大众、奥迪常用的 Tiptronic6 自动变速器由日本爱信公司生产，有 6 个前进挡。ZF 采埃孚集团推出了 9 速自动变速箱，用于路虎新款极光、JEEP 自由光。挡位越多，换挡速度越快、越平顺，但变速器的构造越复杂，成本越高。大部分普通轿车多采用 4~6 挡，豪华车才采用 7 挡以上的变速器。

任务7.1 电控自动变速器结构与原理

本任务重点是 AT 液力自动变速器,由液力变矩器、行星齿轮变速机构和自动换挡控制系统组成。

电子控制自动变速器是通过各种传感器,将发动机转速、节气门开度、车速、发动机冷却液温度、自动变速器的油温度等参数转变为电信号,并输入计算机;计算机根据这些信号,按照设定的换挡规律,向换挡电磁阀、油压电磁阀等发出电子控制信号,换挡电磁阀和油压电磁阀再将计算机的电子控制信号转变为液压控制信号,阀体中的各个控制阀根据液压控制信号,控制换挡执行机构动作,实现自动换挡,如图 7-1 所示。

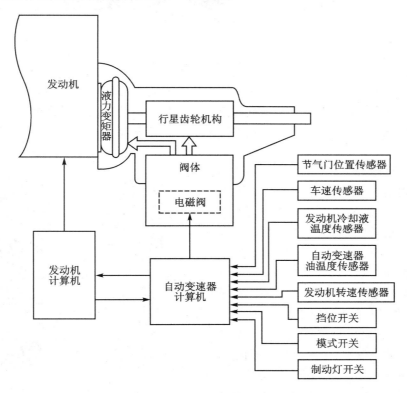

图 7-1 电子控制自动变速器控制过程原理

7.1.1 液力变矩器

液力变矩器由泵轮、涡轮和导轮三个基本部件组成(见图 7-2)。

1. 液力变矩器的工作原理

变矩器壳体与发动机飞轮通过螺栓连接,壳体和泵轮焊接成一体。因此,壳体与泵轮随发动机转动,作为动力输入。当泵轮转动时,在离心力的作用下,液体从中央甩到泵轮的边缘。

液体从泵轮外缘甩出,撞击到涡轮的外边缘,产生的冲击力使涡轮转动。涡轮与行星齿轮变速机构的输入轴通过花键相连,当涡轮旋转时,动力输入到行星齿轮变速机构。

泵轮和涡轮之间的传动力为液力传动,液力传动是柔性传动,允许汽车在运行时制动。汽

图 7-2 液力变矩器的组成

车在等待红灯或者堵车时,若挂 D 挡或踩刹车,使制动器锁止驱动轴(即锁止蜗轮),此时发动机飞轮和变矩器壳体及泵轮依旧在旋转。泵轮和涡轮之间的油液快速摩擦,使变矩器油温迅速上升,油温过热对自动变速器造成损害,这是变速器常见的故障原因。建议把挡杆置于"N"挡。

导轮位于泵轮和涡轮之间,通过中间的单向离合器内的花键和固定轴相连,固定轴与变速器壳体连接,该连接方式允许导轮在一个方向自由旋转,而在另一个旋转方向则锁止。导轮主要是改变液流方向,在某些工况下具有增大扭矩的功能。图 7-3 所示为变矩器中三个叶轮间液体的流动关系。

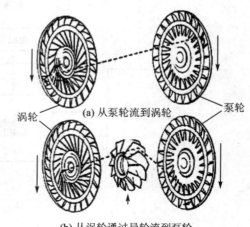

图 7-3 变矩器输出扭矩增大原理

2. 锁止式液力变矩器的控制原理

变矩器靠液压油传递动力属于"软连接",具有换挡冲击较小,系统运行平顺优点,但涡轮转速始终低于泵轮,而油液流动需要消耗能量,故传递效率低。低速时该连接以油耗换得换挡平顺,高速时若无需换挡时则油耗较高。所以系统中设计了锁止离合器。

锁止离合器的作用包括以下几点:

① 当汽车行驶阻力小,发动机转速较高,此时不需要增扭,锁止离合器将变矩器的泵轮和涡轮锁住,可提高传动效率,节油 5% 左右。

② 当汽车行驶阻力大,发动机转速降低,此时锁止离合器分离,实现增扭。低速时"软连接",提高汽车起步和坏路面的加速性;高速时"硬连接",提高传动效率,降低燃油消耗。

锁止式液力变矩器的工作状态由传动液 ATF 的流向进行控制,如图 7-4 所示。锁止离合器的控制油道分为内油道 A 和外油道 B。

汽车低速行驶时,传动液 ATF 由变速器输入轴的中心油道(内油道 A)流入锁止压盘左侧,如图 7-4(a)所示,锁止压盘在油压作用下向后移动,离合器处于分离状态。此时传动液由变速器轴的中心油道(内油道 A)流入,经变矩器从外油道 B 流出至冷却器冷却。

汽车高速行驶时,传动液 ATF 反向流动,锁止压盘左侧压力降低,压盘右侧为变矩器油压,压盘左移压在变矩器壳体上,离合器接合,使涡轮泵轮合成一体,动力直接由壳体经压盘传给涡轮,效率为 100%。

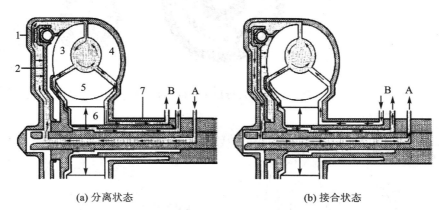

(a) 分离状态　　　　　　　　　(b) 接合状态

1—变矩器前盖;2—锁止压盘;3—涡轮;4—泵轮;5—导轮;6—锁止离合器;7—输出轴;
A—内油道;B—外油道

图 7-4　锁止式液力变矩器的控制原理

7.1.2　行星齿轮变速机构

通常所说的 4 速变速器是指 4 个前进挡,4 个前进挡有 4 个传动比,改变传动比通过齿轮机构实现。和手动变速器类似,自动变速器也有齿轮机构,为了满足结构紧凑和多挡位要求,自动变速器选用了行星齿轮变速机构。

行星齿轮机构的结构特点如下:

行星齿轮机构:在齿轮机构中,有一个太阳轮,周围有多个行星齿轮围绕太阳轮转动,齿圈依靠行星架固定位置关系,最外围是齿圈,固定行星轮,也可以旋转。

单排行星齿轮机构的结构如图 7-5 所示,由太阳轮、内齿圈(简称齿圈)、行星架和行星轮组成。行星齿轮机构啮合关系如图 7-6 所示。

行星齿轮机构按照齿轮排数不同,可以分为单排行星齿轮机构和多排。多排行星齿轮机构一般由几个单排行星齿轮机构组成。在自动变速器中一般用 2~3 个单排行星齿轮机构组成一个多排行星齿轮机构。

单排行星齿轮有 3 个运动件(太阳轮、齿圈、行星架),和外界相连传递运动,运动的方式包括以下 3 种。

① 固定一个,一个主动、一个被动。
② 任意两个联成整体主动,第三个被动。
③ 不固定,一个主动,另一个被动。

例如:行星架固定,太阳轮主动,齿圈被动。设太阳轮齿数 $Z_1=24$,齿圈齿数 $Z_2=56$,则

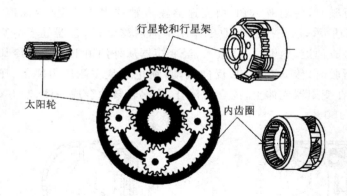

图 7-5 单排行星齿轮机构的结构

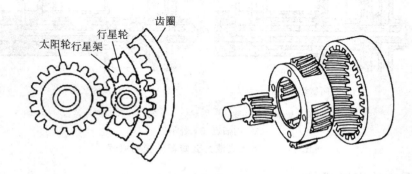

图 7-6 行星齿轮机构啮合关系

传动比 $i=\dfrac{n_1}{n_2}=\dfrac{Z_2}{Z_1}=2.33$。

可以看出,传动比仅和齿数有关,已知齿数、主动件和从动件,可求出传动比。

比较特殊的是行星架的齿数,由于行星齿轮绕自身旋转的同时还要绕太阳轮公转,所以行星架的齿数等于太阳轮齿数和齿圈齿数之和,即 $Z_3=Z_1+Z_2=80$,这样方便计算。

综上,如果齿圈固定,太阳轮主动,行星架从动,传动比 $i_{13}=\dfrac{n_1}{n_3}=\dfrac{Z_3}{Z_1}=3.33$。

反过来,如果齿圈固定,行星架主动,太阳轮从动,传动比 $i_{31}=\dfrac{n_3}{n_1}=\dfrac{Z_1}{Z_3}=0.30$。单排行星齿轮机构的运动可以如表 7-1 所列。

表 7-1 单排行星齿轮机构的运动规律

序号	固定件	主动件	从动件	传动比 i	工作状态	挡位应用
1	内齿圈	太阳轮	行星架	$i_{13}=\dfrac{n_1}{n_3}=3.33$	减速传动低挡	一挡
2		行星架	太阳轮	$i_{31}=\dfrac{n_3}{n_1}=0.30$	超速传动	未被采用

续表 7-1

序号	固定件	主动件	从动件	传动比 i	工作状态	挡位应用
3	太阳轮	内齿圈	行星架	$i_{23} = \dfrac{n_2}{n_3} = 1.43$	减速传动高挡	二挡
4		行星架	内齿圈	$i_{32} = \dfrac{n_3}{n_2} = 0.70$	超速传动	超速挡
5	行星架	太阳轮	内齿圈	$i_{12} = \dfrac{n_1}{n_2} = -2.33$	反向减速传动	倒挡
6		内齿圈	太阳轮	$i_{21} = \dfrac{n_2}{n_1} = -0.43$	反向超速传动	未被采用
7	三个元件中任意两个联成一体,第三元件与前两元件等速			$i = 1$	直接传动	三挡
8	所有元件不受约束			自动转动	失去传动作用	空挡

注:负号表示从动件与主动件方向相反。

单排行星齿轮传动比有限,无法满足要求,实际自动变速器往往需要 2~3 排前后放置,动力依次传递,常见的变速器有辛普森式和拉威娜式。

7.1.3 换挡执行机构

在行星齿轮机构中,一个零件在某些挡位是运动件,挡位改变后又变成了固定件,这种转换就要依靠自动变速器的换挡执行机构。

换挡执行机构有换挡离合器(简称离合器)、换挡制动器(简称制动器)和单向离合器三种。

1. 离合器

在自动变速器中,换挡离合器的功用是将行星齿轮变速机构的输入轴与行星排的某一个元件或将行星排的某两个元件连接成一体,用以实现变速传动。离合器接合可以传递动力,离合器断开则会切断动力。目前采用的离合器有单向离合器与片式离合器两种,制动器有片式制动器和带式制动器两种。

片式离合器是利用传动液 ATF 压力来推动活塞移动,使离合器片接合的离合器,故又称为活塞式离合器。

(1) 片式离合器的结构特点

自动变速器采用的片式离合器的零部件组成如图 7-7 所示,主要由离合器毂、活塞、复位弹簧、离合器片等组成。在离合器毂的内圆有若干个键槽,用于安放离合器片。离合器片由若干主动片(钢片)和从动片(摩擦片)组成。主动片与主动件相连,从动片与从动件相连,主动件和从动件都是运动件。在离合器片的外圆或内圆上有若干个凸缘,以便与离合器毂或花键毂连接并传递动力。

(2) 片式离合器的工作原理

片式离合器的工作过程如图 7-8 所示,输入轴为主动件,驱动齿轮与输入轴制成一体,离合器毂为从动件,主动片内圆的凸缘安放在驱动齿轮的键槽中,从而实现滑动连接。主动片既

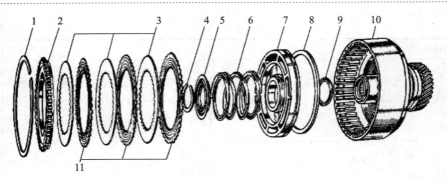

1—卡环；2—压盘；3—主动钢片；4—小卡环；5—弹簧座；6—复位弹簧；7—活塞；
8—活塞外缘密封圈；9—活塞内缘密封圈；10—离合器毂；11—从动片

图 7-7 片式离合器零部件组成

能随驱动齿轮转动，又能做少量轴向移动。

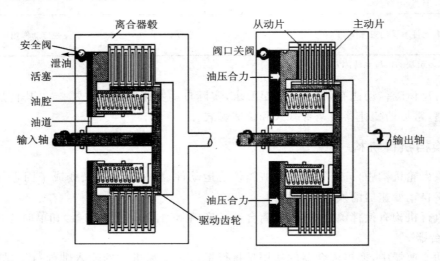

图 7-8 片式离合器工作原理

2. 制动器

换挡制动器是换挡执行机构中的锁止元件，其功用是锁定行星排中的任意一个或两个元件，以便实现变速传动。换挡制动器分为片式制动器和带式制动器两种。

（1）片式制动器

片式制动器的结构原理与片式离合器基本相同，仅零部件的名称有所不同。片式离器的离合器毂、离合器片在制动器上分别称为制动器毂和制动器（制动器包括主动钢片和从动摩擦片）。当液压控制系统的传动液使活塞移动时，主动片与从动片紧压在一起，使制动器连接的行星排元件（运动件）与变速器壳体（固定件）锁定，从而实现制动效果。

（2）带式制动器

带式制动器由制动带及其伺服装置（即控制油缸）组成。

① 制动带　制动带是内表面镀有一层摩擦材料的开口式环形钢带，有刚性和挠性之分，都是依靠内表面摩擦制动毂工作的。低挡、倒挡制动带采用金属摩擦材料，保证足够的制动力矩；高挡制动带采用有机材料。

② 伺服装置　伺服装置分为直接作用式和间接作用式两种。直接作用式如图7-9所示，不工作时，活塞在弹簧作用下右移到极限位置。工作时，液压油从油道进入活塞右侧，推动活塞克服弹簧力左移，制动带将制动毂（转鼓）抱死，此时与制动毂相连接的元件便处于锁止状态，完成制动。

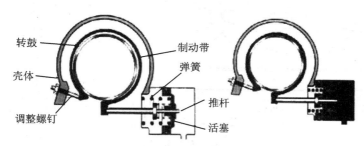

图7-9　带式制动器的工作原理

3. 单向离合器

单向离合器使某元件按一定方向旋转，而另一方向则锁止。执行机构和液力变矩器的导轮里都装有单向离合器。

单向离合器有滚柱斜槽式和楔块式，如图7-10、图7-11所示。

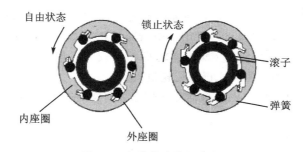

图7-10　滚柱式单向离合器

图7-11　楔块式单向离合器

7.1.4　停车锁止机构

停车挡（P挡）和空挡（N挡）变速器都没有输出，区别在于处于停车挡时自动变速器锁止输出轴实现驻车（停车），此时如果汽车在坡道上，不会溜车。停车锁止机构的结构如图7-12(a)所示，主要由停车棘爪、停车齿圈和锁止杆等组成。

停车棘爪上有一个锁止凸齿，一端支承在变速器壳体的支承销上，且可绕支承销转动锁止杆的一端制作成直径大小不同的圆柱杆，如图7-12(b)所示，另一端经连杆机构与选挡操作手柄连接。

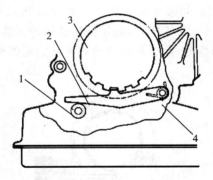

(a) 机构组成 (b) 锁止杆结构

1—锁止杆；2—停车棘爪；3—停车齿圈；4—复位卡簧

图 7-12 停车锁止机构

7.1.5 典型行星齿轮自动变速器

单排行星齿轮机构所提供的实用传动比数量有限，为了提高车辆的动力性和改善经济性，须进一步扩大行星齿轮机构的变速范围和缩小传动比间隙，所以汽车采用多排行星齿轮，即复合行星齿轮。

复合行星齿轮的组合形式有两种：一种是两排行星齿轮共用一个太阳轮的辛普森式行星齿轮机构；另一种是两排行星齿轮机构共用一个齿圈的拉威娜式行星齿轮机构。拉威娜式机构用于大众车系，传动比变化范围宽（即传递转矩相对较大），但结构较复杂，传动效率较低。市场上大部分车型采用的是辛普森式行星齿轮机构。

如图 7-13 所示，丰田 A341E 型自动变速器采用了超速排行星齿轮、前排行星齿轮和后

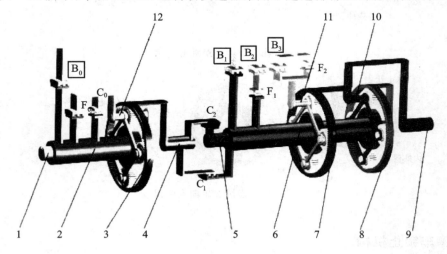

1—输入轴；2—超速排太阳轮；3—超速排齿圈；4—前传动轴；5—后传动轴；6—太阳轮；7—前排齿圈；
8—后排齿圈；9—输出轴；10—后排行星架；11—前排行星架；12—超速排行星架；B_0—超速制动器；
B_1—1号制动器；B_2—2号制动器；B_3—3号制动器；C_0—超速离合器；C_1—1号离合器；
C_2—2号离合器；F_0—超速单向离合器；F_1—1号单向离合器；F_2—2号单向离合器

图 7-13 丰田 A341E 自动变速器行星齿轮变速系统

排行星齿轮共三排行星齿轮机构,同时利用4个制动器、3个离合器、3个单向离合器共10个换挡执行机构控制换挡过程。

当选挡操纵手柄处于不同位置时,A341E型电控液压式自动变速器各换挡执行元件的工作情况如表7-2所列。当选挡操纵手柄拨到P位时,C_0、B_3、F_0投入工作。在电子控制系统和液压控制系统的控制下,超速离合器C_0因油路接通而接合,C_0的接合使超速太阳轮和超速行星架连锁,将超速行星排连成一体,由于C_1、C_2等其他换挡元件不工作,因此,超速行星排空转,辛普森式行星排不传递动力,变速器处于空挡。此时停车锁止机构工作,将变速器输出轴锁止而不能转动,汽车处于驻车工况。

表7-2 A341E型自动变速器各挡位与换挡执行元件的工作情况对照表

手柄位置	挡位	C_0	C_1	C_2	B_0	B_1	B_2	B_3	F_0	F_1	F_2
P	驻车挡	○						○	○		
R	倒挡	○		○				○	○		
N	空挡	○							○		
D	1挡	○	○						○		○
D	2挡	○	○				○		○	○	
D	3挡	○	○	○			○		○		
D	4挡		○	○	○		○				
2	1挡	○	○						○		○
2	2挡	○	○			○	○		○		
L	1挡	○	○					○	○		○

当选挡操纵手柄拨到"D"位时,如果发动机负荷很小或行驶阻力很大,电子控制系统和液压控制系统将自动接通该位置第一挡控制油路,使换挡元件C_0、C_1、F_0、F_2投入工作,如图7-14所示。

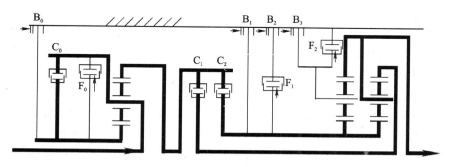

图7-14 丰田A341E自动变速器"D"位1挡传动路线

此时C_0、C_1接合,F_0、F_2锁止;

动力传递路线有两条:

1. 液力变矩器→C_0→超速行星排齿圈→C_1→后排齿圈→后行星轮→后行星架→输出轴;
2. 液力变矩器→C_0→超速行星排齿圈→C_1→后排齿圈→后行星轮→太阳轮→前行星轮→前排齿圈→输出轴。

任务 7.2　变速器控制系统

7.2.1　电子控制系统的功能

自动变速器电子控制系统的主要功能如下：

① 自动控制换挡功能　是指电子控制系统根据汽车车速和发动机负荷变换，自动控制变速器换挡时机和液力变矩器锁止时机，使汽车获得良好的动力性和燃油经济性。

② 失效保护功能　是指电子控制系统的部分重要部件（如电磁阀、车速传感器）或其线路失效时，控制系统能继续控制变速器排入部分挡位，使汽车继续行驶。

③ 故障自诊断功能　是指车速传感器和电磁阀等控制部件或其线路发生故障时，控制系统将故障部位编成代码存储在存储器中，以便维修时参考；与此同时，使控制超速切断指示灯闪烁输出故障代码。

7.2.2　换挡部件的结构原理

1. 节气门位置传感器 TPS

在电子控制自动变速系统中，节气门位置传感器的功用是将发动机负荷（对应于节气门开启角度）转换为电压信号输入 ECU，作为确定变速器换挡时机（换挡点）和变矩器锁止时机的主要信号之一。

2. 车速传感器 VSS

在自动变速控制系统中，车速传感器 VSS 的功用是将产生与车速成正比的频率信号并输入 ECU，作为确定变速器换挡时机和变矩器锁止时机的主要信号之一。

电子控制自动变速系统配装有主车速传感器（2 号车速传感器）和辅助车速传感器（1 号车速传感器），以便实现失效保护控制。

3. 选挡杆

变速器挡位图如图 7-15 所示。

P 位：停车锁止机构锁止变速器的输出轴，换挡执行机构使自动变速器位于空挡位置。

R 位：倒车挡，在汽车倒车时选用。

N 位：空挡，在发动机起动时选用。

D 位：前进挡，在汽车一般道路行驶时选用。可实现 1 挡、2 挡、3 挡和超速挡的传动。

2 和 1（或 L）位：前进低挡，在坡道或雨雪天路面较滑时使用。换挡手柄在 2 位时，自动变速器只能在 1 挡、2 挡之间自动变换；当换挡手柄在 1（或 L）位时，自动变速器被固定在 1 挡，这时汽车只能在 1 挡行驶。

4. 换挡规律（驱动模式）选择开关

换挡规律（或驱动模式）选择开关安装在组合仪表盘或选挡操纵手柄上（见图 7-16），以便驾驶员根据行驶条件选择不同的换挡规律。

汽车发动机节气门开度与车速（或变速器输出轴转速）之间的关系，称为换挡规律（或驱动模式）。电子控制自动变速系统常用的换挡规律有普通型（Normal Mode，NORM）、动力型（Power Mode，PWR）和经济型（Economy Mode，ECON）三种。如果自动变速系统只提供普通型与动力型两种,那么其普通型换挡规律就相当于经济型换挡规律。

图 7-15 变速器挡位图

图 7-16 换挡规律(驱动模式)选择开关

不同换挡规律的区别在于换挡时机不同,相同的节气门开度升挡时对应的变速器输出轴转速(即车速)不同。

(1) 普通型换挡规律(NORM)

普通型换挡规律是指动力性和燃油经济性介于经济型与动力型之间的换挡规律,曲线如图 7-17 所示。普通型换挡规律适用于一般驾驶条件下选用,以便兼顾汽车的动力性和经济性。

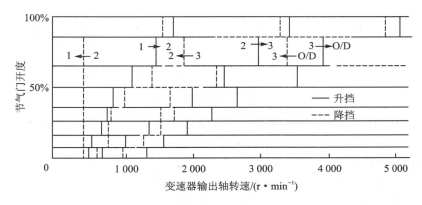

图 7-17 普通型 NORM 换挡规律曲线

(2) 动力型换挡规律(PWR)

动力型换挡规律是指汽车以获得最大动力为目的的换挡规律,曲线如图 7-18 所示。从图中可以看出,相同的节气门开度若升挡则车速较高,即汽车多以低挡位运行,从而获得较强的动力,但对应的油耗较高。

动力型换挡规律适用于坡道和山区驾驶,通过改变变速器换挡时机和变矩器锁止时机,充分利用液力变矩器增加转矩的功能来提高汽车的动力性。

(3) 经济型换挡规律(ECON)

经济型换挡规律是指汽车以获得最佳燃油经济性为目的的换挡规律,曲线如图 7-19 所示。从图中可以看出,相同的节气门开度车速较低即升挡,即汽车多以高挡位运行,从而使发

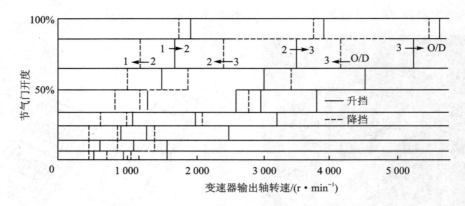

图 7-18 动力型 PWR 换挡规律曲线

动机转速较低,对应的油耗较低。

因为经济型换挡规律是以提高燃油经济性为目的,汽车基本上都是以经济车速行驶,所以特别适用于道路条件良好的城市和高速公路行驶时选用。

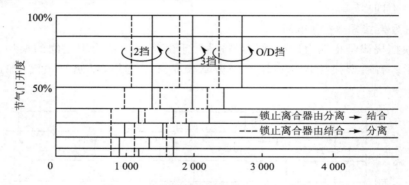

图 7-19 经济型换挡规律(ECON)曲线

另外要注意升降挡是不同的曲线,这样可以避免在某一节气门时由于路况、风向等原因导致车速变化进而带来频繁升降挡,增加油耗、损坏变速器。

5. 超速(O/D)开关

超速(Over-Drive)开关通常称为 O/D 开关,其功用是控制自动变速器能否升到超速挡(即 O/D 挡)行驶。O/D 开关一般为按钮式开关,设在选挡手柄上。同时在组合仪表盘上设有相应的指示灯,称为超速切断(O/D OFF)指示灯,该指示灯受 O/D 开关控制,控制电路如图 7-20 所示。

另外,当变速器控制系统发生故障时,O/D OFF 指示灯闪亮报警。

6. 空挡启动开关(NSW)

空挡启动开关(Neutral Start Switch,NSW)是一个由选挡操纵手柄控制的多位多功能开关,结构与电路如图 7-21 所示。

➢ 当选挡操纵手柄拨到 P 挡或者 N 挡时,起动继电器线圈电路才能接通,发动机才能起动,同时接通挡位指示灯电路。

➢ 当选挡操纵手柄拨到 D 挡时,变速器可由 1 挡升至最高挡。

➢ 当选挡操纵手柄拨到 2 挡时,变速器可由 1 挡升至 2 挡。

> 当选挡操纵手柄拨到 L 挡或 1 挡时,变速器被锁止在 1 挡。

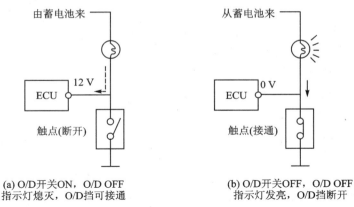

图 7-20 O/D 开关与 O/D OFF 指示灯电路

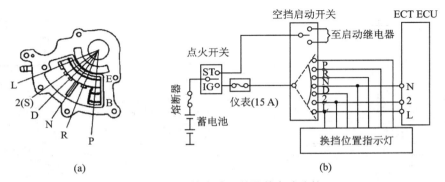

图 7-21 空挡启动开关及其电路连接

7. 制动灯开关

制动灯开关安装在制动踏板下面的支架上。当驾驶员踩下制动踏板时,制动灯开关接通,制动灯亮,制动灯开关信号输入端子 STP(或 BK)向 ECT ECU 输入一个高电平(电源电压)信号。当 ECT ECU 从 STP(或 BK)端接收到高电平信号时,立即发出解除液力变矩器锁止指令,使锁止离合器分离。其目的是在车轮抱死制动时,防止发动机突然熄火。

8. 驻车制动灯开关

驻车制动灯开关又称为停车制动灯开关,受驻车制动手柄控制。当驻车制动手柄放松时,停车制动开关断开,制动报警灯熄灭,驻车制动灯开关信号输入端子 PKB 向 ECT ECU 输入一个高电平(12 V)信号。ECT ECU 接收到这一信号后,在起步和换挡时,将控制减少车尾的下坐量。当驾驶员拉紧驻车制动手柄制动时,停车制动开关接通,制动报警灯点亮,ECT ECU 的 PKB 端将接收到一个低电平(0 V)信号,此信号反馈至 ECT ECU 驻车制动手柄已经拉紧。

9. 执行机构

执行器的功用是根据 ECT ECU 的控制指令,完成自动换挡和变矩器锁止动作。电子控制系统的直接执行器是电磁阀。利用电磁阀改变油路和油压,从而使液压控制系统的换挡阀、换挡离合器与制动器、变速齿轮机构、锁止信号阀、锁止继动阀、锁止离合器等动作。电磁阀接收电子控制单元 ECT ECU 的控制指令后,控制液压控制系统各执行器完成自动换挡和变矩器锁止任务。

电磁阀有开关式电磁阀、一种是脉冲式电磁阀两种。

(1) 开关式电磁阀

开关式电磁阀用于开启和关闭变速器油路,主要用于控制换挡阀。该电磁阀只有两种工作状态:全开或全关,由电磁线圈、衔铁及阀芯等组成,如图 7-22 所示。当线圈不通电时,阀芯被油压推开,打开泄油孔,该油路的压力经电磁阀卸荷,油路压力为零;当线圈通电时,电磁力使阀芯左移,关闭泄油孔,油路压力上升。

(2) 脉冲式电磁阀

脉冲式电磁阀用于控制油路中油压的大小。该电磁阀通过改变脉冲信号占空比来改变电磁阀开启和关闭的时间比例,达到控制油路压力的目的。结构如图 7-23 所示,与开关电磁阀相似,但控制信号是一个频率固定的脉冲电信号。电磁阀在脉冲电信号的作用下反复地开启和关闭泄油孔,ECU 通过改变脉冲的宽度(或占空比),来改变电磁阀开启和关闭的时间比例,从而达到控制油路压力的目的。

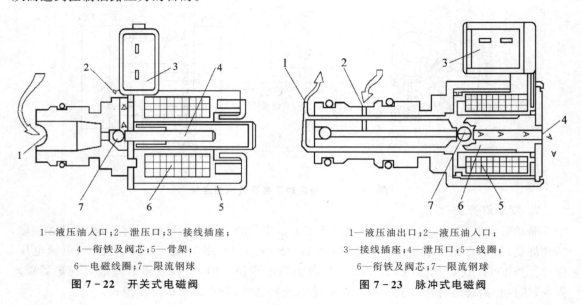

1—液压油入口;2—泄压口;3—接线插座;
4—衔铁及阀芯;5—骨架;
6—电磁线圈;7—限流钢球

图 7-22 开关式电磁阀

1—液压油出口;2—液压油入口;
3—接线插座;4—泄压口;5—线圈;
6—衔铁及阀芯;7—限流钢球

图 7-23 脉冲式电磁阀

7.2.3 电子控制的方式

1. 换挡时机的控制原理

换挡时机是指变速器自动切换挡位(即速比)的时机,又称为换挡点。换挡时机的控制过程如图 7-24 所示。

当驾驶员将选挡操纵手柄拨到 D、2 或 L 位置时,ECU 从空挡启动开关接收到一个表示选挡手柄位置的信号。此时 ECU 根据换挡规律选择开关信号在换挡规律 MAP 中选择相应的换挡规律(即前面的普通、动力、经济三种),然后根据节气门位置传感器信号和车速传感器信号确定变速机构的升挡时机或降挡时机。当升挡或降挡时,ECU 立即向 No.1 和 No.2 换挡电磁阀发出通电或断电指令,控制换挡阀动作。换挡阀阀芯移动时,则接通或关闭行星齿轮变速机构中换挡离合器和制动器的控制油路,使元件动作,实现升挡和降挡。

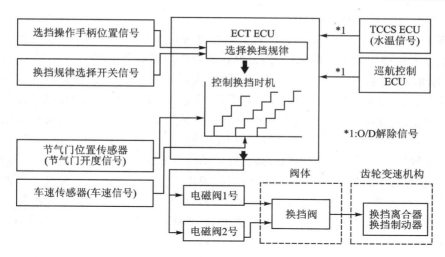

图 7-24 ECT 换挡时机的控制过程

2. 锁止时机的控制原理

（1）锁止时机的控制过程

锁止时机控制是指何时锁止液力变矩器，将发动机动力直接传递到变速器，从而提高传动效率，并改善燃油经济性。

液力变矩器锁止时机的控制过程如图 7-25 所示。

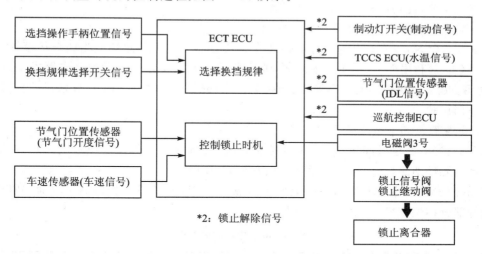

图 7-25 ECT 变矩器锁止时机的控制

当汽车在高速行驶时，为提高行驶速度和燃油经济性，锁止离合器接合，使变矩器的输入轴和输出轴成为刚性连接。锁止时驾驶员将选挡操纵手柄位于 D 位置，节气门开度较大，车速较高，ECU 立即向 No.3 锁止电磁阀发出通电指令，控制锁止信号阀和锁止继动器动作，使控制油路中的锁止离合器锁止。

当自动变速器升挡或降挡以及在其他条件下需要解除液力变矩器锁止状态时，ECT ECU 将向电磁阀 3 号发出断电指令，并通过锁止信号阀和锁止继动阀切换锁止离合器油路，使液力变矩器解除锁止状态。

(2) 解除液力变矩器锁止状态的条件

在出现下列情况之一时，ECT ECU 将向锁止电磁阀 3 号发出断电指令，并通过锁止信号阀和锁止继动阀切换锁止离合器油路，强制解除液力变矩器的锁止状态。

① 当制动灯开关接通时　当制动踏板踩下时，ECU 接收到此信号后，立即发出解除液力变矩器锁止状态指令，以便制动器制动将车速降低，并防止发动机在驱动轮抱死制动时突然熄火。

② 当节气门位置传感器 TPS 怠速触点闭合表示节气门完全关闭时　当发动机怠速或汽车急减速行驶时，TPS 怠速触点接通，IDL 端子向 ECU 输入一个高电平信号。此时 ECT ECU 向 3 号电磁阀发出解除变矩器锁止状态指令，防止在驱动轮不转或抱死时导致发动机突然熄火。

③ 当巡航控制 ECU 向 ECT ECU 发出解除锁止信号时　当使用巡航控制功能使汽车巡航行驶时，若因行驶条件（如坡道阻力、迎风阻力、路面阻力等）使实际车速降低到低于巡航控制系统预先设定的车速 4 km/h 时，巡航控制 ECU 向 ECT ECU 发出解除锁止信号，以便解除巡航控制状态。

④ 当发动机冷却液温度低于 60 ℃时　当冷却液温度低于 60 ℃时，发动机 ECU 向 ECT ECU 发出解除锁止信号，ECT ECU 强制解除变矩器锁止状态，以便发动机加速预热达到正常工作温度。

3. 失效保护控制

车速传感器和电磁阀是 ECT 电控系统的重要部件。当电磁阀或车速传感器及其电路出现故障时，ECT ECU 利用其备用功能，配合选挡操纵手柄和手控阀工作，使汽车继续行驶到维修站进行维修，此功能称为失效保护功能。

(1) 车速传感器及其电路失效保护功能

在 No.1 和 No.2 车速传感器中，No.1 车速传感器为备用传感器。当两个传感器均正常工作时，ECU 只利用 No.2 车速传感器控制换挡；当 No.2 车速传感器或其电路发生故障时，ECU 利用 No.1 车速传感器控制换挡；当两个传感器都发生故障时，ECU 无法进行控制，汽车只能在一挡行驶。

(2) 电磁阀及其电路失效保护功能

当 No.1、No.2 电磁阀正常时，ECU 控制 No.1、No.2 电磁阀通电或断电，即可控制换挡阀切换换挡元件油路，使变速器可以从一挡升至 O/D 挡。

当 No.1、No.2 电磁阀中的某一只发生故障时，ECU 仍能继续控制另一只通、断电，使变速器进行部分挡位变换，如表 7-3 所列。

表 7-3　No.1、No.2 电磁阀失效保护功能表

挡位	正常状态			No.1 电磁阀故障			No.2 电磁阀故障			No.1、No.2 电磁阀故障	
	传动挡位	电磁阀		传动挡位	电磁阀		传动挡位	电磁阀		传动挡位	手动操纵时换挡执行元件的排挡
		No.1	No.2		No.1	No.2		No.1	No.2		
D	一挡	通电	断电	×	通电	三挡	通电	×	一挡	O/D 挡	
	二挡	通电	×	通电	三挡	断电	×	O/D 挡	O/D 挡		
	三挡	断电	通电	通电	三挡	断电	×	O/D 挡	O/D 挡		
	O/D 挡	断电	断电	×	断电	O/D 挡	断电	×	O/D 挡	O/D 挡	

续表 7-3

挡位	正常状态			No.1电磁阀故障			No.2电磁阀故障			No.1、No.2电磁阀故障
	传动挡位	电磁阀		电磁阀		传动挡位	电磁阀		传动挡位	手动操纵时换挡执行元件的排挡
		No.1	No.2	No.1	No.2		No.1	No.2		
2或S	一挡	通电	断电	×	通电	三挡	通电	×	一挡	三挡
	二挡	通电	通电	×	通电	三挡	断电	×	三挡	三挡
	三挡	断电	通电	×	通电	三挡	断电	×	三挡	三挡
L	一挡	通电	断电	×	断电	一挡	通电	×	一挡	一挡
	二挡	通电	通电	×	通电	二挡	通电	×	一挡	一挡

注:"×"号表示失效。

如果 No.1、No.2 电磁阀都发生故障,则电子控制系统不能控制换挡,此时只能由手动操纵换挡。换挡操纵手柄按照表 7-3 所列的"No.1、No.2 电磁阀故障"挡位换挡。

任务7.3 变速器使用与试验

7.3.1 自动变速器使用注意事项

① 只有挡杆置于 P、N 位置时,方可起动发动机;在点火开关打开状态下,若想移除这两个挡位,必须先踏下制动踏板,同时按下手柄按钮,才可将排挡杆移入其他挡位。

② P 挡可作为手制动的辅助制动器,但不可替代手制动器。

③ 车辆被牵引时排挡杆须置于 N 位置,牵引时车速不可超过 50 km/h,牵引距离也不能超过 50 km,若需牵引更长的距离,需将驱动车轮升离地面。

④ 若自动变速器的控制单元因电气故障而导致其进入应急状态,此时只有 3、1、R 挡可以工作,切勿认为尚有挡位可用,就不去修理,应及时查明故障并排除,否则会损坏自动变速器内的多片离合器。

⑤ 自动变速器车无法用牵引或推动起动的方法起动发动机,因为 ATF 油泵不工作,自动变速器无法建立起正常的工作油压。

⑥ 在寒冷的冬季,行车前先起动发动机预热 1 min 后再挂挡行驶。

⑦ 自动挡车型不能 N 挡滑行。因为此时变速器输出轴转速很高,而发动机怠速运转,变速器油泵供油不足,润滑状况恶化,而且对变速器内部的多片离合器来说,虽然动力已经切断,但其被动片在车轮带动下高速运转,容易引起共振和打滑现象,产生不良后果。当下长坡确需滑行时,可将换挡杆保持在 D 挡滑行,但不可使发动机熄火。

⑧ 自动挡车型也可以控制换挡,操作口诀是"收油门提前升挡,踩油门提前降挡"。

7.3.2 P 挡和 N 挡的区别

P 挡和 N 挡的作用都是使发动机和车轮传动系统脱离运转。

在发动机停止运转时,挂 N 挡可以随意推动车辆。挂 P 挡时,利用机械锁销把传动轴锁固在变速器壳上。因此,若在 P 挡状态下行强拖动车辆,会造成自动变速器外壳的损坏,导致重大损失。

车辆只有在 P 挡时才能拔出点火开关钥匙。

7.3.3 自动变速器的起步和停车

自动挡汽车正确的驾驶方法是将变速杆放在 P 挡后起动发动机,而且一定要踩下制动踏板,方可由 P 挡转入其他挡位(各前进挡或倒车挡)。然后缓慢松开制动踏板,车辆就依选择方向慢慢起动。倒挡与前进挡的转换一定要在车辆停止状态下进行。需特别注意:绝对不能在车轮转动时挂入 P 挡。

若行驶中发动机突然熄火,则可在保证行驶安全的情况下小心将变速杆移至 N 挡,然后重新起动发动机,恢复正常运转。

停车的时候在车进入停车位置后,踩住刹车挂 N 挡,拉起手刹,松开脚刹然后熄火,最后再挂 P 挡拔钥匙。

7.3.4 自动变速系统的常规试验

1. 手动换挡试验

手动换挡试验一般是在读取故障代码和完成变速器基本常规检查后,由测试人员手动进行各挡位的试验。其基本试验过程如图 7-26 所示。

① 拔下自动变速器电控单元 ECU 线束插头或脱开电磁阀线束插头,这样电磁阀处于关闭状态;

② 手动操纵选挡手柄换挡,检查车辆行驶速度的变化;

③ 试验结束应插好 ECU 线束插头和电磁阀线束插头,并清除故障代码。

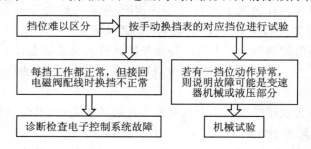

图 7-26 手动换挡试验流程

2. 失速试验

失速试验是指在 D 位或 R 位,发动机节气门全开,液力变矩器涡轮转速为零时,测试发动机转速的试验。

失速试验的目的是通过测量 D 挡和 R 挡位发动机的失速转速来检查发动机和变速器的全面功能。主要包括液力变矩器导轮和单向离合器功能,以及换挡离合器和制动器是否打滑等。

进行失速试验时应把变速器油温升到正常工作油温(50~80 ℃),每次连续试验时间不超过 5 s。具体试验流程如图 7-27 所示。

① 固定前后轮,拉紧停车制动器,将刹车踏板踩到底,起动发动机并预热;

② 换到 D 挡,将加速踏板迅速踩到底,读出稳定时发动机转速,立即松开油门;
③ 换到 R 挡,重复上述试验。

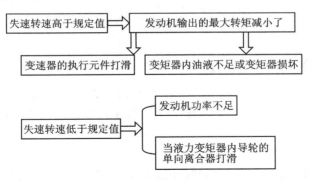

图 7-27　失速试验流程

3. 延时试验

当发动机处于急速时,将换挡杆换入前进挡位,拉手刹,从车辆静止到感到车辆振动会有一定的延时,该延时长短取决于变速器油路油压、密封情况、换挡离合器和制动器的磨损情况等。

延时试验的目的是检查各换挡离合器和制动器的摩擦盘工作效能以及油路密封等情况。

进行延时试验时,应把变速器油温升到正常工作温度。每次测试时间至少间隔 1 分钟以上,取 3 次测试的平均值,具体测试方法如下:

① 进行停车制动(拉紧手刹或踏停车制动);
② 起动发动机,在 N 挡(空挡)和关空调时检查和调整发动机至正常急速;
③ 将换挡杆从 N 位换到 D 位,同时按下秒表记时,当感到振动时,停在秒表记录时刻。
④ 间隔 1 分钟以后再测,共进行 3 次,取 3 次平均值,延时时间应不超过 1.2 s。
⑤ 将换挡杆推入 R 挡,作同样试验,延时时间应不超过 1.5 s。

延时过大主要由离合器和制动器磨损失效,或者因密封不良而导致的油路压力过低等原因造成的。

4. 油压测试

油压测试是在自动变速器工作时,通过测量液压控制系统各油路的压力来判断液压控制系统及电子控制系统各零部件的功能是否正常。

检查油泵、油压调节阀、节气门阀、油压电磁阀、调速阀及变速器油等的工作状况,是变速器性能分析和故障判断的主要依据。

油压测试也是先预热油温至正常工作温度,确认检查过油面高度、油质状况、换挡杆及节气门拉线已调整正常。

系统油压测试的一般方法如下:

① 检查油门踏板拉线的调整情况,必要时重新调整;
② 拆下变速器壳体上的油路压力测试螺塞,装上油压表;
③ 用三角木塞住前、后轮,将手制动器拉到底(刹车),起动发动机预热;
④ 在急速情况下,将变速杆拨入 D 位置,读出压力值;
⑤ 同时将油门踏板和制动踏板踩到底,即在失速情况读出压力值;

⑥ 变速杆拨入 R 位,重复上述试验。

任务7.4 变速器检修

7.4.1 传感器的检修

丰田汽车电控自动变速系统采用了1号、2号两只车速传感器。1号传感器有舌簧开关式、磁感应式和霍尔效应式三种。2号传感器大多数采用磁感应式,也有个别变速器采用舌簧开关式。

1. 1号车速传感器的检修

当自诊断测试结果出现42号故障代码时,应检修1号车速传感器具体操作如下:

① 将变速器外伸壳体上的1号车速传感器的电气接头断开,将电压表笔与传感器输出接头相连,如图7-28所示。

② 抬高并支起一个汽车前轮,转动车轮,观察电压表,电压值应从0 V变到11 V。

2. 2号车速传感器的检修

当自诊断测试结果出现61号故障代码时,应检修2号车速传感器。磁感应式车速传感器的检修方法如图7-29所示,具体操作如下:

① 检测断路和短路故障 通过检测其电

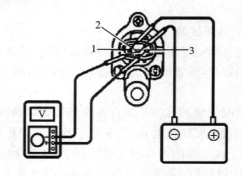

1—传感器电压输入端子;2—搭铁端子;3—电压输出端子

图7-28 1号车速传感器的检查

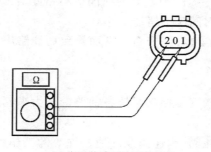

(a) 车速传感器的就车检查

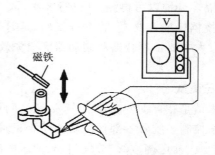

(b) 车速传感器的离车检查

图7-29 2号车速传感器的检查(磁感应式传感器)

阻值进行判断。

② 检测搭铁故障 将万用表的一只表笔连接传感器插座上任意一个端子,另一只表笔连接传感器壳体,正常阻值应为无穷大。

③ 检查传感器功能 将万用表挡位转换开关拨到交流电压挡,两只表笔分别连接传感器插座上的"1""2"端子,当用一块磁铁迅速靠近和离开传感器磁头时,万用表应指示3~5 V电压。

3. 节气门位置传感器的检修

一般检修内容包括以下几点：

① 检测 VC - E_2 之间的电阻 此电阻值过大或过小均需更换节气门位置传感器；

② 检测 VTA - E_2 之间的电阻 在节气门全开或全闭时，测得的电阻值与标准值不符，或在节气门逐渐开启时，此电阻值不是连续变化，均需更换节气门位置传感器；

③ 检测 IDL - E_2 之间的电阻 此电阻值在节气门关闭时应为零，节气门开启时应为无穷大，否则，应更换节气门位置传感器。

7.4.2 电磁阀的检修

1. 1号、2号开关式电磁阀的检修

当自诊断测试结果出现 62 号、63 号故障代码时，应当检修 1 号、2 号换挡电磁阀，检修方法如图 7 - 30 所示，具体操作如下：

① 检测电磁阀 检查方法如图 7 - 30(a)所示，线圈阻值参考维修手册。若阻值为无穷大，说明线圈断路；若阻值过小，说明线圈短路。无论断路还是短路，都应更换电磁阀。

② 检查电磁阀功能 检查方法如图 7 - 30(b)所示，此时电磁阀阀芯应当移动并发出"咔嗒"响声；当切断蓄电池电路时，阀芯应当迅速复位。如阀芯不动或不能复位，说明电磁阀有故障。

③ 检查电磁阀密封性能 检查方法如图 7 - 30(c)所示，对电磁阀施加压缩空气，电磁阀阀门应不漏气。如果漏气，应更换电磁阀。将蓄电池电压加到电磁阀接线端子与壳体上时，电磁阀阀门应畅通，如果不通，应予更换电磁阀。

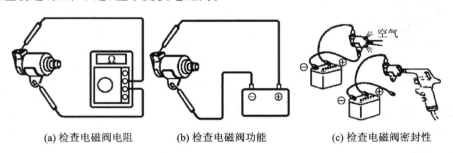

(a) 检查电磁阀电阻   (b) 检查电磁阀功能   (c) 检查电磁阀密封性

图 7 - 30 1 号、2 号电磁阀的检查

2. 3号、4号脉冲式电磁阀的检修

当自诊断测试结果出现 64 号故障代码时，应检修锁止电磁阀 3 号；出现 46 号故障代码时，应检修蓄压器背压调节电磁阀 4 号（4 号电磁阀只有部分自动变速器，如凌志 LS400 型轿车 A341 E 型，A342E 型 ECT 装备。当变速器换挡时，4 号电磁阀通过控制作用在换挡离合器和制动器上的油压使换挡平稳）。3 号、4 号电磁阀线圈通过的电流都是线性连续变化的，由 ECT ECU 通过调节控制信号的占空比进行控制，两只电磁阀的检修方法完全相同，如图 7 - 31 所示具体操作如下：

① 检测电磁阀电阻 如图 7 - 31(a)所示，电磁阀电磁线圈阻值应与维修手册要求相同。如阻值为无穷大，说明电磁线圈断路。如阻值过小，说明电磁线圈短路。

② 检查电磁阀功能 如图 7 - 31(b)所示，此时电磁阀阀芯应当移动并发出"咔嗒"响声；

当切断蓄电池电路时,阀芯应当迅速复位。如阀芯不动或不能复位,说明电磁阀有故障。

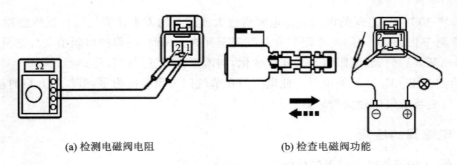

(a) 检测电磁阀电阻　　　　(b) 检查电磁阀功能

图 7 – 31　3 号电磁阀的检查

7.4.3　开关的检修

1. 挡位开关的检修

拨开挡位开关线束插接器,用电阻挡检测各挡位下各端子之间的通断情况,如图 7 – 32 所示。

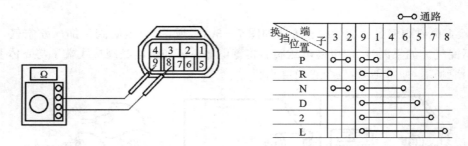

图 7 – 32　挡位开关检测

2. 超速挡位开关检修

断开变速杆上超速挡开关的电气接头,使用电阻表检查开关松开时端子间是否连通,确保在开关压下时端子间不连通。

3. 制动灯开关检修

断开制动踏板附近制动灯开关的电气接头,踏下制动踏板时,使用电阻表检查 1 号端子与 2 号端子间是否连通,松开制动踏板时是否不连通。

7.4.4　ECU 的故障

一般故障主要分布在部件和线路,如果排除线路和部件的故障可能性后,通过对 ECU 各端子电压及电阻的测量以及与之有关的传感器等部件的检测,判断 ECU 是否出现故障,如有故障则更换 ECU。

7.4.5　故障自诊断

自诊断系统会通过超速挡指示灯(O/D OFF)或换挡模式指示灯的闪烁来提醒驾驶员,同时 ECU 控制单元将故障以代码形式存储在存储器中。每一个故障代码表示一种故障现象。

采用人工读取故障编码的方法包括以下几点：
- ➢ 丰田汽车的故障代码可通过"O/D OFF"指示灯来读取；
- ➢ 本田汽车通过 D4 挡挡位灯来读取；
- ➢ 马自达通过"HOLD"（保持）指示灯来读取；
- ➢ 三菱和现代汽车用伏特表或发光二极管来读取故障码；

以丰田自动变速器故障自诊断为例丰田 A341E 自动变速器部分故障代码如表 7-4 所列。

正常情况下：打开点火开关，将"O/D OFF"开关置于 OFF 位置，该指示灯亮；"O/D OFF"开关在 ON 位置，该指示灯灭。

故障代码读取方法：打开点火开关，将"O/D OFF"开关置于 ON 位置，短接自诊断接头 TDCL 的端子 TE1 和 E_1，从"O/D OFF"指示灯的闪烁读取故障代码，如图 7-33 所示。

表 7-4 丰田 A341E 自动变速器部分故障代码表

代 码	诊 断	故障部位
42	1 号速度传感器信号故障	1 号车速传感器、配线或接头，ECU
46	4 号电磁阀短路或断路	44 号电磁阀、配线或接头，ECU
61	2 号速度传感器信号故障	22 号车速传感器、配线或接头，ECU
62	1 号电磁阀短路或断路	1 号或 2 号电磁阀、配线或接头
63	2 号电磁阀短路或断路	
64	3 号电磁阀短路或断路	33 号电磁阀、配线或接头，ECU
67	O/D 直接挡转速传感器信号故障	直接挡离合器转速传感器、配线或接头，ECU
68	自动跳合开关短路	自动跳合开关、配线或接头，ECU

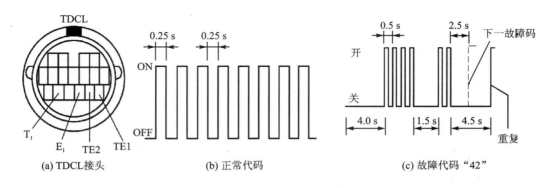

图 7-33 丰田汽车自动变速器故障代码读取

习　题

1. 自动变速器的优点是什么？

2. 自动变速器如何分类？
3. 液力变矩器中锁止离合器的作用是什么？
4. 复合行星齿轮的组合形式有哪两种？常用的是哪一种？
5. 自动变速器的换挡模式有哪三种？
6. 自动变速器电子控制的方式有哪两种？各起什么作用？
7. 自动变速器的失效保护起到什么作用？
8. 自动变速器的汽车如何起步和停车？

项目 8 电子制动系统

现代汽车的制动系统是在原有的机械制动系统的基础上,增加了一套或多套电控系统,使汽车在不同的制动情况下可以获得最佳的制动力,属于主动安全系统。常见的制动系统包括电子控制防抱死制动系统(ABS)、电子控制制动力分配系统(EBD)、电子控制制动辅助系统(EBA)、驱动轮防滑转调节系统(ASR)、车身稳定性控制系统(VSC)等。

任务 8.1 防抱死制动系统(ABS)

8.1.1 车轮滑移率 s 及其影响因素

当汽车匀速行驶时,实际车速 v(即车轮中心的纵向速度)与车轮速度 v_w(即车轮滚动的圆周速度)相等,车轮在路面上的运动为纯滚动运动,如图 8-1(a)所示。当驾驶员踩下制动踏板后,在制动器摩擦力矩的作用下,车轮速度减小,实际车速由于惯性减小较慢,与车轮速度会产生速度差,轮胎与地面之间会产生相对滑移,如图 8-1(a)所示。

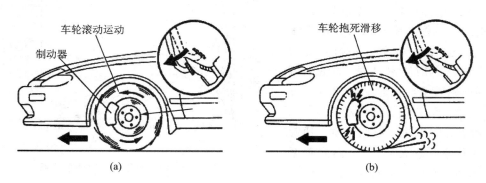

图 8-1 制动车轮受力分析

1. 车轮滑移率

轮胎滑移的程度用滑移率 s 来表示。车轮滑移率是指实际车速 v 与车轮速度 v_w 之差同实际车速 v 的比率,其表达式为

$$s = \left(\frac{v - v_w}{v}\right) \times 100\% = \left(1 - \frac{v_w}{v}\right) \times 100\% = \left(1 - \frac{r_w}{v}\right) \times 100\% \qquad (3.1-1)$$

式中,S 为车轮滑移率;v 为实际车速,m/s;v_w 为车轮速度,m/s;r 为车轮半径,m;w 为车轮转动角速度($w = 2\pi n$),rad/s。

- 当 $v = v_w$,滑移率 $s = 0$,车轮纯滚动;
- 当 $v_w = 0$ 时,滑移率 $s = 100\%$,车轮纯滑动;
- 当 $v > v_w$ 时,滑移率 $0 < s < 100\%$,车轮边滚动边滑动。

2. 滑移率的影响因素

在制动过程中,车轮抱死滑移的根本原因是制动器制动力大于轮胎-道路附着力。所以影响附着力的因素都会影响滑移率。

因此影响车轮滑移率的因素包括以下几个方面:

① 汽车载客人数或载物量;

② 前、后轴的载荷分布情况;

③ 轮胎种类及轮胎与道路的附着状况,换更好的轮胎可以明显提高附着力。

④ 路面种类和路面状况;

⑤ 制动力大小及其增长速率;

事实上,以上前4种因素在汽车行驶中很难改变,所以可以看作固定条件。在汽车行驶中唯一可以改变的是制动力大小。

8.1.2 车轮滑移率 s 与附着系数 φ 的关系

车轮附着系数与滑移率之间的关系如图8-2所示,由图可知:

① 附着系数分为纵向附着系数(图中实线)和横向附着系数(图中虚线)。纵向附着系数决定汽车纵向运动,直接影响汽车的制动距离。附着系数越大,制动距离越短。横向附着系数决定汽车的侧向力、汽车的转向能力和行驶的稳定性。当汽车向前纯滑动时,从图中可以看出横向附着系数接近0,此时汽车方向失灵,只能沿原来的方向滑动。

② 附着系数取决于路面性质。通常干燥路面附着系数大,潮湿路面附着系数小,冰雪路面附着系数更小。

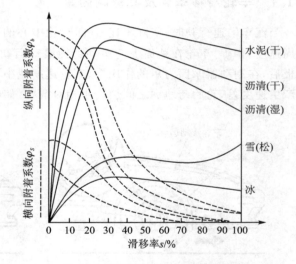

图8-2 附着系数与滑移率的关系

③ 在各种路面上,附着系数都随滑移率的变化而变化。

④ 在各种路面上,当滑移率为20%左右时,纵向附着系数最大,制动效果最好。

防抱死系统就是利用附着系数与滑移率关系,通过调整制动力,使车轮滑移率在20%附近,此时车轮获得较大的地面附着力。附着力是外力,制动力是内力。外力改变运动状态,所以较大的附着力可以使汽车更快地停车。

8.1.3 防抱死制动系统(ABS)的组成

防抱死制动系统(ABS)是由电子控制系统和液压控制系统两个子系统组成,如图8-3所示。

电子控制系统由传感器、控制开关、防抱死制动电控单元(ABS ECU)、ABS指示灯以及制动压力调节器等构成。制动压力调节器既是电子控制系统的执行元件,也是液压控制系统

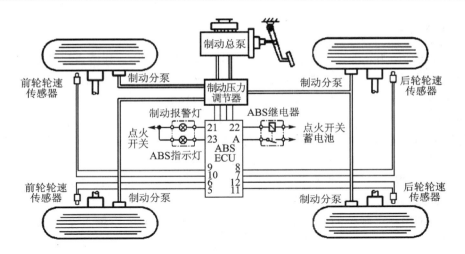

图 8-3 防抱死制动系统(ABS)的组成简图

的组成元件。制动压力调节器主要由电磁阀、单向阀和回液泵电动机等组成。

液压控制系统由常规制动装置和制动压力调节器组成。常规制动装置主要由制动总泵、制动助力器、制动分泵、制动管路和制动器(盘式制动器或鼓式制动器)等组成。

各类 ABS 尽管结构形式不尽相同，但都是在常规制动装置的基础上增设传感器、ABS ECU、制动压力调节器和 ABS 指示灯等，控制部件的安装位置如图 8-4 所示。

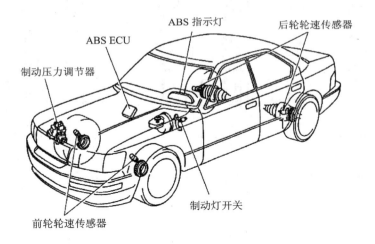

图 8-4 ABS 电子控制系统控制部件的安装位置

8.1.4 防抱死制动系统的优点

防抱死制动系统的优点主要包括以下几点：
① 缩短制动距离；
② 保持汽车制动时的转向控制能力；
③ 减小驾驶员的疲劳强度，特别是汽车制动时的紧张情绪；
④ 减少汽车制动时轮胎的磨损，ABS 能防止轮胎在制动过程中产生剧烈的拖痕，延长轮胎使用寿命。

8.1.5 ABS 的分类

① 按 ABS 制动压力调节器与制动主缸的结构形式不同,可分为分离式和整体式两种。

② 按车轮控制方式不同,电子控制防抱死制动系统可分为轮控式与轴控式两种。轴控式又分为低选控制(Select Low,SL)和高选控制(Select High,SH)两种。

在制动系统中,能够独立进行制动压力调节的制动管路称为控制通道。每个车轮各占用一个控制通道的称为轮控式(又称为独立控制式或单轮控制式,见图 8-5 中的形式 1、形式 2);两个车轮占用同一个控制通道的称为同时控制(见图 8-5 的形式 3、形式 4、形式 5、形式 6、形式 7、形式 8)。当同时控制的两个车轮在同一轴上时,则称为轴控式(见图 8-5 的形式 3、形式 4、形式 5、形式 6、形式 8)。

低选控制是指当一个轴上的两个车轮有一个开始打滑时,ABS 系统工作。高选控制是指当一个轴上的两个车轮都开始打滑时,ABS 系统工作。

③ 根据控制通道和传感器数量不同,电子控制防抱死制动系统(ABS)可分为以下七类,部分 ABS 的分布形式如图 8-5 所示。

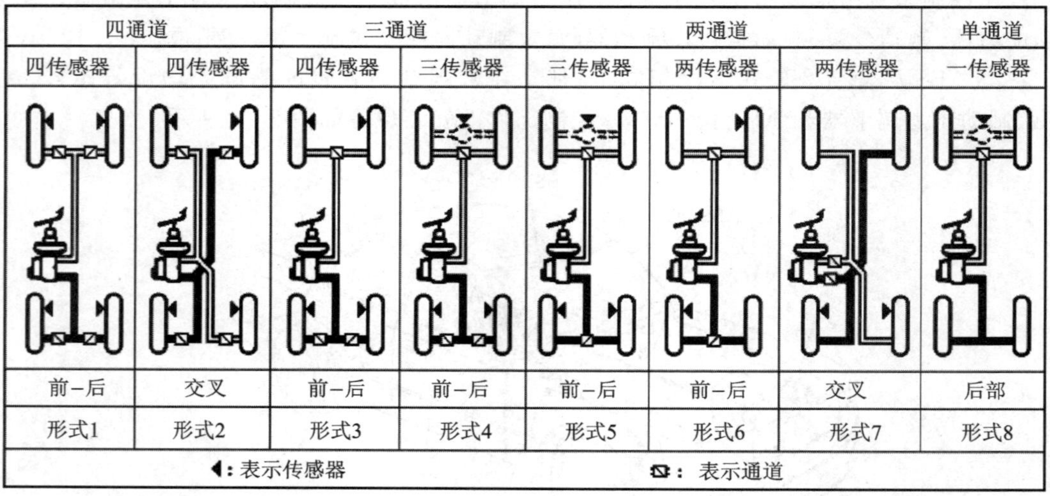

图 8-5 ABS 的类型与分布形式

- 四通道四传感器 ABS(形式 1、形式 2);
- 三通道四传感器 ABS(形式 3);
- 三通道三传感器 ABS(形式 4);
- 两通道三传感器 ABS(形式 5);
- 两通道两传感器 ABS(形式 6、形式 7);
- 单通道一传感器 ABS(形式 8);
- 六通道六传感器 ABS(适用于带挂车的汽车,图中未画)

④ 按控制车轮数量分类 按控制车轮的数量不同,可分为两轮 ABS 和四轮 ABS。两轮 ABS 只控制两个后轮,结构简单、价格低廉,适用于轻型载货汽车和客货两用汽车。四轮 ABS 又分为四通道 ABS 和三通道 ABS。四通道 ABS 的分布形式如图 8-5 所示的形式 1、形式 2、

三通道 ABS 的分布形式如图 8-5 所示的形式 3、形式 4。

8.1.6 ABS 的构造

1. 车轮速度传感器

车轮速度传感器简称轮速传感器,其功用是检测车轮转速,并转换为电信号输入 ABS ECU,用以计算车轮的圆周速度,常用的车轮速度传感器有电磁感应式与霍尔式两大类。

(1) 电磁感应式车轮转速传感器

电磁感应式车轮转速传感器如图 8-6 所示,磁感应头是一个静止部件,通常由永久磁铁、电磁线圈和磁极等构成。传感器安装在每个车轮的托架上,齿圈是一个运动部件,一般安装在轮毂上(或轮轴上)与车轮一起旋转。齿圈上齿数与车型、ABS ECU 有关。磁感应头磁极与齿圈的端面有一空气间隙,一般在 1 mm 左右,通常可移动磁感应头的位置来调整间隙(具体间隙的大小可查阅维修手册)。当齿圈随车轮旋转时(见图 8-7),在永久磁铁上的电磁感应线圈产生一交变电压信号(齿圈上齿峰与齿谷通过时引起磁场强弱变化的缘故),信号的频率与车轮速度成正比。ABS 电子控制单元(ECU)通过识别传感器发来的交变电压信号的频率来确定车轮的转速,如果电子控制单元发现车轮的圆周速度急剧增加,滑转率达到 20% 时,便以 10 次/s 的速度进行计算,然后给执行机构发出指令,减小或停止车轮的制动力,以免车轮抱死。

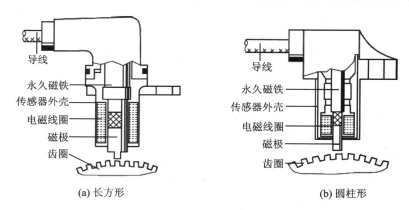

图 8-6 车轮转速传感器构造

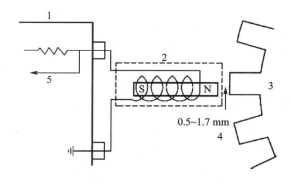

1—ECU;2—传感头;3—齿圈;4—空气间隙;5—车速信号
图 8-7 电磁感应式车轮转速传感器的工作原理

(2) 霍尔式车轮转速传感器

霍尔式车轮转速传感器可以将带隔板的转子置于永久磁铁和霍尔集成电路之间的空气间隙中。霍尔集成电路由一个带封闭的电子开关放大器的霍尔层构成,当隔板将磁场与霍尔集成电路之间的通路切断时,无霍尔电压产生,霍尔集成电路的信号电流中断;若隔板离开空气间隙,磁场与霍尔集成电路的产生作用,电路中出现信号电流。

霍尔式车轮转速传感器由传感头(传感头包含永久磁铁)和齿圈组成。霍尔式车轮转速传感器的工作原理如图8-8所示。当齿间对准霍尔元件时,永久磁体的磁力线穿过霍尔元件通向齿轮,穿过霍尔元件的磁力线分散于两齿之间,磁场相对较弱。当齿轮对准霍尔元件时,穿过霍尔元件的磁力线集中于一个齿上,磁场相对较强。穿过霍尔元件的磁力线密度所发生的这种变化会引起霍尔电压的变化,霍

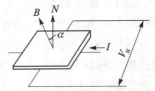

图8-8 霍尔式车轮转速传感器的工作原理

尔传感器输出一个毫伏级的准正弦波电压。此电压经波形转换电路转换成标准的脉冲电压信号输入ECU。即由霍尔传感器输出的毫伏级正弦波电压经过放大器放大为伏特级正弦波信号电压,在施密特触发器中将正弦波信号转换成标准的脉冲信号,由放大极放大输出。

霍尔式车轮转速传感器与前述电磁感应式车轮转速传感器相比,具有以下的优点:

① 输出信号电压的幅值不受车轮转速影响,当汽车电源电压维持在12 V时,传感器输出信号电压可以保持在11.5~12 V,使车轮转速接近于零。

② 频率响应高,该传感器的响应频率可高达20 kHz(此时相当于车速1 000 km/h)。

③ 抗电磁波干扰能力强。

2. 减速度传感器

减速度传感器功用是检测汽车的减速度大小,并转换为电信号输入ABS ECU,以便判别路面状况并采取相应的控制方式。

减速度传感器按结构不同,可分为光电式、水银式、差动变压器式和半导体式等。按用途不同可分为纵向减速度传感器和横向减(加)速度传感器两种。横向加速度传感器在高级轿车和赛车上采用较多。

减速度传感器有光电式、水银式、差动变压器式和半导体式等。

光电式减速度传感器由两只发光二极管(LED)、两只光电三极管、一块透光板和信号处理电路等组成,结构如图8-9(a)所示。

减速度传感器工作原理:光电二极管发光,若光线照射到光电三极管上则形成导通信号,若光线被透光板遮挡则形成截止信号。当汽车匀速行驶时,透光板静止不动,如图8-9(b)所示,此时,传感器无信号输出。当汽车减速,透光板沿汽车运动方向纵向摆动,如图8-9(c)所示。减速度大小不同,透光板摆动角度不同,两只光电三极管的导通和截止状态也就不相同,以此判断减速度大小。

3. 控制开关

(1) 制动灯开关

制动灯开关安装在制动踏板旁边。当驾驶员踩下制动踏板时,制动灯开关接通,将制动信号输入ABS ECU,同时接通汽车尾部的制动灯电路。

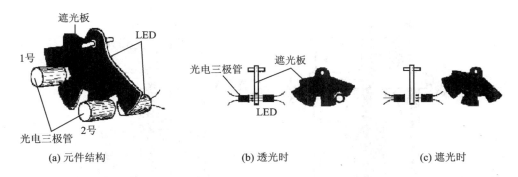

图 8-9 光电式减速度传感器的结构原理

(2) 制动液位指示灯开关

当制动液液面位置降低到一定时,制动液位指示灯开关接通,同时接通 ABS 指示灯电路,指示灯发亮提醒驾驶员及时添加制动液。

(3) 驻车制动指示灯开关

当驾驶员拉紧驻车制动手柄时,驻车制动指示灯开关接通,同时接通 ABS 指示灯电路,指示灯发亮;当驻车制动手柄放松时,指示灯熄灭,ABS 可以投入工作。

4. 防抱死制动电子控制单元(ABS ECU)

防抱死制动电子控制单元(ABS ECU)的主要功用是接收轮速传感器信号、减速度传感器信号和各种控制开关信号,根据设定的控制逻辑,通过数学计算和逻辑判断后输出控制指令,控制制动压力调节器调节制动分泵的制动压力。

ABS ECU 采用了两个微处理器(CPU),其中一个为主控 CPU,另一个为辅控 CFU,主要目的是保证 ABS 的安全性。两个 CPU 接收同样的输入信号,在运算处理过程中,通过通信对两个微处理器的处理结果进行比较。如果两个微处理器处理结果不一致,微处理器立即发出控制指令使 ABS 退出工作,防止系统发生逻辑错误。

另外,该 ECU 具有监测功能,对继电器电路、指示灯电路进行监控。当发现 ABS 出现故障时,CPU 发出指示令 ABS 停止工作,将故障信息编成代码存储在存储器中,同时接通仪表盘上的 ABS 指示灯电路使 ABS 指示灯发亮,提醒驾驶员检修。

5. 制动压力调节器

制动压力调节器是汽车制动系统中电子控制单元的执行器,功用是根据 ECU 的指令,控制压力调节器中电磁阀动作,调节管路压力。

制动压力调节器种类较多,根据电磁阀结构可分为两位两通电磁阀式和三位三通电磁阀式两种。

(1) 两位两通电磁阀

在通向每一个车轮制动分泵的管路中,都设有一个进液阀和一个出液阀,4 只进液阀为常开电磁阀,4 只出液阀为常闭电磁阀。如果球阀在电磁线圈未通电时处于开启状态,称为两位两通常开电磁阀,如果电磁线圈未通电时,球阀处于关闭状态,称为两位两通常闭电磁阀。

两种阀结构基本相同,如图 8-10 所示(注意图中的弹簧位置不同)。在电磁线圈未通电时,常开电磁阀的球阀与阀座处于分离状态,常闭电磁阀的球阀与阀座处于接触状态。

(2) 两位两通电磁阀的工作情况

对于常开电磁阀而言,当电磁线圈未通电时,在复位弹簧弹力作用下,活动铁芯带动顶杆

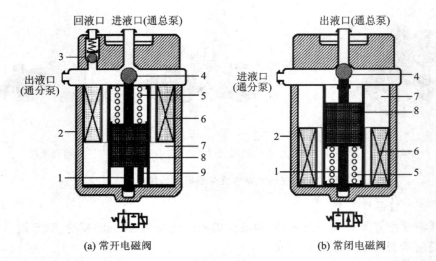

(a) 常开电磁阀　　　　　　(b) 常闭电磁阀

1—顶杆；2—壳体；3—限压阀；4—球阀；5—复位弹簧；6—电磁线圈；7—阀体；8—活动铁芯；9—限位杆

图 8-10　两位两通电磁阀的结构

和限位杆下移复位，直到限位杆与缓冲垫圈相抵为止。顶杆下移时，球阀随之下移，使电磁阀阀门处于开启状态，制动液从进液口经球阀阀门、出液口流出。

当电磁线圈有电流流过时，活动铁芯产生电磁吸力，压缩复位弹簧并带动顶杆一起上移，顶杆将球阀压在阀座上，电磁阀阀门处于关闭状态，进液口与出液口之间的制动液通道关闭。

由此可见，该电磁阀是根据电磁线圈通电和断电，使球阀处于关闭和开启两个位置或两种状态，同时又有进液口与出液口两条通路（常开电磁阀的回液口起安全作用，防止系统压力过大，不包括在内），因此称为两位两通（二位二通）电磁阀。

(3) 三位三通电磁阀

奥迪和丰田系列轿车采用三位三通电磁阀，工作状态可简化如图 8-11 所示。

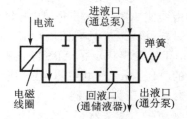

图中电磁线圈可以通电，三个方框表示三个位置，分别为进液口、出液口、回液口，称为三位三通阀。

三位三通阀工作原理如图 8-12 所示，图 8-12(a) 表示当电磁线圈未接通电流（$I = 0$ A）时，在弹簧预紧力的作用下，阀芯下移至极限位置，进液球阀打开（即进液口打开），回液球阀紧压在阀座上，回液阀处于关

图 8-11　三位三通电磁阀的工作状态

闭状态（即回液口关闭）。因此，来自制动总泵的制动液经进液口、进液球阀、电磁阀腔室、出液口流入车轮制动分泵，从而使制动分泵内制动液压力随制动踏板力升高而升高。

如图 8-12(b) 所示，当电磁线圈通过电流较小（$I = 2$ A）而产生的电磁吸力较小时，阀芯向上位移量较小（约 0.1 mm）。阀芯上移时，上压板压缩球阀，使进液球阀关闭（即进液口关闭），但下压板位移量很小，不足以使回液球阀打开。由于进液口和回液口都被关闭，制动液既不增加也不减少，因此制动分泵中制动液的压力"保持"不变。

当电磁线圈通过较大电流（$I = 5$ A）而产生的电磁吸力较大时，阀芯向上的位移量较大（0.25 mm）。阀芯带动下压板上移使回液阀开启（即回液口打开），进液阀保持关闭状态。此

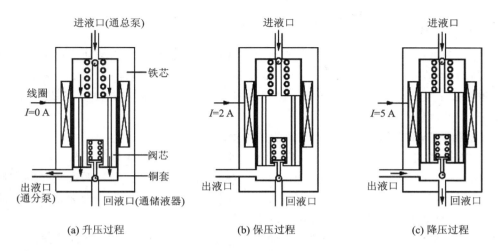

(a) 升压过程　　　　(b) 保压过程　　　　(c) 降压过程

图 8-12　三位三通电磁阀的工作原理

时制动分泵的制动液经回液口、回液管流入储液器,使制动分泵压力"降低",如图 8-12(c)所示。

6. 储液器与电动回液泵

储液器与电动回液泵用于调节系统压力,结构如图 8-13 所示,低压储液器内设有一个活塞和弹簧。电动回液泵又称为电动泵或回液泵,由永磁式直流电动机与柱塞泵组成。电动机根据 ABS ECU 的控制指令,通过凸轮驱动柱塞在泵套内上下运动。

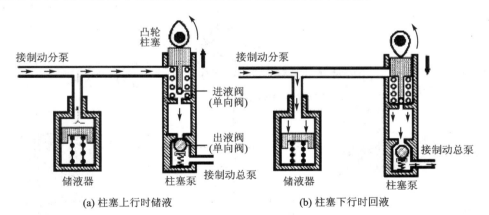

(a) 柱塞上行时储液　　　　(b) 柱塞下行时回液

图 8-13　低压储液器与电动泵

在 ABS 工作过程中,当需要制动压力降低时,制动压力调节器的回液阀打开,具有一定压力的制动液就会从制动分泵经制动压力调节器的回液阀流入储液器和柱塞泵。与此同时,ABS ECU 控制电动回液泵转动,驱动柱塞泵的凸轮随电动泵旋转而转动。

当凸轮驱动柱塞上升时,柱塞泵的进液阀打开,回液阀在弹簧弹力作用下关闭,制动液流入柱塞泵泵腔,如图 8-13(a)所示。当柱塞下行时,泵腔内制动液压力升高,克服出液阀弹簧弹力打开出液阀,制动液压入制动总泵,如图 8-13(b)所示。由于电动泵的主要功用是将制动液泵回制动总泵,所以称为电动回液泵。

8.1.7 两位两通电磁阀式 ABS 的控制过程

汽车的制动过程分为常规制动和 ABS 制动。常规制动是指非紧急制动或还未发生滑移时的紧急制动,该阶段的制动由驾驶员控制,液压系统实施。ABS 制动是指 ABS 系统介入制动过程,该阶段虽然驾驶员依然踩住刹车,但系统制动压力由压力调节器控制,反复进行增压、保压、减压三个过程。

1. 常规制动(ABS 不工作)时制动系统的工作情况

汽车正常行驶或常规制动(ABS 不工作)时,制动压力调节器的工作状态如图 8-14 所示。在 ABS ECU 控制下,进液阀、出液阀和回液泵电动机均不通电,两位两通电磁阀在回位弹簧弹力作用下,打开进液阀、关闭出液阀。打开进液阀将制动总泵与制动分泵之间的油液管路构成通路;关闭出液阀将制动分泵与储液器之间的油液管路关闭。

当踩下制动踏板时,制动总泵中制动油液压力升高,制动液从制动总泵直接流入制动分泵,制动液通道为:制动总泵→两位两通进液阀进液口→电磁阀腔室→进液阀出液口→制动分泵。制动分泵制动液的压力随制动总泵制动液的压力升高而升高。

当放松制动踏板时,制动分泵中具有一定压力的制动液通过两条通道流回制动总泵。一条通道是:制动分泵→两位两通进液阀出液口→电磁阀腔室→进液口→制动总泵;另一条通道是:制动分泵→两位两通进液阀出液口→电磁阀腔室→1号单向阀(泄压阀)→制动总泵。

在常规制动时,ABS 虽然没有投入工作,但是通过传感器始终监测制动的滑移率,判别是否进入滑移状态。一旦开始滑移,ABS 接管系统,进入 ABS 制动。

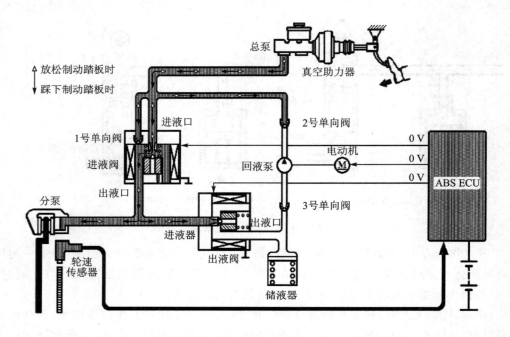

图 8-14 常规制动时制动压力调节器的工作情况

2. 制动压力保持("保压")时制动系统的工作情况

"保压"时,ABS ECU 向进液阀(常开电磁阀)驱动模块电路和回液泵电动机的驱动模块电路发出高电平控制指令、向出液阀(常闭电磁阀)的驱动模块电路发出低电平控制指令。进液阀驱动模块电路接收到高电平控制指令时,便接通进液阀电磁线圈电流,进液阀阀芯产生电磁吸力并克服回位弹簧弹力而移动,关闭常开阀门,从而使制动总泵与制动分泵之间的液压油路切断。低电平指令控制出液阀的阀门保持常闭状态。由于进液阀和出液阀均处于关闭状态,制动液在管路中不能流动,如图 8-15 所示,因此制动压力处于"保持"状态。回液泵电动机驱动模块电路接收到 ABS ECU 发出的高电平控制指令时,将使电动机接通 12 V 电源,电机运转的目的是将储液器中剩余的制动液泵回制动总泵。

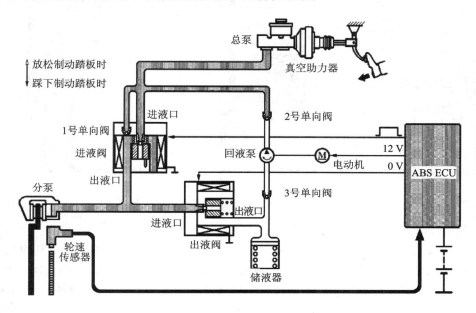

图 8-15　"保压"时制动系统的工作情况

3. 制动压力降低("降压")时制动系统的工作情况

"降压"时,ABS ECU 向进液阀(常开电磁阀)的驱动模块电路发出高电平控制指令,使进液阀阀门保持关闭;向出液阀(常闭电磁阀)驱动模块电路发出一系列脉冲控制信号。当脉冲上升沿到来时,驱动模块电路打开出液阀阀门;当脉冲下降沿到来时,驱动模块电路关闭出液阀阀门,每个脉冲信号迅速打开后又迅速关闭出液阀,使制动分泵内制动液压力逐渐降低,从而使车轮抱死滑移减少,滚动增加。

当出液阀阀门打开时,制动分泵内的制动液经出液阀泄放到低压储液器,如图 8-16 所示。与此同时,ABS ECU 向回液泵驱动模块电路发出高电平控制指令,使电动机接通 12 V 电源运转。制动液流入储液器时,推动活塞并压缩弹簧向下移动,使储液器储液容积增大,暂时储存制动液,可以减小回流制动液的压力波动。当储液器中的制动液达到一定量(储液器容量约为 3.6 mL)时,电动回液泵运转使储液器中的制动液泵回制动总泵,回液通道为:制动分泵→出液阀进液口→出液阀腔室→出液阀出液口→储液器→3号单向阀→电动回液泵→2号单向阀→制动总泵。

4. 制动压力升高("升压")时制动系统的工作情况

"降压"控制使制动分泵内制动液压力降低后,车轮制动力逐渐变小,车轮加速度逐渐变

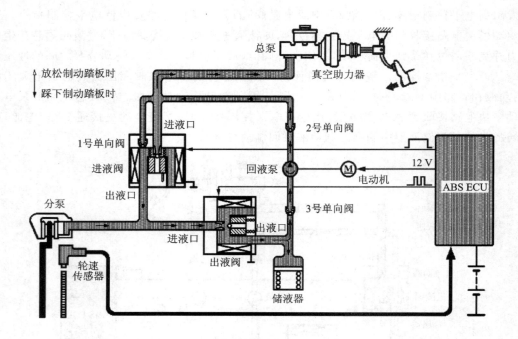

图 8-16 "降压"时制动系统的工作情况

大,为了得到最佳制动效果,需要 ABS 进入"升高压力(升压)"状态。

在"降压"控制后,ABS ECU 根据轮速传感器信号计算,得到车轮加速度达到设定阈值时,发出控制指令使出液阀保持常闭状态,使制动分泵与储液器之间的油液管路关闭。与此同时,ABS ECU 向进液阀驱动模块电路发出一系列脉冲控制信号使进液阀间歇打开与关闭。当脉冲上升沿到来时,驱动模块电路使阀门常开的进液阀关闭;当脉冲下降沿到来时,驱动模块电路使进液阀阀门打开,将制动总泵与制动分泵之间的管路构成通路(见图 8-17),使制动

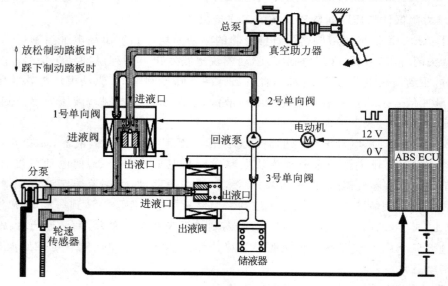

图 8-17 "升压"时控制系统的工作情况

分泵的压力随制动总泵制动液压力升高而升高,ABS 进入"升压"状态。

不同的工作状态下,ABS ECU 控制进液阀、出液阀和回液泵做相关动作,对应的状态如表 8-1 所列。

表 8-1 两位两通 ABS 制动压力调节器的工作状态

执行元件	常规制动	保压	降压	升压
进液阀	打开	关闭	关闭	间歇开闭
出液阀	关闭	关闭	间歇开闭	关闭
回液泵	不转动	运转	运转	运转

当制动液从制动总泵流入制动分泵时,制动踏板将下沉;当制动液从制动分泵流入制动总泵时,制动踏板将上升,所以 ABS 工作时,驾驶员的脚掌会有抖动的感觉。

8.1.8 三位三通电磁阀式 ABS 的控制过程

三位三通阀的动作过程和两位两通阀类似,区别在于,进液阀和回液阀合并为一个电磁阀,给电磁阀通过不同的电流实现功能控制。

1. 常规制动(ABS 不工作)时制动系统的工作情况

汽车正常行驶或常规制动(ABS 未投入工作)时,制动压力调节器的工作状态如图 8-18 所示,电磁阀和电动泵均不通电,三位三通电磁阀在回位弹簧作用下,打开进液阀、关闭回液阀。进液阀打开将制动总泵与制动分泵之间的油液管路构成通路;回液阀关闭将制动分泵与储液器之间的油液管路关闭。

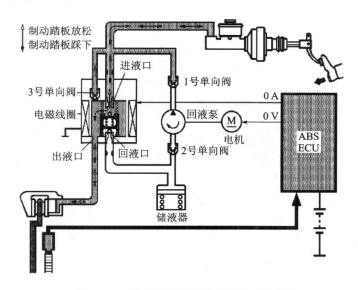

图 8-18 常规制动时制动系统的工作情况

2. 制动压力保持("保压")时制动系统的工作情况

在汽车制动过程中,当四个车轮中的任意一个趋于抱死时,制动压力调节器就会根据 ABS ECU 的控制指令,通过调节该车轮制动分泵的制动液压力"降压""保压"或"升压"来达到防抱死制动的目的。

保压时,ECU控制线圈电流为2 A,工作过程如图8-19所示。

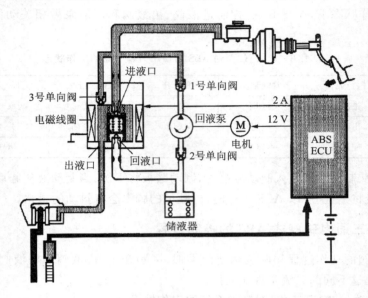

图8-19 "保压"时制动系统的工作情况

3. 制动压力降低("降压")时制动系统的工作情况

ABS ECU判定某个车轮制动趋于抱死需要降低制动压力时,ABS ECU便控制电磁阀线圈接通较大电流(约5 A),产生较强电磁吸力使三位三通电磁阀的阀芯移动较大间隙,从而关闭进液阀、打开回液阀,如图8-20所示,制动分泵中的制动液便从出液口、回液口流入储液器。

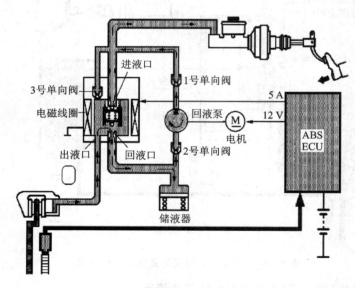

图8-20 "降压"时控制系统的工作情况

4. 制动压力升高("升压")时制动系统的工作情况

当需要升高车轮制动分泵制动液压力时,ABS ECU将切断三位三通电磁阀线圈电流(0 A),电磁阀在回位弹簧弹力作用下复位,打开进液阀、关闭回液阀,如图 8-21 所示。进液阀打开使制动总泵与制动分泵之间的管路构成通路;回液阀关闭使制动分泵与储液器之间的油液管路关闭。同时,回液泵运转会增加系统进液口的压力。

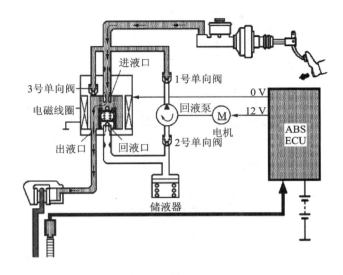

图 8-21 "升压"时三位三通电磁阀式 ABS 的工作情况

8.1.9 防抱死制动系统的故障诊断与排除

1. ABS 的故障类别

ABS 的故障基本上可以分为三大类:电路故障、机械故障和外来干扰。

2. ABS 的故障诊断流程

现代汽车 ABS 故障检测与诊断流程如图 8-22 所示。

3. ABS 的基础检测

ABS 的初步检查是在 ABS 出现明显故障而不能正常工作时首先要采取的检测与诊断方法。例如,仪表板上的 ABS 故障指示灯常亮不熄、ABS 不能工作时。ABS 初步检查的方法如下:

① 检查驻车制动是否完全释放。
② 检查制动液液面是否在规定的范围内。
③ 检查 ABS ECU 的导线插头、插座的连接是否良好,插接器及导线是否损坏。
④ 检查导线插接器以及导线的连接或接触是否良好。
⑤ 检查所有继电器、熔丝是否完好,插座是否牢固。
⑥ 检查蓄电池容量和电压是否在规定的范围内,检查蓄电池正极、负极导线的连接是否牢固,连接处是否清洁。
⑦ 检查 ABS ECU、液压调节器等的搭铁是否良好。
⑧ 检查轮胎气压是否符合要求。
⑨ 检查零件是否有损伤。
⑩ 检查制动警告灯及 ABS 故障指示灯工作是否正常。

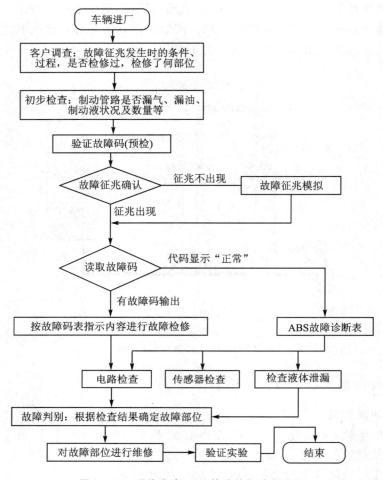

图 8-22 现代汽车 ABS 故障检与诊断流程

如果用初步检查方法不能确定故障部位,就需要进行自诊断。

4. ABS 的故障现象模拟测试方法

在 ABS 故障检测与诊断中,如果是单纯的元器件不良,可运用电路检测方式诊断。如果属于间歇性故障或是相关的机械性问题,则需进行模拟测试以及动态测试。

(1) 模拟测试方法

① 将汽车顶起,使 4 个车轮均悬空;

② 起动发动机;

③ 将变速杆拨至 D 位,观察仪表板上的 ABS 故障指示灯是否亮。若 ABS 故障指示灯亮,表示后轮差速器的车速传感器不良;

④ 如果 ABS 故障指示灯不亮,则转动左前轮。此时 ABS 故障指示灯若亮,则表示左前轮车速传感器正常;反之,ABS 故障指示灯若不亮,即表示左前轮车速传感器不良;

⑤ 右前轮车速传感器测试方法与左前轮车速传感器测试方法相同。

该模拟测试是根据 ABS ECU 中逻辑电路的车速信号差以及警告电路特性,便于检测车速传感器的故障而设置的。

（2）动态测试方法

① 使汽车在道路上行驶至少 12 km 以上；

② 测试车辆转弯（左转或右转）时，ABS 故障指示灯是否亮。若某一方向 ABS 故障指示灯亮，则表示该方向的轮胎气压不足，也可能是轴承不良、转向拉杆球头磨损，减振器不良或车速传感器脉冲齿轮不良；

③ 将汽车驶回，在 ABS ECU 侧的"制动防抱死系统电源"和"电磁阀继电器"端子间接上测试线和万用表（置于电压挡）；

④ 进行道路行驶，在制动时注意观察"制动防抱死系统电源"端和搭铁间的电压，应为 1.7～13.5 V；而"电磁阀继电器端子与搭铁间的电压应在 10.8 V 以上。前者主要是观察蓄电池电源供应情况，后者主要是判断电磁阀继电器的接点好坏。

5. ABS 典型故障的诊断与排除

在进行 ABS 故障检测与诊断时，应根据 ABS 的工作特性分析故障现象和特征，在故障现象确认后，根据维修资料的说明有目的地进行检测与诊断。为便于检测与诊断时查找 ABS 的故障，必须首先了解 ABS 各主要部件在车上的安装位置。

由 ABS 的工作原理可知，在 ABS 工作过程中会出现一些与传统经验相背离的情况，有些是 ABS 的正常反应而不是故障现象，应加以区别，例如：

① 发动机起动后，踩下制动踏板，制动踏板会有可能弹起，这表示 ABS 已起作用；发动机熄火，踩下制动踏板，制动踏板会有轻微下沉现象，这表示 ABS 停止工作，这些都是正常现象。

② 当踩下制动踏板，同时转动转向盘，即可感到轻微的振动，这并非故障。因为在车辆转向行驶时，ABS 工作循环开始，会给车轮带来轻微的振动，继而将振动传递到转向盘上。

③ 汽车行驶制动时，制动踏板不时地有轻微的下沉现象，这是因为道路表面附着系数变化而引起的正常现象，并非故障。

④ 高速行驶时，如果急转弯，或是在冰雪路面上行驶时，有时会出现 ABS 故障指示灯亮的情况，这说明在上述工况中出现了车轮打滑现象，而 ABS 产生保护动作，这同样不是故障现象。

ABS 可能出现的故障有：紧急制动时，车轮抱死；在驾驶过程中或者放开驻车制动时，ABS 故障指示灯亮；制动效果不佳或 ABS 操作不正确等。

（1）紧急制动时，车轮抱死

① 故障现象　紧急制动时，车轮出现抱死现象。

② 故障原因主要包括以下几点：

➢ 油泵及电路故障。

➢ 车轮转速传感器及电路故障。

➢ 制动开关故障。

➢ ECU 故障。

③ 故障诊断与排除流程　制动时车轮抱死故障诊断与排除流程如图 8-23 所示。

（2）ABS 作用时刻不对

① 故障现象　制动时，ABS 作用时刻不对。

② 故障原因包括以下几种：

➢ 插接器接触不良。

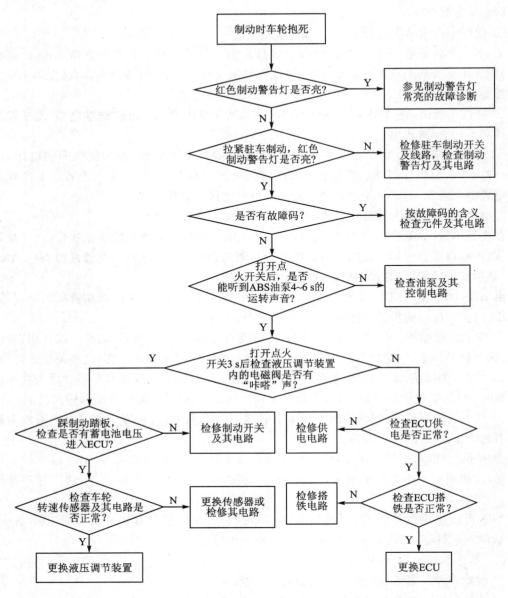

图 8-23 制动时车轮抱死故障的诊断与排除流程

➢ 车轮转速传感器及电路故障。

➢ ECU 故障。

③ 故障诊断与排除流程　ABS 作用时刻不对故障诊断与排除流程如图 8-24 所示。

3. 放松驻车制动手柄时制动灯亮

① 故障现象放松驻车制动手柄时,制动灯亮。

② 故障原因包括以下几种:

➢ 制动液不足。

➢ 驻车制动开关不良。

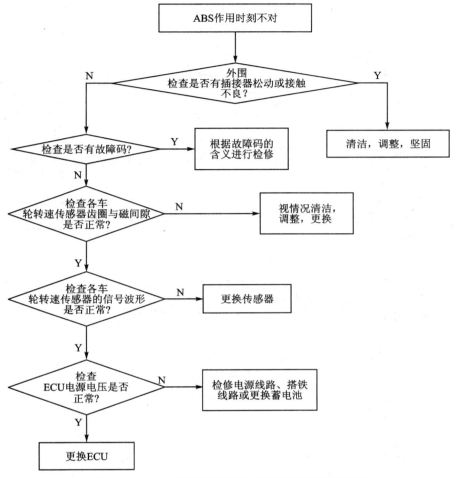

图 8-24 ABS 作用时刻不对故障的诊断与排除流程

➤ ECU 及供电电路故障。

③ 故障诊断与排除流程　放松驻车制动手柄时制动灯亮故障诊断与排除流程如图 8-25 所示。

任务 8.2　防滑转调节系统(ASR)

8.2.1　ASR 系统简介

汽车驱动轮加速滑移调节系统(Anti Slip Regulation,ASR)通常称为防滑转调节系统,也称为牵引力控制系统(TRC 或 TCS),是在非制动状态下,防止汽车车轮滑转。

滑转是指车轮轮缘的速度高于汽车车身的移动速度,即车轮与地面之间的相对滑动。汽车在起步、加速和在光滑路面上行驶时,驱动轮都有可能出现滑转。

ABS 是制动状态下,防止汽车车轮抱死滑移。滑移和滑转非常类似,表现出来都是轮胎和地面发生了相对运动,车速和轮速不一致,区别在于滑移是车速大于轮速,滑转是轮速大于

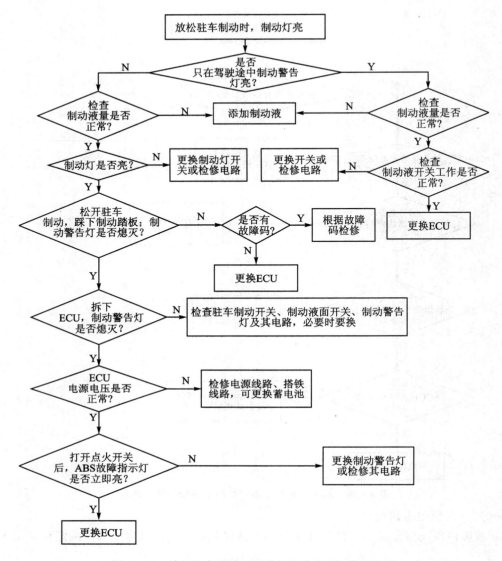

图 8-25 放松驻车制动时制动灯亮的诊断与排除流程

车速。所以类似于 ABS 的调节是要控制滑移率,ASR 的调节是要控制滑转率。

汽车驱动车轮滑转,同样会导致车轮与地面的附着力下降。纵向附着力下降,使驱动车轮产生的牵引力减小,导致汽车的起步、加速性能和通过光滑路面的能力下降;横向附着力下降,会降低汽车在起步、加速和光滑路面上行驶时的方向稳定性。滑转率的最佳值和滑移率类似,都是 20% 左右。

1. ASR 系统的共性特征

尽管现代汽车上所采用的 ASR 系统各不相同,但是,概括说来均具有以下一些共性特征:

① ASR 系统可由开关选择其是否工作,并由相应的指示灯提示;

② ASR 系统关闭时,副节气门处于全开位置,此时,其制动压力调节装置不影响制动系统的正常工作;

③ ASR 系统工作时,ABS 具有调节优先权;
④ ASR 系统只在一定车速范围内(如最高速度为 70 km/h 或 120 km/h)起作用;
⑤ ASR 系统在不同的车速范围内通常具有不同的特性。如车速较低时,以提高牵引力为目的,对两驱动轮可施加不同的制动力矩(即两驱动轮制动压力独立调节);车速较高时,则以保持行驶方向稳定性为目的,施加在两驱动轮上的制动力矩保持相同(两轮一同控制);
⑥ ASR 与 ABS 一样,具有自诊断功能。

2. ASR 系统与 ABS 系统的相同点

① ASR 与 ABS 均可以通过控制车轮的力矩来达到控制车轮滑动率的目的;
② ASR 与 ABS 均要求系统具有迅速的反应能力和足够的控制精度;
③ ASR 与 ABS 均要求调节过程尽可能消耗较小的能量。

3. ASR 系统与 ABS 系统的不同点

① ABS 对所有车轮实施调节,ASR 只对驱动轮加以调节控制;
② ABS 工作过程中,通常离合器分离、发动机怠速,但在 ASR 控制期间,离合器处于接合状态,因此,发动机的惯性会对控制产生较大影响;
③ ABS 工作过程中传动系振动较小,易控制,而在 ASR 控制过程中,传动系易产生较大振动;
④ ABS 控制中各车轮间相互影响较小,ASR 控制中两驱动轮之间的相互影响较大;
⑤ ASR 是涉及制动控制、发动机控制和差速器锁止控制等的多环控制系统,则其控制更加复杂。

8.2.2 ASR 的控制效果

ASR 的有效性首先表现在防止汽车在结冰路面或泥泞路面上急加速或超车时发生打滑。

超车时要一边操纵转向盘一边加大油门,经过一段不稳定状态后,追上前面的车辆,然后再加速并操纵转向盘返回原来的行车道。在低附着系数的路面超车行驶过程中,如果没有装备 ASR 系统,汽车可能在急加速时因为驱动轮空转而使方向稳定性变差,而且还会因为驱动力不足使超车距离过长。

在均匀结冰路、压实雪路和深雪路面上使用 ASR 系统与不使用 ASR 系统的驱动力对比试验结果如图 8-26 所示。汽车在左右车轮附着系数不同的路面上使用 ASR 和不使用 ASR 系统的加速性对比试验结果如图 8-27 所示。在易滑路面上,使用 ASR 系统和不使用 ASR 系统的试验结果差异很大,在个别路面上不装备 ASR 系统的汽车几乎无法加速行驶。

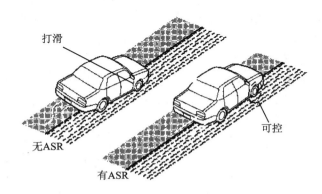

图 8-26 有/无 ASR 系统的驱动力对比试验

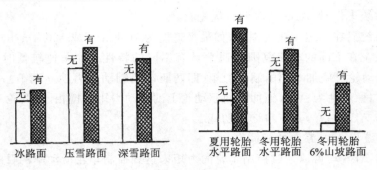

图 8-27 不均匀附着系数路面有/无 ASR 系统的加速性对比

8.2.3 ASR 的基本组成

ASR 系统中的车轮转速传感器将汽车驱动车轮和非驱动车轮转速转变为电信号,输送到控制器。控制器根据传感器信号计算车轮的滑转率。如果实际车轮的滑转率超出了限定值,控制器再综合节气门开度信号、发动机转速信号、转向信号等因素确定控制方式,输出控制指令,使相应的执行器动作,将驱动车轮的滑转率控制在限定的数值范围之内。ASR 的基本组成框图如图 8-28 所示。

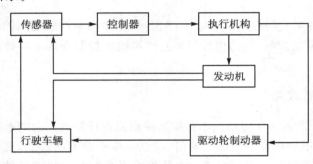

图 8-28 ASR 的基本组成框图

典型的 ASR 系统如图 8-29 所示。该系统由 ASR 选择开关、车轮转速传感器、防抱死制动电子控制单元与驱动防滑转电子控制单元、制动主继电器、制动执行装置、制动灯开关、节气门继电器、主节气门位置传感器、副节气门位置传感器、副节气门执行器、液压调节装置、故障指示灯、压力调节传感器液面高度调节传感器和执行器等部分组成。

1. 传感器

ASR 系统的传感器主要包括车轮转速传感器和节气门开度传感器。车轮转速传感器与 ABS 共用,节气门传感器与发动机电子控制器共用。

2. ASR 控制器

ASR 控制器与 ABS 的信号处理相似,因而共用一个微处理器,ECU 根据输入信号,计算后向制动器与发动机节气门发出工作指令,并通过指示灯显示当前的工作状态。一旦 ECU 检测到任何故障,则立即停止 ASR 调节,此时,车辆仍可以保持常规方式行驶,同时系统会将检测出的故障信息存入计算机的 RAM,所诊断的故障码输出到多路显示 ECU,并让报警指示灯闪烁。

3. ASR 执行器

(1) 制动压力调节器

ABS 制动压力调节器执行 ASR 控制器的指令,对滑转车轮施加制动力并控制制动力的

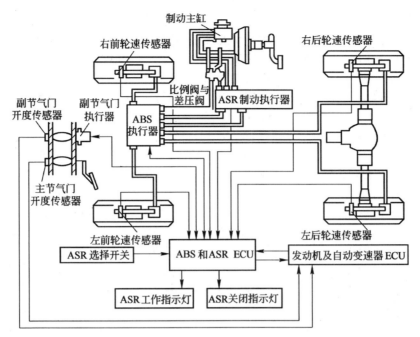

图 8-29 典型 ASR 系统示意图

大小,以使滑转车轮的滑转率限定在允许范围内。ASR 的制动压力源是蓄压器,通过电磁阀来调节驱动轮驱动力的大小。

(2) 节气门驱动装置

系统存在主、副两个节气门,在 ASR 不起作用时,副节气门处于全开位置。当需要减小发动机的驱动力来控制车轮滑转时,ASR 控制器输出控制指令,使副节气门驱动装置工作,改变辅助节气门的开度,从而达到控制发动机的输出功率,抑制驱动车轮滑转。气门驱动装置一般由步进电机和传动机构组成。步进电机根据 ASR 控制器输出的脉冲转动规定的转角,通过传动机构带动辅助节气门转动。

ASR 控制系统通过改变发动机辅助节气门的开度来控制发动机的输出功率,是应用最多的方法。

4. ASR 选择开关

当点火开关接通时,ASR 选择开关总是处于工作的状态。

5. ASR 指示灯

ASR 装置开始工作时,ASR 指示灯就闪亮,以提示驾驶人 ASR 装置正在工作中。

6. ASR 停止指示灯

ASR 选择开关使 ASR 装置停止工作时,ASR 停正指示灯亮。当 ASR 装置发生异常时,此灯闪烁以警告驾驶员。当 ASR ECU 改为自动故障诊断状态时,可以通过灯的闪动频率来读取故障码。

7. ASR ECU

(1) 输入信号和输出信号

ASR ECU 主要用于分析处理各种输入信号,且向 ASR 执行机构和副节气门执行机构输出控制信号,同时向各种指示灯和其他各 ECU 输出控制信号。

(2) 控制车轮速度

ASR ECU 接收来自 ESC ECU 的 3 个速度信号，计算各车轮速度，同时以左、右前轮的速度为基准判定车身速度，从而确定控制速度。

当驱动轮（后轮）开始打滑、后轮速度超过控制速度时，ASR ECU 判定其已经打滑，发出信号使副节气门开闭。同时，发出信号使 ASR 制动执行机构工作，适当地增加后轮分泵油压，以控制后轮打滑。

(3) 初始功能检查

① ASR 制动执行机构。ASR 制动执行机构结构如图 8-30 所示，各组件作用如表 8-2 所列。当变速杆位于 P 位或 N 位，车速为 0 时，ASR 制动执行机构内的 M/C 切断电磁阀、增压电磁阀和减压电磁阀工作，并进行通电检查，同时，从动油缸也开始工作。

② 当满足下列条件时（见表 8-2），ASR ECU 驱动副节气门执行机构，使副节气门全闭，进行通电检查。同时，ASR ECU 将记忆副节气门全闭时的角度（但只在接通点火开关约 2 s 后工作一次），这时即使没起动发动机，则只需满足车速为 0 的条件即可进行。

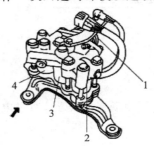

1—从动油缸；2—M/C 切断电磁阀；
3—增压电磁阀；4—减压电磁阀
图 8-30 ASR 制动执行机构

表 8-2 ASR 制动执行机构的功用

部位	功用
M/C 切断电磁阀	ASR 控制时，阻断 ESC 执行机构和左右制动分泵间的制动油路，防止制动分泵的又倒流
增压电磁阀	将储存起来的控制油送至从动油缸
减压电磁阀	使从动油缸内的控制油压回到 ESC 执行机构的油箱
从动油缸	将来自储存器的控制油经进行储存，使制动分泵的油压增加或减少

(4) 自动故障诊断

① 装置异常时的警告功能　当 ASR ECU 的信号系统（副节气门执行机构和 ASR 制动执行机构）发生异常时，仪表板内的 ASR 停止指示灯闪亮以提醒驾驶员。另外，装有电控多图像显示器的轿车会在画面下部出现一个"检查 ASR"的方框。

② 表示系统异常部位即诊断结果的功能　ASR ECU 变换为自动故障诊断状态，则可根据 ASR 停止指示灯的闪动频率判断异常部位。另外，装有电控多图像显示器的轿车，变换为诊断画面时则会显示故障。诊断项目包括正常情况 25 项。关于 ASR ECU 如何变换为自动故障诊断状态的方法和诊断代号须参考维修资料。

(5) 安全装置

当 ASR ECU 的信号系统、副节气门执行机构和 ASR 制动执行机构等装置发生异常时，ASR ECU 停止向副节气门执行机构和 ASR 制动执行机构输出信号，同时切断 ASR 继电器，以切断副节气门执行机构和 ASR 制动执行机构的电源。此时，副节气门执行机构使副节气门在回位弹簧的作用下回位，ASR 制动执行机构关闭全部电磁阀，恢复平常制动情况，此时与没装 ASR 装置的情况完全相同。

(6) 其他控制功能

① 向悬架控制 ECU 输出控制信号　为了减轻 ASR 工作时产生的车尾下降现象，ASR ECU 向悬架控制 ECU 输出控制信号以提高带气动缸减振器的弹簧的刚度系数和衰减力。

② 向多功能显示器 ECU 输出诊断信号　为了在 ASR 异常时显示故障码和方框，须向多功能显示器 ECU 输出故障码。

③ 副节气门开启位置传感器　该传感器装在节气门体上，将副节气门的开度变为电压信号通过发动机 ECU 输入到 ASR ECU。

④ ASR 继电器　该继电器是 ASR 制动执行机构和副节气门执行机构的电源供给装置。

8.2.4　ASR 防滑控制方式

ASR 的控制方法较多，上述只介绍了副节气门的控制方法。常用的 ASR 控制方式包括以下几点。

(1) 调节发动机的输出转矩

合理控制发动机的输出转矩，能使汽车驱动轮获得最大驱动力。输出转矩的调整方式有以下几种：

① 调整进气量　如调整节气门开度和辅助空气装置。

② 调整点火时间　如减小点火提前角和停止点火。

③ 调节燃油喷油量　如减小或中断供油。

(2) 控制驱动轮制动力

控制驱动轮制动力是对发生滑转的驱动轮直接加以制动。

该方式响应时间最短，是防止滑转的最迅速的一种控制方式。为了制动过程平稳，并考虑舒适性，驱动轮的制动力应缓慢升高。该控制方式与调整进气量的控制模式相配合，能达到较好的效果。

在单侧驱动轮打滑时，ASR 电子控制器发出控制指令，通过制动系统的压力调节器，对产生滑转的车轮施加制动。随着滑转车轮被制动减速，其滑动率会逐渐下降。当滑动率降到预定范围之内以后，电子控制单元立即发出指令，减少或停止该制动，其后，若车轮又开始滑转，则继续下一轮的控制，直至将驱动轮的滑动率控制在理想范围内。

与此同时，另一侧的非滑转车轮仍然保持着正常的驱动力。此作用类似于驱动桥差速器中的差速锁，即当一侧驱动轮陷入泥坑中，部分或完全丧失了驱动能力时，若只制动该车轮，另一侧的驱动轮仍能保持足够的驱动力，以便维持汽车正常的行驶。

当两侧驱动轮均出现滑转，但滑动率不同时，可以通过对两边驱动轮施加不同的制动力，分别抑制驱动轮的滑转，从而提高汽车在湿滑路面上的起步能力、加速能力和行驶的方向稳定性。这种方式是防止驱动轮滑转最迅速有效的一种控制方法。但是，考虑到舒适性，一般制动力不可太大。因此，常常作为第一种方法的补充，以保证控制效果和控制速度的统一。

(3) 防滑差速锁(LSD：Limited‐Slip‐Differential)控制

LSD 能对差速器锁止装置进行控制，使锁止范围从 0~100%。当驱动轮单边滑转时，控制器输出控制信号，使差速锁和制动压力调节器动作，控制车轮的滑转率。这时非滑转车轮还有正常的驱动力，从而提高汽车在滑溜路面的起步、加速能力及行驶方向的稳定性。

(4) 传动比

离合器结合的程度可通过液压装置减弱，从而减少输出转矩，但容易造成离合器片打滑烧坏。改变传动系的传动比也可以改变传递到驱动轮的驱动力。

任务 8.3　EBD 系统

电子控制制动力分配系统(Electronic control Brake-force Distribution，EBD)根据汽车制

动时轴荷转移的不同,自动调节前、后轴的制动力分配比例,提高制动效能,并配合 ABS 提高制动稳定性。

8.3.1 EBD 系统的原理

汽车紧急制动时,整车轴荷前移,后轮制动力占总制动力的比重较小(特别是小轿车),即 30% 左右,此时前轮附着力增大,故需要增大前轮制动力。

EBD 作为 ABS 功能的辅助装置。当重踩刹车,尤其是将刹车一踩至底时,EBD 在 ABS 起作用之前,先自动以前轮为基准判断后轮轮胎的滑动率,如有差异需要调整时,刹车油压系统控制后轮的油压,使刹车力的分布更理想。一般车尾部标识有 ABS+EBD,即 ABS 的基础上具有改善刹车力的平衡效果,防止出现甩尾和侧移,汽车制动更加平稳安全。EBD 的减速度传感器、电子控制单元和制动压力调节器均可与 ABS 共用,在汽车已装备 ABS 的基础上,无须增加任何硬件,只需在电控单元中增加一套制动力分配软件程序,就能实现制动力分配功能。

在 ABS 的基础上添加限压阀、比例阀、感载比例阀或减速度传感器比例阀等硬件装置,并编制相应的软件程序即可实现制动力分配的最佳控制。

8.3.2 EBD 系统组成及工作过程

EBD 系统由转速传感器、电子控制器和液压执行器三部分组成。如图 8-31 所示为天津丰田威驰乘用车 EBD 系统。

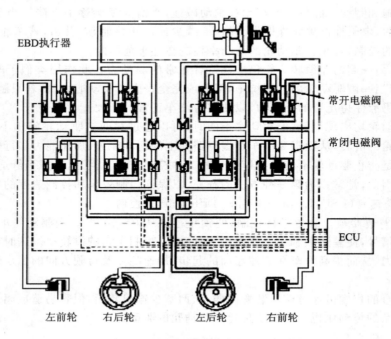

图 8-31 天津丰田威驰乘用车 EBD 系统

1. 传感器

EBD 系统的传感器是指 4 个车轮转速传感器,该传感器利用非接触式的电磁感应原理,感应通过铁磁材料(齿圈)的磁通量,产生周期性交变的脉冲信号电压。由于齿圈固装在车轮上,信号电压可随时反映制动时车轮转速的变化,车轮转速越高,信号电压越大。

EBD系统的控制程序步骤:车轮转速检测→参考车速的计算→车轮滑移率的计算→执行器电磁阀的控制→制动液压力的跟踪调节。

2. 执行器

(1) 组　成

EBD系统的执行器为制动压力调节器。制动压力调节器是铝合金阀体,其上包括电磁阀、电动回液泵、继电器、储液器及单向阀等装置,其中电磁阀还包括4组升压电磁阀1个减压电磁阀。

通常执行器按电磁阀的控制形式不同分为两种,一种是三位三通电磁阀,一种是两位两通电磁阀。电磁阀能使制动液在制动主缸、制动轮缸与回液管之间实现有序的连通,使制动轮缸内制动液压力在升高、保持及降低三态间进行调节。

① 常开电磁阀　常开电磁阀亦称为安全阀,由于其工作与EBD系统对制动液压的调节不关联,故只起安全保护作用。

当车辆处于制动时,由制动主缸流出的制动液直接通过该阀输出至各制动轮缸,建立起制动液压,使车轮转速下降。该阀的进液管道内设置有节流孔,其作用是限制制动轮缸内制动液压力建压速度的梯度(车辆制动时需要一定的制动液压力的建压梯度),该孔对车轮制动力的快速形成十分有利。

但是,如果建压梯度过大,会造成制动液的过度脉动,系统的振动和噪声将过大,所以,必须选择适当的节流孔孔径。在该阀内与移动滑块并联一个止回阀,该止回阀位于常开电磁阀上部,并与节流孔相并联,其作用是保证制动轮缸内制动液压不高于从制动主缸输入的制动液压力。

② 常闭电磁阀　当常闭电磁阀通电开启时,制动轮缸内的制动液压力处于减压状态。在该阀内的制动液管上也有节流孔,与升压电磁阀内的节流孔相对应,该节流孔用于限制制动轮缸液压的压梯度,即在调节过程中控制车轮制动力的下降速度。

③ 低压蓄能器及油泵　低压蓄能器主要用于暂存降压时所排出的制动液,如图8-32所示。

在制动压力减压过程中,制动轮缸的制动液经减压电磁阀流向低压蓄能器,低压蓄能器暂存制动液,回液经止回阀和回液泵的作用,被泵回至制动主缸。在升压电磁阀断电,即该电磁阀开启状态下,踩下制动踏板,制动轮缸的液压呈升压状态,回液泵不工作。在其他调压阶段,回液泵则自动通电工作。

3. 工作过程

轮速信号送至电子控制器,电子控制器根据信号计算汽车参考车速、

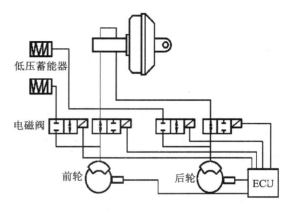

图8-32　低压蓄能器

车轮转速及前后轮滑移率之差,并按一定的控制规律向液压执行器中的电磁阀发出信号,对车轮实行保压、减压和加压的循环控制,使前、后轮趋于同步抱死(主要是增大前轮制动力、减小后轮制动力)。当滑移率偏离最佳滑移率时,系统启动 ABS。在制动时,EBD 先于 ABS 启动,EBD 和 ABS 的启动都由 ECU 控制。

此时,再次打开常闭阀,低压蓄能器中的制动液经常闭阀、常开阀返回制动主缸,使低压蓄能器排空,为下一次电子制动力的分配调节做好准备。

任务8.4　EBA 系统和上下坡辅助系统

8.4.1　电控辅助制动系统(EBA)

电子控制制动辅助系统(Electronic Control Brake Assist System,EBA)也称为 BAS 或 BA,其作用是感应驾驶员对制动踏板动作的需求程度,非常紧急时,EBA 使制动力更快速地自动产生,减少制动距离。

紧急制动时,若做出踩制动踏板的动作,但没有踩到底,导致制动力不足,甚至无法启动 ABS(ABS 需要足够的刹车力并发生滑移时才会启动),导致刹车距离过长。EBA 通过驾驶员踩踏制动踏板的速率判断的制动行为,如果判断制动踏板的制动压力陡增(踩制动踏板速度快),EBA 会在几毫秒内启动全部制动力,其速度要远大于大多数驾驶员移动脚的速度。

EBA 系统时刻监控制动踏板的运动,一旦监测到踩踏制动踏板的速度陡增,且驾驶员继续大力踩踏制动踏板,EBA 系统释放出储存的 170 bar 的液压以施加最大的制动力。驾驶员一旦释放制动踏板,EBA 系统就转入待机模式。由于更早地施加了最大的制动力,紧急制动辅助装置可显著缩短制动距离。

8.4.2　制动辅助系统的组成

EBA 是在 ABS 的基础上,增设制动踏板行程传感器和制动压力传感器,并在 ABS ECU 中增设了制动力调节软件程序(ABS/EBA ECU)。制动踏板行程传感器用于检测驾驶员操作制动踏板的速度,制动压力传感器用于检测制动主缸制动压力的大小,ECU 根据传感器信号判断本次制动是常规制动还是紧急制动,并向 ABS 液压调节器中的电磁阀发出电磁脉冲,以控制制动力大小。

8.4.3　制动辅助系统的控制效果

当 ABS/EBA ECU 判断为紧急制动时,即使驾驶员踩下制动踏板的力量较小,ABS/EBA ECU 也能自动控制制动压力调节器使车轮制动器产生较大的制动力,如图 8-33 所示。

EBA 和 ABS 是相互协调的系统,当 EBA 的制动力大于轮胎的附着力,车轮发生抱死滑移时,此时 ABS 投入工作,调节制动力使滑移

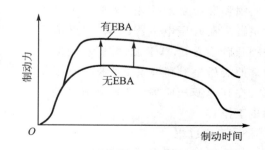

图 8-33　有/无 EBA 时制动力比较

率控制在20%附近,从而缩短制动距离,提高制动效能。

8.4.4 下坡辅助系统(DAC)

下坡辅助系统(DAC)又称为陡坡缓降系统(HDC),作用是使驾驶员能在不踩制动踏板的完全控制情况下,平稳地通过陡峭的下坡坡段。

当坡度较小时,车速5~25 km/h并打开DAC开关的条件下,不踩加速踏板和制动踏板,采用发动机制动,此时分动器位于L位置,停车灯会自动点亮。

当坡度过大、发动机制动不足以维持车速上限,ABS系统介入,在必要时启动刹车点放,以维持稳定而安全的速度下坡。如果驾驶员在下陡坡的过程中、必须转向闪避障碍时,DAC系统也会测知、并进一步将车速上限降至6.4 km/h,以确保完全控制车辆。

8.4.5 上坡辅助系统(HAC)

车辆在陡峭或光滑坡面上起步时,驾驶员必须快速且准确地从制动踏板切换至油门踏板,否则车辆向后下滑,从而导致起步困难。为防止此情况发生,上坡起步辅助控制暂时(最长约2 s)对四个车轮施加制动以阻止车辆下滑,驾驶员可轻松起步并从容操作踏板。

当挡位位于前进挡,而车轮产生后退趋势时(上坡时驱动力不足),此系统在车轮上自动施加制动力,当车轮向前运动时制动力自动释放。此系统可以帮助驾驶员提高在坡路驾驶时的安全操作。

下山辅助系统与上山辅助系统一般在越野车中配置。这些系统在工作时相互配台,由主控计算机统一协调。

任务8.5 ESP系统

ABS、EBD、EBA都是在汽车制动时起作用,ASR是汽车起步和加速时起作用。据统计,在严重人身伤害的车祸中,有1/4由汽车侧滑引发,且60%的致命车祸都是源于侧滑导致的侧面撞击。

引起侧滑的主因包括:路况突变(如路面有冰),使轮胎失去侧向力而失去操控;路面突现险情,驾驶员紧急避让时猛打转向盘过度等。以上情况,驾驶员没有踩刹车也没有踩油门,ABS、EBD、EBA、ASR均不能工作。为了防侧滑并保证汽车全时监控,ESP应运而生。

电子稳定系统或电子车身稳定系统(Electronic Stability Program,ESP)在汽车行驶的全过程监控汽车的行驶情况,当由于地面湿滑等情况使前轮或后轮发生侧滑时,不需驾驶员的干涉,ESP自动调节各车轮的驱动力和制动力,确保汽车沿方向盘方向行驶。

不同厂家对ESP的命名不同,Alfa Romeo、Infiniti称为VDC,BMW、Jugear和Land Rover称为DSC,Mercedes-Benz、Chrysler、Citroën、Dodge、Opel和Peugeot称为ESP。Acura称为VSA,Ferrari称为CST。

ESP可大大降低交通事故的发生率。许多研究和分析都证实了ESP在增强道路安全方面有成效。

ESP各部件实物如图8-34所示。

图 8-34 ESP 部件

8.5.1 各电子系统的关系

在各电子系统中,ABS 是基础,EBD、EBA 是在 ABS 的基础上增加了相应的软件和硬件,ASR 的结构更加复杂,ESP 则整合了上述多项电子制动技术,通过对制动系统、发动机管理系统和自动变速器施加控制,防止车辆滑移的一项综合控制技术。

ESP 与各项电子防滑系统的包含关系如下图 8-35 所示。

装备 ESP,则同时具有 TCS/ASR、EDL、ABS 功能。
装备 TCS,则同时具有 EDL、ABS 功能。

图 8-35 ESP 与各项电子防滑系统的包含关系

8.5.2 ESP 的组成及功能

1. 组 成

ESP 系统是由 ECU、转向盘转角传感器,横向加速度传感器、纵向加速度传感器、横向偏摆率传感器、轮速传感器及液压系统等组成,如图 8-36 所示。

(1) ECU

ECU 将传感器采集到的数据进行计算,算出车身状态然后跟存储器里预先设定的数据进行对比。当计算数据超出存储器预存的数值,即车身临近失控或者已经失控时则命令执行器工作,以保证车身行驶状态能够尽量满足驾驶员的意图。

接通点火开关后,系统进入自检,如 ECU 出现故障,仍可按常规制动,但 ABS/ASR/EPS 等失效。

(2) 转向盘转角传感器

转向盘转角传感器监测方向盘旋转的角度,确定汽车行驶方向是否正确。若无此信号则

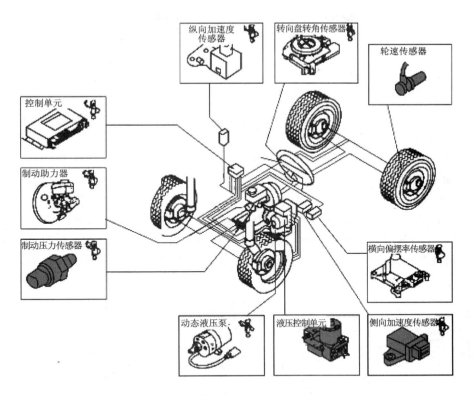

图 8-36 ESP 组成

无法确定行驶方向，ESP 失效。

（3）横向偏摆率传感器

横向偏摆率传感器检测车辆绕其纵轴陡转角度和转动速率，记录汽车绕垂直轴线的运动，确定汽车是否打滑。该传感器利用音叉形振荡式陀螺仪原理工作。若无此信号则 ECU 无法确定车辆是否发生横向偏摆，ESP 失效。

（4）制动压力传感器

制动压力传感器检测实际制动管路压力的大小，ECU 由此算出车轮上的制动力和整车的纵向力大小。如果 ESP 正在对不稳定状态进行调整，ECU 将该数值包含在侧向力计算范围内。若无此信号则无法准确算出侧向力，ESP 失效。

（5）侧向加速度传感器

侧向加速度传感器检测车辆侧向力的大小。若无该信号则 ECU 无法算出车辆的实际行驶状态，ESP 失效。

（6）纵向加速度传感器

纵向加速度传感器只安装在四驱车上。对于单轴驱动车辆，通过计算制动压力、车轮转速信号以及发动机管理系统信息，得出纵向加速度。

（7）轮速传感器

轮速传感器安装在每个车轮上，用于检测车轮旋转的角速度。ABS/TRC/VSC 利用此信号计算车轮滑移率和滑转率。

(8) 液压控制单元

EBD 的液压控制单元和 ABS/TRC/VSC 共用,其作用是调节各个制动缸的制动压力大小。

(9) ESP 开关

在积雪路面或松软路面上起步时或汽车发生漂移时,应关闭 ESP 系统,以充分利用附着力;安装防滑链,在测功机上检测时,也应关闭 ESP 系统,以获得足够的驱动力。

(10) 系统指示灯

各指示灯在仪表板上的位置如图 8-37 所示。

2. 工作原理与功能

(1) 基本原理

当汽车行驶过程中,ESP 系统通过不同传感器实时监控驾驶员转弯方向,车速、油门开度、刹车力以及车身倾斜度和侧倾速度,以此判断汽车正常安全行驶与驾驶员操纵汽车意图的差距。然后通过调整发动机的转速和车轮上的刹车力分布,修正过度转向或转向不足。其控制如图 8-38 所示。

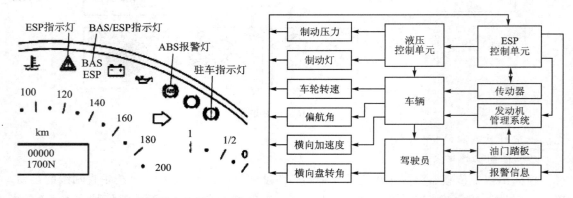

图 8-37 指示灯在仪表板上位置示意图　　图 8-38 ESP 控制框图

ESP 在提高汽车行驶稳定性方面效果显著。ESP 的作用是当驾驶员操纵汽车超过极限值后微处理器自动介入修正驾驶。

微处理器控制车辆运动的手段有两个:一是控制节气阀收油,衰减汽车动力,使速度降下来;二是对某些车轮进行制动,让汽车的速度减小到极限值以内。

微处理器通过两套传感器为其搜集行车信息。一套是方向盘转向角度传感器,用来收集驾驶员的转向意图;一套是车轮转速传感器(每个车轮上都装有一个)来监测车辆运动状况。

当方向盘转向角度传感器检测到驾驶员对方向盘的转向角度以后,就会通知 ESP 微处理器;与此同时,各个车轮转速传感器测得的车轮转速信息也会传递到 ESP 微处理器。

微处理器根据各个车轮的转速计算出车辆的实际运动轨迹。如果实际运动轨迹跟理论运动轨迹有区别,或者检测出某个车轮打滑(丧失抓地力),微处理器控制节气阀减小开度(收油)。然后输出信号使制动系统对某个车轮进行制动,来修正运动轨迹。当实际运动轨迹与理论运动轨迹(驾驶员意图)相一致时,ESP 自动解除控制。

(2) ESP 具体功能

① 控制驱动力,防止车轮打滑　在车辆起步和行驶过程中,ESP 利用微处理器分析来自

传感器的信号并输出相应的控制指令,使系统对制动、发动机管理和变速换挡控制及时干预,让汽车在起动时保持合适的扭矩,防止车轮打滑。

② 控制转向不足　转向不足时有无 ESP 的对比(见图 8-39)。

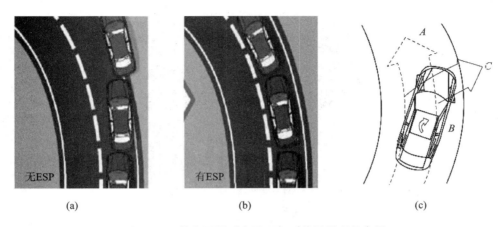

图 8-39　转向不足时有无 ESP 对比及原理示意图

在转向过程中,如果驾驶员对车辆方向盘转角过大(见图 8-39(c)中的 A 方向),地面附着力不足,使车辆不能按照正常的轨迹行驶(发生如图 8-39(c)所示 B 方向偏转,向 C 方向运动),若无 ESP 行车路线如图 8-39(a)所示,称为前轮侧滑。此时 ESP 将减小发动机输出转矩,同时向左后轮施加一个制动力,使汽车产生一个旋转力矩,恢复 A 方向如图 8-39(b)所示。

③ 控制转向过度　转向不足时有无 ESP 的对比(见图 8-40)。

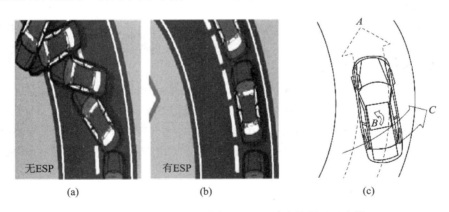

图 8-40　转向过度时有/无 ESP 对比及原理示意图

在转向过程中,如果驾驶员对车辆方向盘转角不大(见图 8-40(c)中的 A 方向),由于后轮侧滑或汽车后驱,使车辆不能按照正常的轨迹行驶(发生如图 8-40(c)所示方向偏转,向 C 方向运动),此时后轮失控而甩尾(见图 8-40(a))。当 ESP 感知到这种情况将要出现之前,ESP 将减小发动机输出转矩,同时向右前轮施加一个制动力,让前轮得到一个反向转矩来稳定车身,恢复 A 方向(见图 8-40(b))。

④ 控制方向,减少对开路面制动距离　对开路面,指的是汽车的左右轮分别位于不同附着系数的路面上,如一半是干燥路面,而另一半是积水甚至是积雪路面。在这种路面上刹车

时,制动系统在对附着力较低的路面上的车轮施加制动力时,为了防止车轮的抱死滑动,制动系统对附着力较大的路面上的车轮施加大小不同的制动力,对开路面时有/无 ESP 的对比如图 8-41 所示。

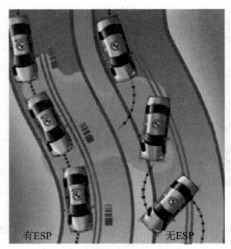

图 8-41 不同地面附着力下有/无 ESP 系统轿车行驶效果对比

8.5.3 ESP 功能特点

① 实时监控 ESP 能够实时监控驾驶员的操控动作、路面反应、汽车运动状态,并不断向发动机和制动系统发出指令。

② 主动干预 ABS 等安全技术主要是对驾驶员的动作起干预作用,但不能调控发动机。ESP 则可以通过主动调控发动机的转速,并调整每个轮子的驱动力和制动力,来修正汽车的过度转向和转向不足。

③ 事先提醒 当驾驶员操作不当或路面异常时,ESP 会用警告灯警示驾驶员。ESP 实际上是一种牵引力控制系统,与其他牵引力控制系统比较,ESP 不但控制驱动轮,而且可控制从动轮。如后轮驱动汽车常出现的转向过多情况,此时后轮失控而甩尾,ESP 便会刹慢外侧的前轮来稳定车辆;在转向过少时,为了校正循迹方向,ESP 则会刹慢内后轮,从而校正行驶方向。

习 题

1. 汽车制动过程中,车轮抱死滑移的原因是什么?
2. 什么是汽车制动系统的控制通道?
3. 分析说明两位两通电磁阀防抱死制动系统 ABS 的控制过程。
4. 防滑转控制系统的控制方式有哪些?
5. 简述 EBD 和 ABS 之间的关系。
6. EBA 系统的控制效果是什么?
7. ESP 系统的功能特点是什么?

项目 9　电控悬架系统

悬架是汽车行驶系中必不可少的部件，普通悬架的弹簧刚度和减震器阻尼性能通常都是固定的，各元件的特性不可调节。随着电子技术的发展，悬架系统也朝更先进的方向发展。电子控制悬架系统根据路面情况和车速条件，自动控制弹簧刚度、减震器阻尼性能及车身高度，明显地改善了乘坐舒适性和操纵稳定性。

任务 9.1　悬架系统概述

悬架系统既要满足车辆具有乘坐舒适性，又要求车辆的操纵稳定性。为了提高悬架系统的这两项性能，现代汽车开始采用电子控制悬架系统。

1981 年汽车开始应用车身高度控制技术，同年又成功开发出可变换减震器阻尼力控制的新技术，以后又开发出自动变换减震器阻尼力、弹性元件刚度的电控悬架。

1987 年，日本本田公司率先推出装有空气弹簧的主动悬架，它是通过改变空气弹簧的空气压力来改变弹性元件刚度的主动悬架。

1989 年，世界上又推出了装有油气弹簧的主动悬架。

20 世纪 90 年代是电子技术在汽车悬架系统中的应用最广泛的时期。现在，某些计算机控制的悬架系统已具有在 10 ms 到 12 ms 内即可对路面和行驶条件做出反应的能力，以改善行驶时的平稳性和操纵性。

在装备电子控制悬架系统的汽车上，当汽车急转弯、急加速或紧急制动时，乘坐人员能够感到悬架较为坚硬，而在正常行驶时感到悬架比较柔软；电控悬架还能平衡地面反力，使其对车身的影响减小到最低程度。因此，随着汽车电子技术的发展与进步，中高档轿车、大客车以及越野汽车都装备了电子控制悬架系统。

电子控制悬架系统可根据悬架位移（车身高度）、车速、转向、制动器信号等，由电子控制器控制电磁式或步进电机式执行元件，调整空气悬架中的压缩空气，改变其刚度和汽车车身的高度，以抑制车辆倾斜、制动时前部"点头"和高速行驶时后部"下坐"而使车身姿态发生的变化。因此，悬架系统能够较好保持汽车的乘坐舒适性和操纵稳定性。

任务 9.2　电控悬架的结构和原理

9.2.1　电控悬架的组成

电子控制悬架系统（Electronic Control Suspension System，ECS）又称为电子调节悬架系统（Electronic Modulated Suspension System，EMS）。

电子控制悬架系统通常由传感器、电子控制单元（ECU）和执行器三部分组成。

① 传感器　主要有转向传感器、车身高度传感器、车速传感器、节气门位置传感器、重力

加速度传感器。

② 电子控制单元　电子控制单元简称为ECU,它将传感器输入的电信号进行综合处理,输出对悬架的刚度、阻尼及车身高度进行调节的控制信号。

③ 执行机构　执行机构包括压缩机控制继电器、空气压缩机排气阀、空气弹簧进/排气电磁控制阀、模式控制继电器。执行器按照ECU的控制信号,准确及时地动作,调节悬架的刚度、阻尼性能及车身的高度调节的悬架参数。

汽车电控悬架系统组成框图如图9-1所示。

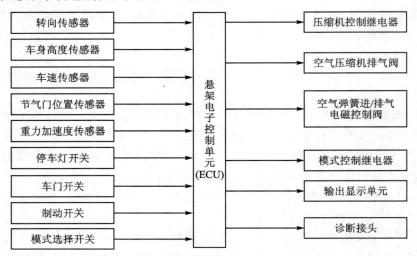

图9-1　汽车电子控制悬架系统组成框图

9.2.2　电控悬架的工作过程

空气压缩机产生的压缩空气送入空气弹簧的空气室中,ECU根据汽车高度信号,控制压缩机和排气阀充气或排气,伸长或压缩空气弹簧以控制车辆高度。同时,ECU根据车速、转向、加速、制动、车高等信号,通过控制阀改变空气弹簧主、副气室间的流通面积,调节弹簧刚度,并通过控制减震器中的旋转阀,通、断油孔改变节流孔的数量,改变阀体中减振液的流通快慢,从而改变减震器的阻尼系数。

9.2.3　电子控制悬架系统的控制功能

1. 车速与路面感应控制

车速与路面感应控制主要是随着车速和路面的变化改变悬架的刚度和阻尼,使之处于"软"或"硬"状态("硬"状态又称为"运动"状态)。每一种状态又按刚度和阻尼大小分为低、中、高三种状态。

① 高速感应控制　当车速超过110 km/h时,控制器输出控制信号,使悬架的刚度和阻尼相应增大,以提高汽车高速行驶时的操纵稳定性。

② 前后轮相关控制　当汽车前轮遇到路面接缝等单个的突起时,控制器输出控制信号,相应减小后轮悬挂的刚度和阻尼,以减小车身的振动和冲击。

③ 坏路面感应控制　当汽车行驶在不良路面上时,控制器输出控制信号,相应增大悬架的刚度和阻尼,以抑制车身的振动。

2. 车身姿态控制

车身姿态控制是 ECU 根据驾驶员的操纵预测车身姿态的变化趋势,对悬架的刚度和阻尼实施控制,以抑制车身的过度摆动,从而确保车辆乘坐舒适性和操纵稳定性。

① 汽车侧倾控制　当驾驶员急打方向盘使汽车急转弯时,转向传感器将方向盘的转角和转速电信号输入 ECU,ECU 经过计算分析向悬架输出控制信号,增大外侧悬架的刚度和阻尼,以抑制车身的侧倾。

② 汽车点头控制　在汽车紧急制动时,车速传感器的车速信号和制动开关的阶跃信号输入 ECU,ECU 经过计算分析后输出控制信号,增大悬架的刚度和阻尼,以抑制车身点头。

③ 车身后仰控制　驾驶员猛踩油门使汽车突然起步或突然加速时,车速传感器的车速信号和节气门开度传感器的阶跃信号输入 ECU,ECU 经过计算分析后输出控制信号,增加悬架的刚度和阻尼,以抑制车身后仰。

3. 车身高度控制

车身高度控制是在汽车行驶车速和路面变化时,ECU 向悬架输出控制信号,使空气压缩机和高度控制阀通电工作,将压缩空气送入悬架空气室,改变车身的高度,以确保汽车行驶的稳定性和通过性。

① 高速感应控制　当汽车车速超过 90 km/h 时,为了提高汽车的行驶稳定性和减少空气阻力,ECU 输出控制信号,使排气阀和高度控制阀通电工作,悬架气室向外排气,以降低车身的高度;当车速低于 60 km/h 时,汽车又恢复原有的高度。

② 连续不良路面行驶控制　汽车在连续颠簸不平的路面行驶,车身高度传感器连续 2.5s 以上输出大幅度的振动信号,如果车速在 40~90 km/h 时,ECU 输出信号以提高车身高度,以减弱来自路面的突然起伏感,并提高汽车的通过性能;如果速度在 90 km/h 以上时,优先考虑汽车行驶的稳定性,故通过控制降低车身高度。

③ 点火开关 OFF 控制　在驻车时,当点火开关关闭后,自动降低车身到目标高度,便于乘客的乘降。

④ 自动高度控制　当乘客和载质量变化时,汽车车身可以保持在一个恒定的高度。

9.2.4　汽车电控悬架系统的分类

1. 按有源和无源分类

(1) 半主动式悬架系统

半主动式悬架系统为无源控制,采用调节悬架减振器阻尼的方法工作。该系统不能对悬架的刚度和阻尼进行有效的控制,但可以根据汽车运行时的振动及行驶工况变化情况,对悬架阻尼参数进行自动调整。

(2) 全主动式悬架系统

全主动式悬架系统又称主动式悬架系统,是一种有源控制,该系统的附加装置用来提供能量和控制作用力。主动式电控悬架系统可以在汽车行驶过程中,根据行驶状况,自动调整弹簧刚度和减振器阻尼以及前后悬架的匹配,抑制车身姿态变化,防止转弯、制动、加速等工况造成的车身姿态改变,还可以根据路面起伏、车速高低、载荷大小自动控制车身高度变化,确保汽车行驶平顺性和操纵稳定性。

2. 按悬架介质的不同分类

(1) 油气式电子控制主动悬架系统

油气式电子控制主动悬架系统系统以油为介质压缩气室中的氮气,实现刚度调节,以管路中的小孔节流形成阻尼特性。

(2) 空气式电子控制主动悬架系统

空气式主动悬架系统采用的是空气弹簧,通过改变空气弹簧中主、副空气室的通气孔的截面积来改变气室压力,以实现悬架刚度控制,并通过对气室充气或排气实现汽车高度控制。

3. 按悬架调节的方式不同分类

(1) 分级调整式悬架系统

由驾驶人手动选择或 ECU 根据各传感器的信号自动选择,将悬架的阻尼/刚度分为 2~3 级进行调整。

(2) 无级调整式悬架系统

无级调整式悬架系统即阻尼/刚度从小到大可实现连续调整的悬架系统。

电子控制悬架系统采用的控制方式包括控制车身高度、控制空气弹簧的刚度和控制油液减振器的阻尼等。根据电子控制悬架系统的功能不同,目前采用的电子控制悬架系统主要有以下几种类型:

① 电子控制变高度悬架系统。
② 电子控制变刚度空气弹簧悬架系统。
③ 电子控制变阻尼减振器悬架系统。
④ 电子控制变刚度空气弹簧与变阻尼减振器悬架系统。
⑤ 电子控制变高度变刚度空气弹簧和变阻尼减振器悬架系统。

9.2.5 电控悬架的结构

电控悬架的工作流程主要是:车身状态传感器(加速度、位移及其他目标参数)→计算机控制装置→调节悬架参数的执行器(电磁阀、步进电机等)。

1. 主要传感器

(1) 光电式转向盘转角传感器

光电式转向盘转角传感器如图 9-2 所示,在转向盘的转向轴上装有一个带窄缝的圆盘,传感器的光电元件(即发光二极管)和光敏接收元件(光敏晶体管)相对地装在遮光盘两侧形成遮光器。

由于圆盘上的窄缝呈等距均匀分布,当转向盘的转轴带动圆盘偏转时,窄缝圆盘扫过遮光器件中间的空穴,从而在遮光器的输出端进行 ON、OFF 变换,形成脉冲信号。

(2) 车身高度传感器

车身高度传感器的作用是检测汽车行驶时车身高度的变化情况(汽车悬架的位移量),并转换成电信号输入悬架系统的电子控制装置 ECU。常见的车身高度传感器包含磁性滑阀式、霍尔式、光电式三种结构。

① 磁性滑阀式车身高度传感器 如图 9-3 所示,其上端有一个磁性滑阀,当汽车高度变化时,滑阀在传感器下壳内上下运动。传感器下壳内有两个电控开关(超高开关、欠高开关),通过线束与控制模块连接。

项目 9 电控悬架系统

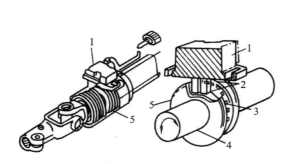

1—方向盘转角传感器；2—信号发生器；
3—遮光盘；4—转向轴；5—传感器圆盘

图 9-2 转向盘转角传感器——光电式转角传感器

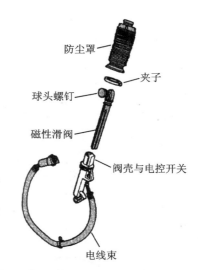

图 9-3 磁性滑阀式车身高度传感器

② 霍尔式车身高度传感器 如图 9-4 所示，主要包括一个永磁转子和一个霍尔元件，为电控可旋转式高度传感器，主要利用永磁转子的转动和霍尔元件的霍尔效应产生车高电压信号。悬架的运动使永磁转子旋转，使霍尔元件上的电压信号变化，电压信号与标准车高、超高和欠高成比例。

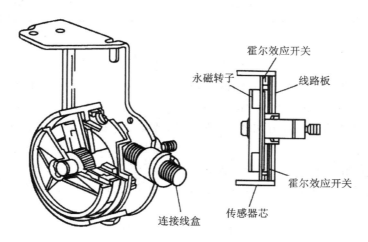

图 9-4 霍尔式车身高度传感器

③ 光电式高度传感器 如图 9-5 所示，在光电式车高传感器的内部，有一个靠连杆带动的传感器轴，在传感器轴上固定一开有许多窄槽的圆盘。遮光器由发光二极管和光敏三极管组成，圆盘的转动可使遮光器的输出进行 ON、OFF 转换，并把 ON、OFF 转换信号通过信号线输入悬架 ECU，依靠这种 ON、OFF 转换，悬架 ECU 装置可以检测出圆盘的转动角度。当车身高度发生变化时，悬架变形量即发生变化，圆盘在传感器轴带动下转动，从而使悬架 ECU 检测出车身高度的变化。

④ 车速传感器 车速传感器与发动机电控系统共享，一般安装在变速器输出轴上，或车速表软轴的输出端内，检测出转速信号。

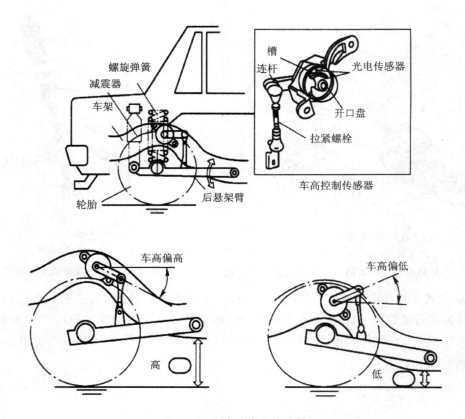

图9-5 光电式高度传感器

⑤ 节气门位置传感器　节气门位置传感器与发动机电控系统共享,可以间接检测汽车加速度信号,作为防下坐控制的一个工作状态参数。

⑥ 重力加速度传感器　重力加速度传感器安装在汽车的四角。后重力加速度传感器安装在车架后部靠近后悬架支架处;前重力加速度传感器安装在减震器支架上,将车身垂直方向的加速度信息变成相应的电压信号传给控制单元。

⑦ 停车灯开关　当踩下制动踏板时,停车灯开关接通,ECU接收该信号作为防点头控制用的一个起始状态。

⑧ 车门开关　车门开关是为了防止行驶过程中车门未关闭而设置的。

⑨ 制动开关　制动开关为安装在制动阀总成上的常开式开关。当制动压力达到2 758 kPa时,制动传感器开关闭合。

⑩ 模式选择开关　模式选择开关用来选择悬架的"软""中"或"硬"状态,ECU检测到该开关的状态后,操纵悬架控制执行器,从而改变减震器的弹簧刚度和阻尼系数。

2. 电子控制单元

电子控制单元根据汽车行驶时的各种传感器信号,如制动灯开关信号、车速传感器信号、模式选择开关信号、节气门位置信号等,确认汽车的行驶状态和路面情况(如汽车是低速行驶还是高速行驶,是直线行驶还是处于转弯状态,是在制动还是在加速,自动变速器是否处在空挡位置等),以确定各悬架减震器的阻尼力大小,并驱动执行器调节。

3. 执行机构

(1) 阻尼可调式减震器

阻尼力调节是根据汽车负荷、行驶路面的条件和汽车行驶状态(加速、减速、制动或转弯等)来控制减震器的阻尼力。

阻尼可调式减震器可使减振阻尼力可在二段(软、硬)或三段(软、中等、硬)之间变换。

减震器主要由缸筒、活塞及活塞控制杆、回转阀等组成,如图9-6(a)所示。活塞杆为一空心杆,在活塞杆的中心装有控制杆,控制杆的上端与执行器相连。

控制杆的下端装有回转阀,回转阀上有三个油孔,活塞杆上有两个直孔,缸筒中的油液一部分经活塞上的阻尼孔在缸筒的上下两腔流动;一部分经回转阀与活塞杆上连通的孔在缸筒的上下两腔间流动。

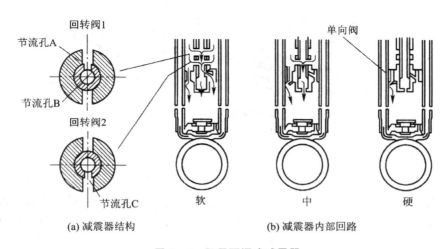

图 9-6 阻尼可调式减震器

根据回转阀与活塞杆上的小孔不同的连通情况,减震器的阻尼力有硬(hard)、中(normal)、软(soft)三种,如图9-6(b)所示。

该阻尼力的特性分别为:

软(soft)——减震器的阻尼力较小,减振能力较弱,可充分发挥弹性元件的缓冲作用,使汽车具有高级旅游车的舒适性。

中(normal)——适合用于汽车高速行驶。

硬(hard)——减震器的阻尼力较大,减振能力强,使汽车具有类似跑车的优良操纵稳定性。

可调节阻尼力的减震器的基本工作原理:当ECU促使执行器工作时,通过控制杆带动回转阀相对活塞杆转动,使回转阀与活塞杆上的油孔连通或切断,从而增加或减小油液的流通面积,使油液的流动阻力改变,达到调节减震器阻尼力的目的。

当回转阀上的A、C油孔相连时,流通面积较大,减震器的阻尼力为"软";当只有回转阀B油孔与活塞杆油孔相连时,减震器的阻尼力为"中";当回转阀上三个油孔均被堵住时,有活塞上的阻尼孔起衰减作用,此时减震器的阻尼力为"硬"。

(2) 直流电动机式执行器

直流电动机的结构如图9-7所示,ECU输出控制信号使电磁线圈通电控制挡块动作(如将挡块与扇形齿轮的凹槽分离),直流电动机根据输入的电流方向作相应方向的旋转,从而驱动扇形齿轮作对应方向的偏转,以带动控制杆改变减震器的回转阀与活塞杆油孔的连通情况,使减震器的阻尼力按需要的阻尼力大小和方向改变。

当阻尼力调整合适后,电动机和电磁线圈断电,挡块重新进入扇形齿轮的凹槽,使被调整好的阻尼力大小能稳定地保持。

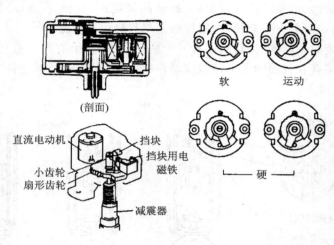

图 9-7 直流电动机

(3) 侧倾刚度控制的执行机构

侧倾刚度控制机构如图 9-8 所示。汽车的侧倾刚度与汽车的转向特性密切相关,为改变汽车的侧倾刚度,可通过改变横向稳定杆的扭转刚度来实现。侧倾刚度控制系统根据电子控制单元 ECU 的信号,通过执行器控制横向稳定杆液压缸内的油压,达到调节横向稳定杆扭转刚度的目的。

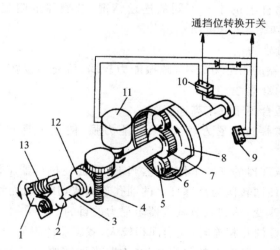

1—驱动杆;2—从动杆;3—变速传感器;4—蜗杆;5—小行星轮;6—齿圈;7—太阳轮;
8—托架;9—限位开关(SW2);10—限位开关(SW1);11—直流电动机;12—蜗杆;13—弹簧

图 9-8 侧倾刚度控制机构

(4) 弹簧刚度控制的执行机构

弹簧刚度控制弹簧的强度和弹力,执行机构是空气弹簧。空气弹簧结构如图 9-9 所示,由控制阀、主气室、副气室等组成。控制阀连通了主、副气室,其中主气室空气易压缩,压缩时空气进入副气室。控制阀开口增大,压缩时主气室空气容易进入副气室,使其可压缩体积增大,刚度减小;控制阀开口减小,压缩时主气室较少的空气进入副气室,使其可压缩体积减小,刚度增加,如图 9-10 所示。

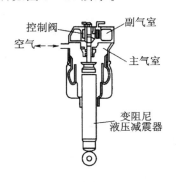

图 9-9 空气弹簧的基本结构断面图

图 9-10 空气弹簧变刚度原理

弹簧刚度越小(即弹簧越柔软),振动越小,乘坐舒适性、平顺性就越好;弹簧刚度越大(即弹簧越坚硬),操纵稳定性就越好。

(5) 车高控制的执行机构

车高控制主要是利用空气弹簧中主气室空气量的多少来进行调节,空气弹簧的结构如图 9-11 所示。

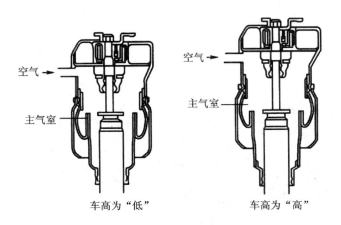

图 9-11 空气弹簧车身高度控制

当 ECU 接收到车高传感器、车速传感器、车门开关等信号,经过处理判断,若判定是增加车高,则控制执行机构向空气弹簧主气室充气增加空气量,增加汽车高度;若判定是降低车高,则控制执行机构打开排气装置向外排气,使空气弹簧主气室的空气量减少以降低汽车高度,如图 9-12 所示。

汽车的悬架调节系统的分布如图 9-13 所示,包括模式选择开关、电控装置(ECU)可调阻尼式减震器和各种传感器等。

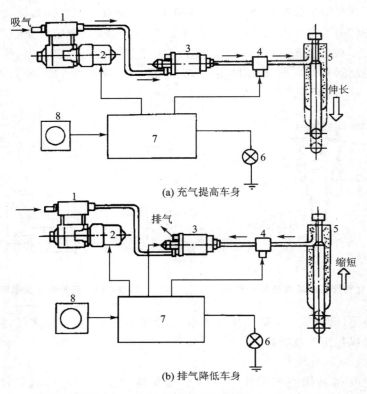

1—压缩机和调压器；2—电动机；3—干燥器和排气阀；4—高度控制电磁阀；
5—空气悬架；6—指示灯；7—ECU；8—车身高度传感器

图 9-12 车高控制过程

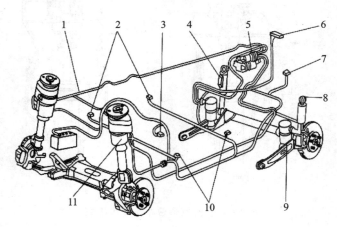

1—空气管路；2、10—车门开关；3—制动开关；4—高度传感器；5—空气压缩机；6—电子控制装置；
7—行李箱开关；8—后减震器；9—空气弹簧；11—带高度传感器和电磁阀的前悬架总成

图 9-13 悬架调节系统

任务9.3 电控悬架的工作过程

9.3.1 变高度控制悬架工作过程

变高度控制悬架系统在汽车乘员或载荷变化时,能够自动调节车身高度。当乘员或载荷增加时,系统将自动调高车身高度;反之,当乘员或载荷减小时,系统将自动调低车身高度。变高度控制悬架系统的控制过程如图9-14所示。

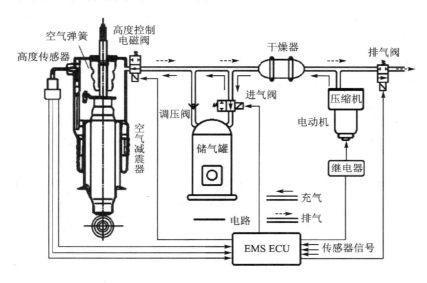

图9-14 车身高度控制原理图

车身高度控制系统由4只高度传感器(每个减震器下面各设1只)、控制开关、电控单元EMS ECU、高度调节执行器(包括4个气压缸、两只高度控制电磁阀、空气压缩机、干燥器和空气管路)等组成。

(1) 车身高度不变时悬架系统的控制过程

当车身高度传感器输入电控单元EMS ECU的信号表示车身高度在设定高度范围内时,EMS ECU将发出指令使空气压缩机停止转动,空气减震器内空气量保持不变,车身高度保持在正常位置。

(2) 车身高度降低时悬架系统的控制过程

当汽车乘员或载荷增加使车身高度"偏低"或"过低"时,高度传感器将向悬架控制电控单元EMS ECU输入车身"偏低"或"过低"的信号。EMS ECU接收到该信号时,立即同压缩机继电器和高度控制电磁阀发出电路接通指令,并在接通高度控制空气压缩机继电器电路使压缩机运转的同时,接通高度控制电磁阀线圈电路使电磁阀打开,压缩空气进入空气弹簧的气压腔(气室),气压腔充气量增加使车身高度上升。

空气压缩机继电器触点接通时,直流电机带动空气压缩机运转,从压缩机输出的压缩空气进入干燥器干燥后进入储气罐,储气罐的气体压力由调压阀进行调节。

(3) 车身高度升高时悬架系统的控制过程

当汽车乘员或载荷减少使车身高度"偏高"或"过高"时,高度传感器将向悬架控制电控单元 EMS ECU 输入车身升高的信号。EMS ECU 接收到该信号时,立即向空气压缩机继电器发出电路切断指令,并向排气阀和高度控制电磁阀发出电路接通指令,压缩机继电器触点迅速断开使电动机电路切断而停止运转,排气阀和高度控制电磁阀线圈电路接通使电磁阀打开,空气从减震器气压腔经高度控制电磁阀、空气软管、干燥器、排气阀排出,气压腔空气量减少以降低车身高度。

(4) 系统保护措施

从减震器中排出的空气经过干燥器时,带走了干燥剂中的湿气。这样,干燥剂经过一段时间使用后不会被湿气浸透。这种保护干燥剂的再生干燥系统为许多空气悬架系统所采用。干燥器中空气的最小压力保持在不低于 55～165 kPa,从而保证系统中有一定量的空气。这样在乘员或载荷减少使减震器伸长时,空气弹簧的气压腔不致凹瘪。

9.3.2 变刚度悬架工作过程

在汽车行驶过程中,为了防止或抑制车身出现"点头""侧倾""后坐"等现象,需要调节相应悬架的高度和减震器的阻尼。例如,当汽车紧急制动时,为了抑制点头现象,悬架控制电控单元 EMS ECU 根据制动灯开关接通信号和车速传感器提供的车速高低信号,向前空气弹簧执行元件发出指令使其气压升高,增大前空气弹簧的刚度,同时控制后空气弹簧执行元件使后空气弹簧放气,减小其刚度。当控制单元计算的车速变化量表明无须抗点头控制时,则使前、后空气弹簧恢复到原来的压力。

空气弹簧悬架刚度的调节原理如图 9-9 所示,有主气室与副气室大小不同的两个通道。气阀控制杆由步进电机驱动,控制杆转动时,阀芯随之转动。阀芯转过一定角度时,气体通道的大小就会改变,主、辅气压腔之间气体的流量随之改变,从而使空气弹簧悬架的刚度发生变化。空气弹簧悬架的刚度分为"低""中""高"三种状态。

变刚度空气弹簧悬架系统由高度传感器、控制开关、电控单元 EMS ECU、刚度调节执行器(气压缸、高度控制电磁阀、空气压缩机、干燥器和空气管路)等组成。

9.3.3 变阻尼悬架工作过程

在电子控制悬架系统中,最常用的是变阻尼悬架系统。变阻尼悬架系统相对于空气弹簧悬架系统的优点是质量轻。因为空气弹簧悬架系统需要配置空气压缩机和干燥器,使整车质量大大增加,而变阻尼悬架系统只增加了电子控制元件和改变减震器阻尼的执行元件的质量。

电子控制悬架系统减震器阻尼的工作模式选择开关又称为运行模式选择开关,用于选择减震器阻尼的工作模式。驾驶员选择的工作模式不同,减震器阻尼的状态也不相同。减震器阻尼的状态一般设有"软""中"和"硬"三种。

(1) 阻尼"软"的控制过程

当电控单元 EMS ECU 根据传感器和控制开关信号确定阻尼为"软"状态时,控制单元向步进电机发出控制指令使其沿顺时针方向旋转,因此小齿轮驱动扇形齿轮沿逆时针方向转动,直到扇形齿轮凹槽的一边靠在挡块上为止,如图 9-15(a)所示。

（2）阻尼"中"的控制过程

当电控单元 EMS ECU 根据传感器和控制开关信号确定阻尼为"中"状态时，控制单元向步进电机发出控制指令使其沿逆时针方向旋转，因此小齿轮便驱动扇形齿轮沿顺时针方向转动，直到扇形齿轮凹槽的另一边靠在挡块上为止（从"软"位置开始计算，其转角约为 120°），如图 9-15（b）所示。与此同时，扇形齿轮带动回转阀控制杆和回转阀旋转，回转阀上的阻尼孔与活塞杆上的减振油液孔的相对位置如表 9-1 所列。由于只有 B—B 截面上的阻尼孔打开，允许减振油液流过活塞的流动速度适中，因此减震器能以缓慢的速度伸缩，使阻尼处于"中等"状态。

（3）阻尼"硬"的控制过程

当电控单元 EMS ECU 根据传感器和控制开关信号确定阻尼为"硬"状态时，控制单元将同时向步进电机和电磁线圈发出控制指令，使步进电机和扇形齿轮从阻尼"软"或"中"的极限位置旋转约 60°（从"软"的极限位置顺时针旋转 60°，从"中"的极限位置逆时针旋转 60°），接通电磁线圈电流，其电磁吸力将挡块吸出，使挡块进入扇形齿轮凹槽中间部位的一个凹坑内，如图 9-15（c）所示。与此同时，扇形齿轮带动回转阀控制杆和回转阀旋转，回转阀上的阻尼孔与活塞杆上的减振油液孔的相对位置如表 9-1 所列。由于 A—A、B—B 和 C—C 截面上的三个阻尼孔全部关闭，减振油液不能流动，因此减震器伸缩非常缓慢，使阻尼处于"硬"状态。

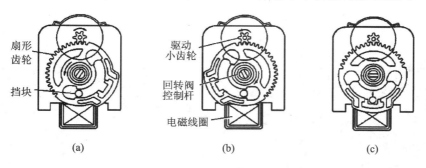

图 9-15 不同阻尼控制原理：扇形齿轮旋转方向与位置

表 9-1 阻尼孔与油液孔的相对位置

阻尼 \ 孔位置	A—A 截面阻尼孔	B—B 截面阻尼孔	C—C 截面阻尼孔
软			
中			
硬			

(4) 变阻尼悬架系统指示灯的控制

电控单元除了向执行元件发出控制信号外,同时还向汽车仪表盘上的三只悬架系统指示灯发出控制指令。当减震器处于"柔软"阻尼状态时,控制使左边一只指示灯发亮;当减震器处于"中等"阻尼状态时,控制使左边和中间共两只指示灯发亮;当减震器处于"坚硬"阻尼状态时,控制使三只指示灯全部发亮。悬架系统指示灯在接通点火开时,大约发亮 2 s 后熄灭,以便驾驶员检查指示灯及其线路是否完好。如果控制单元发现系统有故障,将使这些指示灯闪烁,提示驾驶员系统有故障。

9.3.4 变高度、变刚度、变阻尼悬架系统的综合工作控制过程

现代汽车采用的电子控制悬架系统,通常同时使用了空气弹簧和变阻尼减震器。同前述悬架系统一样,减震器的螺旋弹簧用于支撑汽车的质量,减震器控制系统用于调节减震器的阻尼,空气弹簧用于调节车身高度和刚度。如图 9-16 所示为三菱公司采用的电子控制悬架系统。

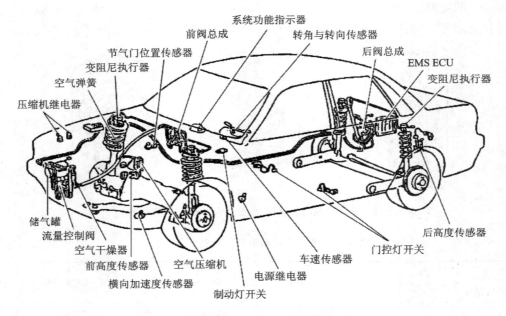

图 9-16 三菱电子控制悬架系统

(1) 抗侧倾控制

电子控制悬架系统的控制单元通过转向盘转角传感器与转动方向传感器以及侧向加速度(惯性力)传感器来监视车身的侧倾情况。当这些传感器输入 EMS ECU 的信号表明汽车急转弯时,控制单元将给空气弹簧和转向外侧减震器阻尼调节元件发出控制指令,调节空气弹簧的刚度和减震器的阻尼,从而减小车身侧倾的程度,并改善操纵性。

调节空气弹簧刚度时,向转向外侧的空气弹簧充气增加空气量、以增大刚度;使转向内侧空气弹簧放气以减少空气量,减小刚度。

(2) 抗点头控制

当汽车紧急制动时,制动灯开关接通,控制单元根据车速传感器提供的车速信号,向前空

气弹簧执行元件发出指令使其气压升高,增大前空气弹簧的刚度,同时控制后空气弹簧执行元件使后空气弹簧放气,减小其刚度。与此同时,控制单元通过控制使前减震器阻尼变成"坚硬"状态,使汽车的姿态变换减到最小,从而提高乘坐舒适性

当控制单元计算的车速变化量表明无需抗点头控制时,使前后空气弹簧恢复到原来的压力。

在制动后加速行驶(如汽车下坡行驶)时,控制单元发出指令使所有的空气弹簧放气,以降低车身高度,从而改善高速行驶的稳定性。

(3) 抗仰头(后坐)控制

当节气门位置传感器信号表示驾驶员快速踩下加速踏板加速行驶时,控制单元 EMS ECU 发出指令使前空气弹簧放气使其刚度减小,并增加后空气弹簧的气压使其刚度增大;与此同时,EMS ECU 控制后减震器阻尼变成"坚硬"状态,防止汽车仰头(又称为俯仰或后坐)。当车速稳定后,控制单元发出指令使空气弹簧恢复到原来的气压,并使减震器阻尼恢复到原来状态。

当节气门位置传感器信号显示节气门开大且倒车灯开关接通时,说明汽车处于倒车行驶状态。此时控制单元发出指令以增加前空气弹簧气压、减小后空气弹簧气压、减小后减震器阻尼。并在节气门位置传感器开大 1 s 后,将减震器阻尼变换到"坚硬"状态。

(4) 前后颠簸和上下跳动的控制

电子控制悬架系统设有前后两只或四只高度传感器,因此可以检测汽车在不平整路面(即所谓"搓衣板"路面)上行驶时悬架颠簸的运动状态。

当高度传感器信号表示空气弹簧被压缩时,控制单元 EMS ECU 发出指令使该轴上的空气弹簧放气,通过缩短弹簧长度来抑制车身上升;反之当空气悬架伸长时,EMS ECU 发出指令使空气弹簧充气,抑制车身下降。当车轮上下跳动时空气弹簧可通过放气或充气来抑制车身上升或下降,因此在汽车通过凹凸不平的路面时,车身上下跳动量减小,不易产生前后颠簸或倾斜运动。

当车身高度传感器信号表明汽车车身前后颠簸时,EMS ECU 发出指令使减震器阻尼变成"中等硬度"状态,并在车速超过 130 km/h 时,使减震器阻尼变成"坚硬"状态。

(5) 车速变化时阻尼的控制

驾驶员选择减震器阻尼的工作模式为"运动"模式时,无论车速高低,控制单元发出指令使减震器阻尼处于"坚硬"状态;当选择"柔软"模式时,控制单元在车速达到 129 km/h 时使减震器阻尼变成"中等硬度"状态;当选择"自动"模式时,电控单元在车速达到 99 km/h 时使减震器阻尼变成"中等硬度"状态。

当汽车减速时,在"柔软"模式下车速为 117 km/h 时,控制单元发出指令使减震器阻尼从"中等硬度"状态转换到"柔软"状态;在"自动"模式下车速为 64 km/h 时,控制单元发出指令使减震器阻尼从"中等硬度"状态变为"柔软"状态。

(6) 车身高度控制

当空气弹簧的工作模式开关选择为"自动"模式时,控制单元能够调节高位、正常、低位三种车身高度状态。在大多数情况下,控制单元使汽车处于正常高度状态行驶,并根据车身高度传感器和车速传感器输入的信号来改变车身高度。

9.3.5 变高度、变刚度、变阻尼悬架系统指示器功能

电子控制悬架系统具有多种控制功能,并设有模式选择开关,因此采用了许多指示灯来显示悬架系统的工作状态,指示灯安装在组合仪表盘中央,如图 9-17 所示。

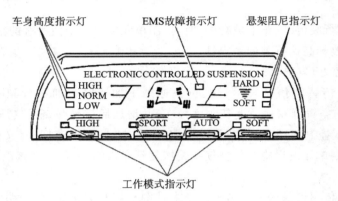

图 9-17 三菱汽车悬架系统工作状态指示灯

任务 9.4 电控悬架系统诊断与检修

9.4.1 电控悬架系统诊断与检修方法

电子控制悬架系统一般都设有故障自诊断系统,以监测系统的工作情况及诊断系统所出现的故障。当系统处于故障状态时,ECU 根据故障信息将故障以故障码形式存入存储器,并通过仪表板上的"悬架系统故障指示灯"提示驾驶员。读出存储器中的故障码,可快速准确地诊断出故障类型、部位及故障原因。

读取故障码时,首先要进入故障自诊断状态,诊断并排除故障后应清除故障码。不同种类的汽车,进入故障自诊断状态和清除故障码的方法也不相同,因此应按汽车使用说明书的要求进行操作。根据读取的故障码可用汽车万用表对相关零部件进行检测。

① 减振器和弹簧刚度的控制开关 LRC 的检测。变化开关的位置在控制开关 LRC 连到 ECU 脚(或开关 LRC 端子)能测到电压为 0 V 或 12 V,失效后驾驶员无法控制悬架刚度。

② 转向传感器的检测。随着转向盘的转动,测得转向传感器与 ECU 脚之间的电压为 0 V 或 5 V,失效后防侧倾控制功能失效。

③ 停车灯开关检测。制动时利用万用表检测制动开关与 ECU 之间的电压,测到 12 V,开关失效后防车头下沉控制功能不起作用。

④ 节气门位置传感器的检测。随着节气门从全关到全开,将节气门位置传感器与 ECU 脚相连,能交替测量到 0 V 和 5 V 电压,失效后不能进行防车尾下坐控制。

⑤ 悬架执行器的检测。测试电阻为 3~6 Ω,注意:如果存储器中存有该故障码,则系统不进行悬架刚度控制。

⑥ LRC 指示灯的检测。当悬架开关处于"NORM"时该灯熄灭,当悬架开关处于"SPORT"时该灯亮,如图 9-18 所示。

⑦ 高度控制开关的检测。操纵开关,观察车身的变化,若失效则无变化。注意:从操纵开关到车身变化会有一段延迟,高度变化量一般为 10～30 mm。

注意:在顶起车辆或吊车时,务必要关断这个开关,如果没有关掉而顶起车辆,空气就会从气缸排出,当放下车辆时,车身底部就会撞到千斤顶,汽车不能行驶。

⑧ 高度控制指示灯的检测。提示作用,当车身达到预定高度,相应的指示灯就亮起。可通过它提醒系统出了故障;可通过它读取系统故障码,如图 9-19 所示。

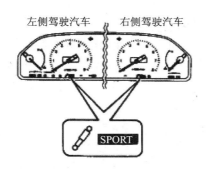

图 9-18　LRC 指示灯

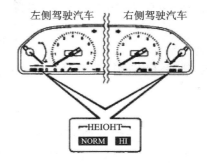

图 9-19　高度控制指示灯

⑨ 高度传感器的检测。读到相关故障码后用汽车万用表检测每个车轮高度传感器,找出有故障的高度传感器,更换或修复后调整。当车身高度不正常时,可调整高度传感器的控制连杆。注意:当系统有该故障码时,则不进行稳定车身高度和悬架刚度控制,将点火开关关闭后再打开,则能恢复控制功能。

⑩ 空气弹簧总成的检测。检查减震器是否发热、漏油,空气弹簧自动回位、阻力和平顺性情况如何、其阻尼系数是否可变、气缸是否会漏气等。

⑪ 高度控制压缩机的检测。通电电流:14 A 以下;运转加电测试压力:大于 800 kPa;密封:不能漏气。注意:当压缩机的工作电流过大时,会记忆故障码,在点火开关打开 70 min 后自动恢复正常。

⑫ 干燥器。无论何时将干燥器从车上拆下,务必要密封空气管道连接处,以保持硅胶的初始性能。

9.4.2　汽车电控悬架系统常见故障分析与检修

不同车系电控悬架的检查类似,以丰田车系为例。

1. 初步检查(功能检查)

(1) 汽车高度调整功能的检查

① 检查轮胎气压是否正常(前后分别为 2.3 kg/cm^2 和 2.5 kg/cm^2);

② 检查汽车高度(下横臂安装螺栓中心到地面的距离);

③ 将高度控制开关由 NORM 转换到 HIGH,车身高度应升高 10～30 mm,所需时间为 21～40 s,如图 9-20 所示。

(2) 溢流阀检查

① 如图 9-21 所示,打开点火开关,将高度控制连接器的 1、7 端子短接,压缩机工作;

② 压缩机工作后,检查溢流阀是否放气;

③ 如果不放气说明溢流阀堵塞、压缩机故障或有漏气的部位;

④ 检查结束后,关闭点火开关,清除故障码。

(3) 漏气检查

① 将高度控制开关置于 HIGH 位置;

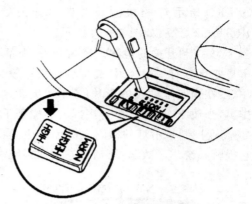

图 9-20 电控悬架初步检查

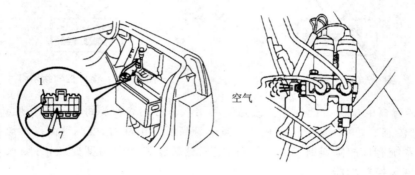

图 9-21 溢流阀检查

② 发动机熄火;

③ 在管子的接头处涂抹肥皂水,如图 9-22 所示,若有气泡生成,则说明漏气。

2. 故障诊断

(1) 指示灯检查

① 打开点火开关;

② LRC 指示灯(SPORT 指示灯)和 HEIGHT 指示灯(NORM 和 HI 指示灯)应点亮 2 s,如图 9-23 所示;

③ 若 NORM 指示灯以每 1 s 的间隔闪亮时,表明 ECU 中存有故障码;

④ 若出现故障,应检查相应电路。

(2) 读取故障码

① 打开点火开关;

② 跨接 TDCL 或检查连接器的 Tc 与 E_1 端子,如图 9-24 所示;

③ 从 NORM 指示灯的闪烁判断是否有故障码,无故障则指示灯均匀闪烁,如图 9-25 所示。有故障则如图 9-26 所示。

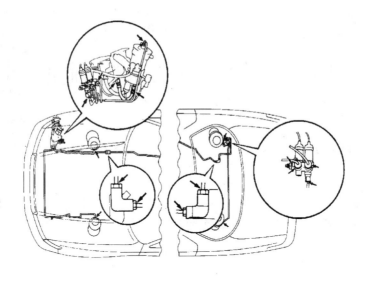

图 9-22 漏气检查

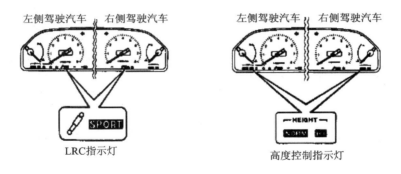

图 9-23 指示灯检查

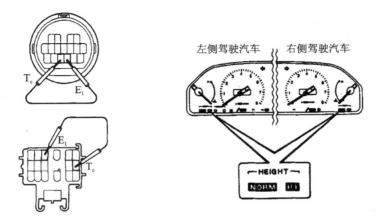

图 9-24 连接指示装置

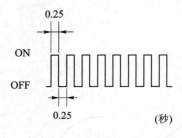
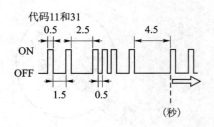

图 9-25 无故障　　　　　　图 9-26 有故障

(3) 清除故障码

方法1:关闭点火开关,拆下1号接线盒中的ECU-B保险丝10 s以上,如图9-27所示。

方法2:关闭点火开关,跨接高度控制连接器的端子9与端子8在10 s以上,如图9-28所示。

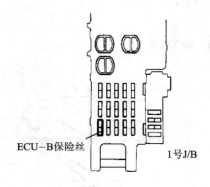
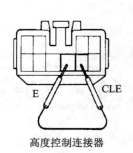

图 9-27 清除故障码1　　　　　图 9-28 清除故障码2

习　题

1. 电控悬架的控制过程是怎样的?
2. 电控悬架的控制功能有哪些?
3. 电控悬架车高控制的执行机构是什么?
4. 电控悬架的检查项目包含什么?

项目 10　电控动力转向系统

自行车在原地转向时,明显感到阻力很大,在骑行前进时,则又明显感到方向太灵活。汽车也是一样的,速度不同,需要的助力不同。为了精确控制汽车前进的助力,在汽车上安装了电控动力转向系统。

任务 10.1　电控动力转向系统的结构和原理

10.1.1　电控动力转向系统的发展

传统的汽车转向系统属于机械系统,其转向是由驾驶员操纵转向盘,通过转向器和一系列的连接杆传递扭矩到转向车轮而实现的。

20世纪40年代,在机械转向系统的基础上增加了液压助力系统。但传统的液压系统液压泵一直运转,始终要消耗发动机动力。随着电子技术的发展,转向系统中越来越多地采用了电子部件,即电子控制动力转向系统。电子控制动力转向系统主要有两种类型,即液压式电子控制动力转向系统及电动式电子控制转向系统。

液压式电子控制动力转向系统是在液压助力转向系统的基础上发展起来的,其液压助力泵由电机驱动,取代了传统液压泵由发动机驱动。由于驱动部分与发动机分离,因此燃油消耗减少。驱动电机由控制单元控制,可根据转向速率、车速等参数设计为可变助力。

电动式电子控制转向系统是在机械转向系统的基础上加入电机作为动力源的。电动式电子控制动力转向系统与液压式电子控制动力转向系统相比,既节约能源,又由于取消了液压系统而提高了环保性能。

10.1.2　电控动力转向系统的类型

1. 液压式电子控制动力转向系统(PPS)

液压式电子控制动力转向系统(Progressive Power Steering,PPS)也称为电子液压助力。液压式电子控制动力转向系统不仅在车低速行驶时,使驾驶员转向灵活轻便,而且当汽车在中、高速区域行驶时,还能使驾驶员转向时感到较为"沉重",以获得稳定的转向手感,并提高汽车高速行驶时的操纵稳定性,使汽车的驾驶性能令人满意。

2. 电动式电子控制动力转向系统(EPS)

随着汽车的高速化,对汽车操纵的轻便性及灵活性要求越来越高。液压式助力转向不仅需要加助力液,而且存在着结构复杂、价格高、维修保养困难等缺陷,故常用于中、重型汽车。电动式动力转向系统广泛应用于轻型汽车及普通型轿车上,可提高汽车的操纵灵活性。

目前越来越多的汽车选用电动式电子控制转向系统。其主要优点如下:

① 电动机、减速机、转向桥和转向齿轮箱可制成整体,管道、油泵等不需单独占据空间,易于装车。

② 只增加电动机和减速机,没有液压管道等部件,使整个系统趋于小型轻量化。

③ 油泵仅在必要时使电动机运转,故可以节能。

④ 零件数目少,故装配性好。

10.1.3 电动式电子控制转向系统的结构

电动式电子控制动力转向系统通常由转矩传感器、车速传感器、电子控制单元(ECU)、电动机和电磁离合器等组成,如图 10-1 所示。

1. 信号源

转矩传感器和车速传感器为助力转矩的信号源。ECU 根据各传感器的输入信号确定助力转矩的幅值和方向,并且直接控制驱动电路以驱动电动机。

(1) 转矩传感器

转矩传感器的作用是检测转向盘的力矩和转动方向,并将转向盘扭杆的转角转换为转向信号输送给 ECU。常用的转矩传感器主要有滑动可变电阻式和无触点式两类。

① 滑动可变电阻式转矩传感器 结构如图 10-2 所示,该传感器将载荷力矩引起的扭杆角位移转换为电位器电阻的变化,并经滑环传递后作为转矩信号。

如图 10-3 所示为滑动可变电阻式传矩传感器的工作原理示意图,其输出特性曲线如图 10-4 所示。

当转向盘向左旋转时,传感器的输出电压小于 2.5 V;

当转向盘位于中间位置时,传感器的输出电压为 2.5 V;

当转向盘向右旋转时,其输出电压大于 2.5 V。

因此,ECU 根据传感器输出电压的高低来判断转向盘的转动方向和角度。

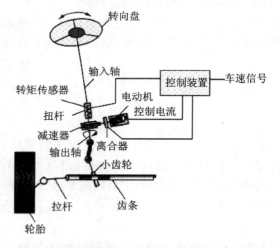
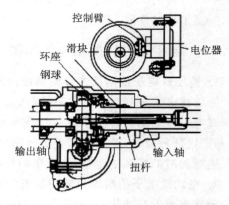

图 10-1 电动式电子控制动力转向系统的组成　　图 10-2 滑动可变电阻式转矩传感器结构

② 无触点式转矩传感器　无触点式转矩传感器外形及工作原理示意图如图 10-5 所示。在输出轴的极靴上分别绕有 A、B、C、D 共 4 个线圈,转向盘处于中间位置(直线行驶)时,扭杆的纵向对称面处于图示输出轴极靴 AC、BD 的对称面上。当在 U、T 两端加上连续的输入脉冲电压信号 U_1 时,由于通过每个极靴的磁通量相等,所以在 V、W 两端检测到的输出电压信

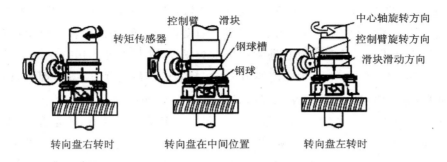

图 10-3 滑动可变电阻式传矩传感器工作原理示意图

号 $U_0 = 0$ V。

转向时,由于扭杆和输出轴极靴之间发生相对扭转变形,各个极靴的磁通量发生变化,极靴 A、D 之间的磁阻增加,B、C 之间的磁阻减少,于是在 V、W 之间存在电位差,其电位差与扭杆的扭转角、输入电压成正比。通过测量 U_1 两端的电位差可测出扭杆的扭转角,可得出转向盘施加的转动力矩。

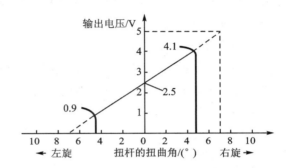

图 10-4 转矩传感器的输出特性曲线

(2) 车速传感器

车速传感器安装在变速器上,其作用是将车速的变化转变为脉冲信号输送到 ECU。

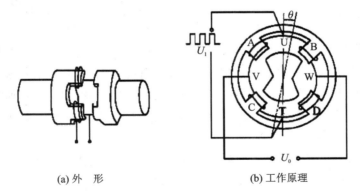

(a) 外 形　　(b) 工作原理

图 10-5 无触点式转矩传感器外形及工作原理示意图

2. 执行器

执行器包括直流电动机、电磁离合器及减速机构等。

(1) 电动机

EPS 上的电动机是在一般汽车的电动机基础上加以改进后得到的。为了改善操纵感、降低噪声和减少振动,可在电动机转子外圆表面开斜槽,或改变定子磁铁中心处或底部的厚度。

电动机、离合器和减速齿轮作为整体，通过一个橡胶底座安装在左车架上。电动机的输出转矩经减速齿轮后增大，并通过万向节、转向器中的助力小齿轮将输出转矩传至齿条，以便向转向轮提供助力转矩。该直流电动机通常采用永久磁场，这与发动机用直流电动机的工作原理基本相同。其电压为 12 V，最大电流约为 30 A，额定转矩约为 9 N·m。而且，该直流电动机通过较简单的控制电路，可实现正反方向旋转。

如图 10-6 所示，a_1、a_2 为触发信号端，当 a_1 端接收到输入信号时，晶体管 T_3 导通，T_2 接通基极电流而导通，电流经 T_2、电动机、T_3、搭铁而构成回路，于是电动机正转；当 a_2 端接收到输入信号时，电流则经 T_1、电动机 M、T_4、搭铁而构成回路，电动机则因电流方向相反而反转。只要控制信号电流的大小，则可控制电动机电流的大小，即可以控制电动机输出转矩的大小。

（2）电磁离合器

电磁离合器结构如图 10-7 所示，主要由电磁线圈、主动轮、从动轴、压板等组成。

工作过程：电流通过滑环流入电磁线圈，主动轮产生电磁吸力，吸引带花键的压板，使其与主动轮压紧，于是电动机的输出转矩便经过输出轴→主动轮→压板→花键→从动轴，传递给减速机构。

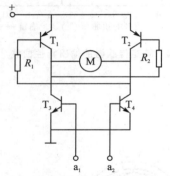

图 10-6　电动机正反转控制电路

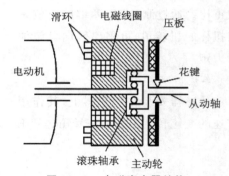

图 10-7　电磁离合器结构

电动机的工作范围限定在某一速度区域内，若速度达到 30 km/h，则离合器使电动机停转，且离合器分离，不再起传递动力的作用，即恢复到手动转向控制。在不加助力的情况下，离合器可清除电动机惯性的影响。同时，在系统发生故障时，因离合器分离，可以恢复手动控制转向。

为了减少加助力与不加助力时驾驶车辆感觉的差别，设法使离合器具有滞后输出特性，同时还使其具有半离合状态。

（3）减速机构

减速机构是把电动机的输出放大后再传给转向齿轮箱的主要部件，是 EPS 不可缺少的部件。目前实用的减速机构有多种组合，一般采用涡轮蜗杆与转向轴驱动组合式，也有采用两级行星齿轮与传动齿轮组合式。

为了抑制噪声和提高耐久性，减速机构上部分采用了树脂材料及特殊齿形，结构如图 10-8 所示。

3. 电子控制单元(ECU)

ECU 根据各传感器的输入信号,确定助力转矩的幅值和方向,并且直接控制驱动电路驱动电动机。图 10-9 所示为汽车电动式 EPS 控制框图。

电控单元 ECU 能实现的控制功能有以下几种:

(1) 速度控制

为确保行车安全,当车速在 43~52 km/h 时,ECU 停止对电动机供电的同时,使电动机内的电磁离合器分离,使电动机按普通转向控制方式工作。

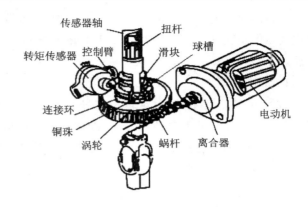

图 10-8 减速机构结构

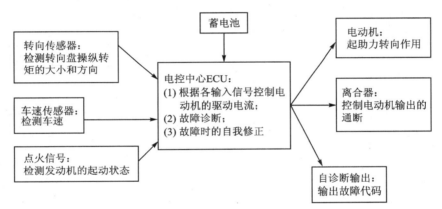

图 10-9 汽车 EPS 控制框图

(2) 临界控制

为了保护系统中的电动机及控制组件,在转向器偏转至最大(即临界状态)时,由于此时电动机不能转动,所以流入电动机的电流达最大值。

为了避免持续的大电流使电动机及控制组件发热损坏,当较大电流连续通过 30 s 后,系统会控制电流使之逐渐减小。

当临界控制状态解除后,控制系统控制逐渐增大电流,直到达到正常的工作电流值为止。

(3) 电动机电流控制

为使电动机在每一种车速下都可以达到最优化的转向助力转矩,ECU 根据转向力矩和车速信号确定并控制电动机的驱动电流的方向和大小。

(4) 自诊断和安全控制

该系统的电子控制单元具有故障自诊断功能,当电子控制单元检测到系统存在故障时即会显示出相应的故障码,以便采取相应的措施。

当检测出系统的基本部件如电动机、转矩传感器、车速传感器等出现故障而导致系统处于严重故障的情况时,系统发出指令使电磁离合器断开,停止转向助力控制,确保系统安全、可靠。

4. 工作原理

如图 10-10 所示,转向盘转矩信号和车速信号经过输入接口送入 ECU,随着车速的升高,ECU 控制降低助力电动机电流,以减少助力转矩。当发动机处于怠速时,由于供电不足,助力电动机和离合器不工作。因此,EPS 工作时,EPS ECU 必须控制发动机处于高怠速工作状态。点火开关的通断(ON/OFF)信号经 A/D 转换接口送入 ECU。

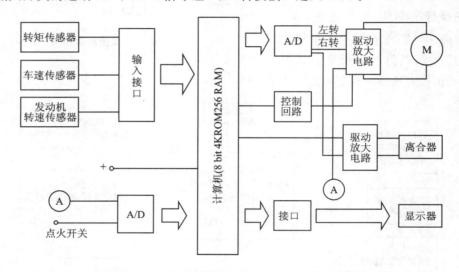

图 10-10 电子控制电动式动力转向系统的工作原理

当点火开关断开时,电动机和离合器不工作。ECU 输出控制指令经 A/D 转换接口送入电动机和离合器的驱动放大电路中,控制电动机的旋转转向和离合器工作。电动机的电流经驱动放大回路、电流表、A/D 转换接口反馈给 ECU,对比电动机的实际电流与 ECU 指令应给的电流,以调节电动机的实际电流,使两者接近一致。

电动机和离合器接收来自电子控制器的输出电流,产生助力转矩,经传动齿轮减速后,再经过小齿轮实现动力转向。电动机的动力是通过行星齿轮机构传递的。离合器是由电磁铁和弹簧等组成的电磁离合器。

当点火开关接通时,电源接通 EPS 电子控制器,电动助力转向系统工作。发动机起动时,交流发电机的 L 端子的电压加到电子控制器上。当检测到发动机处于起动状态时,动力转向系统转为工作状态。

行车时,电子控制器根据不同车速下的转向盘转矩来控制电动机的电流,并完成电子转向控制和普通转向控制的转换。当车速高于 30 km/h 时,则转换成普通的转向控制,此时电子控制器没有输出离合器信号和电动机电流,离合器处于分离状态。当车速低于 27 km/h 时,EPS 电子控制器输出离合器信号和电动机电流,普通转向控制又转换为动力转向的工作方式。EPS 电子控制器还具有自我修正的控制功能。当电动助力转向系统出现故障时,其可自动断开电动机的输出电流,恢复到通常的转向功能;同时速度表内的 EPS 警告灯亮,以通知驾驶员动力转向系统发生故障。

任务 10.2 电控四轮转向系统

四轮转向系统能够全面改善汽车的转向性能。当汽车低速行驶过程中转向时,四轮转向系统使后轮与前轮反向偏转,以减小汽车的转向半径;在汽车中速行驶过程中转向时,其使后轮与前轮同向偏转,以提高汽车的转向灵敏性;当汽车高速行驶过程中转向时,四轮转向系统使后轮与前轮同向偏转,以减小汽车在转向过程中产生的横摆运动,改善汽车的稳定性。

根据控制方式的不同,四轮转向系统可以分为机械式四轮转向系统、机电组合控制四轮转向系统和电控四轮转向三种类型(见图 10-11)。电控四轮转向系统可根据控制方式不同分为电控-电动四轮转向、电控-液压驱动四轮转向两类。

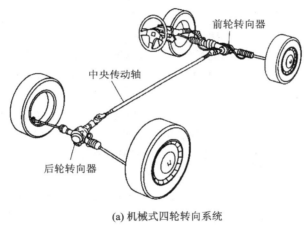

(a) 机械式四轮转向系统

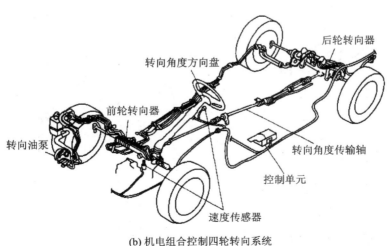

(b) 机电组合控制四轮转向系统

图 10-11 四轮转向系统的类型

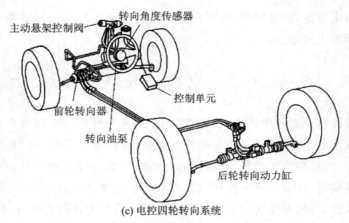

(c) 电控四轮转向系统

图 10-11 四轮转向系统的类型(续)

10.2.1 转向特性

1. 低速时的转向特性

汽车在低速转向时,可认为车的前进方向和车的朝向大体是一致的,故各车轮上几乎不产生转向力。4 轮的前进方向的垂线相交于一点,而车辆以此交点(转向中心)为中心进行转向。如图 10-12 所示为低速转向时的行驶轨迹,可知 2WS 车(前轮转向操纵)后轮不转向,故转向中心大致在后轴的延长线上。

4WS 车对后轮进行逆向转向操纵,转向中心相对于 2WS 车超前并靠近车体处。在低速转向时,若前轮转向角相同,则 4WS 车的转向半径更小,内轮差也减小,故转向性好。对小轿车而言,如果后轮逆向转向 50°,则可减少最小转弯半径约 0.5 m,内轮差约 0.1 m。

2. 中高速时的转向特性

直行汽车的转向是下列两个运动的合成,即车辆的质心点绕转向中心改变前进方向公转和绕质心点自转。如图 10-13 所示为 2WS 车高速转向时车辆的运动状态。

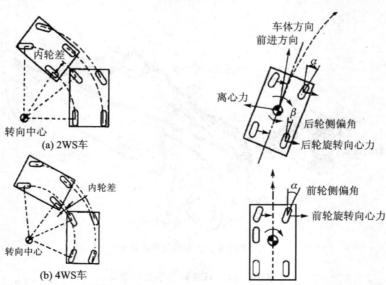

图 10-12 低速转向时的行驶轨迹　　图 10-13 2WS 车高速转向的车辆动态

前轮转向时,前轮产生侧偏角,并产生旋转向心力使车体开始自转。当车体出现偏向时,后轮也出现侧偏角 β 且产生旋转向心力。4 轮受到自转和公转的作用力,一边平衡一边转向。车速愈高,离心力就愈大,故必须使前轮产生更大的侧偏角,以产生更大的旋转向心力。而且,为了使车体有更大的自转运动,须后轮也产生与此相对应的侧偏角。但是,车速愈高,车体的自转运动愈不稳定,容易引起车辆的旋转或侧滑。

理想的高速转向运动状态是车体的倾向和前进方向一致,以防多余的自转运动,以便前后轮产生足够的旋转向心力。4WS 车通过对后轮的同向转向操纵,使后轮也产生侧偏角,使前后轮的旋转向心力平衡,从而抑制自转运动。这样可使车体方向与车辆前进方向尽可能一致,达到稳定转向状态,如图 10-14 所示。

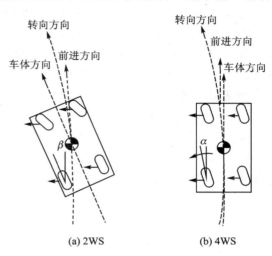

图 10-14 高速转向时的行驶轨迹

10.2.2 控制模式

四轮转向汽车既可以在低速行驶时让后轮产生与前轮相反的偏转,使汽车获得更小的转弯半径,提高汽车的机动性;也可以在汽车高速行驶时,让后轮产生与前轮同方向的偏转,减小轮胎的侧偏角和车身的横向摆动,使汽车具有更好的操纵稳定性。四轮转向汽车的后轮转向有以下三种方式:

(1) 逆相位偏转方式

四轮转向系统中后轮的偏转方向与前轮的偏转方向相反,称为逆相控制模式(见图 10-12(b))。其转弯半径比两轮转向的转弯半径小,有利于提高汽车在狭小空间转向的机动性,适于汽车低速行驶。

(2) 同相位偏转方式

四轮转向系统中后轮的偏转方向与前轮的偏转方向相同,称同相控制模式(见图 10-14(b))。其转弯半径比两轮转向的转弯半径大,但汽车在转向时车身与行驶方向的偏转角小,这样,抑制了汽车在调整行驶方向时的自转运动和侧滑,提高了操纵稳定性,适于汽车高速行驶。

(3) 同相位与逆相位组合偏转方式

在低速或急转弯行驶时,后轮先逆向偏转,再同向偏转。

当然,采用四轮转向技术的汽车对行驶性能带来益处的同时,对传统驾驶习惯也是一种挑战。四轮转向汽车驶入或驶离障碍物时会产生明显与普通汽车不同的表现特征,无论后轮采用同相位偏转还是逆相位偏转,汽车后部扫过的面积均增大,即汽车后部与周围物体发生磕碰的可能性增大。具有四轮转向的汽车其后部偏转角度一般为 50°左右。

10.2.3 系统组成

1992年本田汽车采用了电子控制四轮转向系统。在电子控制的四轮转向系统中,前轮转向器和后轮转向执行器之间没有任何机械连接装置。该后轮转向执行器由安装在左后座椅后部的行李箱上的四轮转向控制单元控制。电控四轮转向系统的控制单元(ECU)利用转向盘转向速度、车辆行驶速度和前轮转向角的信息来计算并控制后轮转向角。

1. 传感器组成

(1) 主前轮转角传感器

主前轮转角传感器也称转向盘转动传感器,安装在组合开关下方的转向柱上。如图10-15所示,转动速度传感器和转向盘方向传感器安装在主前转角传感器内。转动速度传感器内装有一排在传感器下方转动的、变换磁性的磁铁。当转向盘转动时,转动速度传感器向控制单元发送与转向盘转速和前轮转角相关的信号。转向盘方向传感器内装有一个绕转向柱的环形磁铁。控制单元利用转向盘方向传感器传来的信号确定转向盘的转动方向。

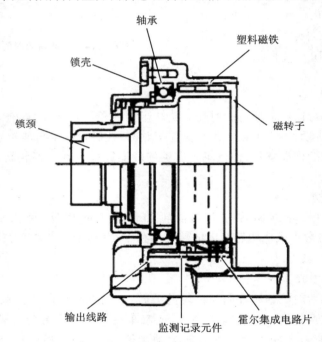

图10-15 含有转动速度传感器和转向盘方向传感器的主前轮转角传感器

(2) 副前轮转角传感器

副前轮转角传感器安装在前齿轮齿条转向器内。该传感器有一个与副后轮转角传感器十分相似的锥形轴,向控制单元发送与前轮转向角相关的信号。

(3) 主后轮转角传感器

主后轮转角传感器位于后轮转向执行器的左侧,如图10-16所示。该传感器内有一个随循环球螺杆旋转的脉冲环。在脉冲环上部安装一电子传感器,当循环球螺杆旋转时,该传感器向控制单元发出数字电压信号,显示后轮转角。

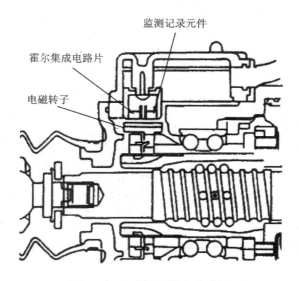

图 10-16 主后轮转角传感器

(4) 副后轮转角传感器

副后轮转角传感器安装在后轮转向执行器上与主后轮转角传感器相反的一端,如图 10-17 所示。副后轮转角传感器内有一个锥形轴连接于齿条轴上,锥形轴与齿条一同水平移动。副后轮转角传感器上的插棒与锥形轴锥面接触,当锥形轴水平移动时,锥面使传感器插棒来回移动。插棒移动使传感器产生模拟电压信号,将转角信息传送到控制单元。

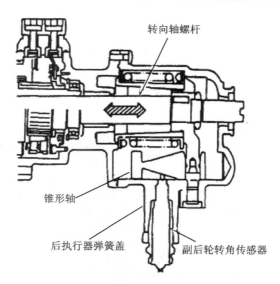

图 10-17 副后轮转角传感器

(5) 后轮转速传感器

后轮转速传感器安装在每个后轮上,如图 10-18 所示,该传感器与防抱死制动系统(ABS)控制单元、四轮转向控制系统连接,每个后轮毂上装有一个带槽的环,轮速传感器直接安装在这些带槽环的下方。后轮转速传感器内有一绕有线圈的永久磁铁,当后轮转动时,带槽环上的齿经过永久磁铁,线圈内产生电压信号。以 Hz 为单位的电压频率信号经计算机处理以确定轮速。

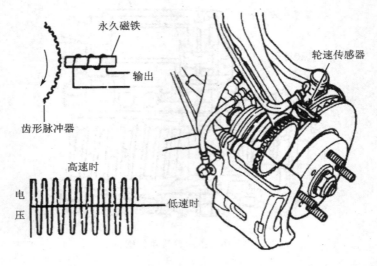

图 10-18 后轮转速传感器

(6) 车辆速度传感器

车辆速度传感器信号以及与车辆速度相关的电压信号传送到四轮转向系统控制单元。车辆速度信号也被送到自动变速器控制单元。

2. 后轮转向执行器

如图 10-19 所示,后轮转向执行器内有一个通过球螺杆机构驱动转向齿条的电动机。常规的转向横拉杆是从转向执行器连接到后轮转向臂和转向节处。执行器内的复位弹簧在点火开关关闭时或四轮转向系统失效时将后轮推回直线行驶位置。在后轮转向执行器的顶端安装有一个主后轮转角传感器和一个副后轮转角传感器。

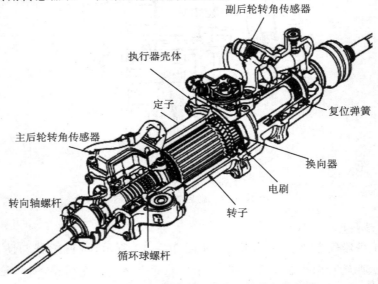

图 10-19 电控四轮转向系统的后轮转向执行器

汽车转向时,控制单元根据传感器的信号进行计算,并将计算结果信号输送到后轮转向器内的电动机,以控制电动机转动,电动机驱动循环球螺杆机构,再通过万向节将动力传递到左右横拉杆,从而带动后轮偏转。当汽车点火开关关闭或四轮转向系统失效时,回位弹簧用于保证后轮的回正,确保行车安全。

10.2.4 工作过程

电子控制单元获取转向盘转速与旋转、车辆行驶速度、前轮转向角度、后轮转角和转速等信息,通过快速分析计算,对后轮的转向角度和偏转方向做出调节控制。

在该控制系统中(见图10-20),位于后轮转向器左侧的主后转角传感器内产生的脉冲转环随循环球螺杆一起转动,并将左后轮转角信号传递给电子控制单元。

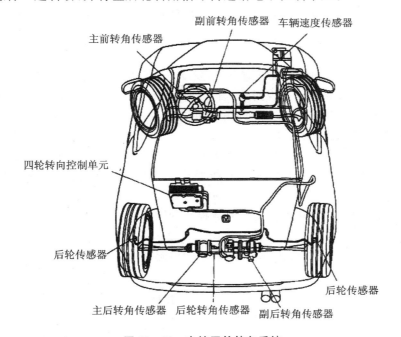

图10-20 电控四轮转向系统

副后转角传感器(位于后轮转向执行器的另外一侧)用来测量右侧车轮的转角。主前转角传感器安装在组合开关下面的转向柱上,包括测量方向盘转动的速度和方向两个传感器。副前转角传感器安装在前齿轮齿条转向器内,用于测量前轮的转角。每个后轮均安装有后轮速度传感器,用于测量每个后轮的转速。

该电控四轮转向系统可以实现如图10-21所示的转向特性。当车速小于29 km/h时,后

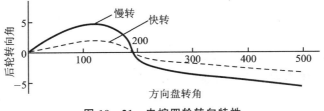

图10-21 电控四轮转向特性

轮立即与前轮反向偏转,其偏转角度的大小与车速有关;当车速等于 29 km/h 时,后轮偏转角度为 0;当车速大于 29 km/h,后轮与前轮同向偏转。

任务 10.3　电控助力转向系统故障诊断与检修

电控助力转向系统的电子控制单元具有故障自诊断功能,当电子控制单元检测到系统存在故障时即会显示出相应的故障码,以便采取相应的措施。当检测出系统的基本部件(如转矩传感器、电动机、车速传感器等)出现故障而导致系统处于严重故障时,电子控制单元使电磁离合器断开,停止转向助力控制,确保系统安全、可靠。

电子控制动力转向系统一般都具有故障自诊断功能,以监测、诊断系统的工作情况。当系统出现故障时,电子控制单元将其故障信息以代码的形式显示出来,以使维修人员快速、准确地判断出故障类型及故障部位。

1. 警告灯的检查

当点火开关处于"O"位时,警告灯应点亮,发动机起动后警告灯应熄灭;当警告灯不亮时,检查灯泡是否损坏,熔丝和导线是否断路;当发动机起动后,警告灯仍亮时,首先应考虑该系统是否处于保险状态(只有常规转向工作,无电动助力),并通过其自诊断系统进行必要的检查。

2. 诊断故障中的注意事项

当系统发生两个以上故障时,故障码从小的故障码号开始依次显示。由于故障码(DTC)存储在 P/S 控制盒的备份存储器中,所以在维修后,一定要断开蓄电池负极接头至少 30 s 以清除存储器中的故障码;转向柱总成不能分解,如果发现其中任何部件有缺陷,应整体更换;当更换转向柱总成时,必须小心切勿撞击。完成检查和维修后,应按照如表 10-1 所列的步骤再次检查系统。

清除存储在存储器里的故障码,进行规定试验。起动发动机观察 EPS 灯。检查是否显示故障码,确保故障排除。

表 10-1　诊断流程

步　骤	操　作	是	否
1	① 确定电池电压于大约为 11V 或更高; ② 在点火开关打开时,注意 EPS 灯; ③ 在点火开关打开时,EPS 灯是否点亮大约 2 s	进入步骤 2	进行 EPS 指示灯线路检查
2	① 用连接线连接诊断端子两端; ② 用木楔楔住车轮,置 M/T 到中间(A/T 到 P 位)并拉起驻车制动; ③ 起动发动机; ④ EPS 灯是否闪亮	进入步骤 3	进行 EPS 指示灯线路检查
3	EPS 灯是否显示	进行故障诊断	按照流程图及对应代码检查和修理

3. 汽车电控助力转向系统故障诊断与检修方法

(1) 转向盘自由间隙的检查

通过在轴向和径向移动转向盘,检查转向盘是否松动或发生"吱吱"声。如果发现缺陷,应维修或更换。在发动机停止转动,汽车固定在地面朝前方的状态下,检查转向盘。转向盘自由间隙的范围为 0～30 mm。如果转向盘运动不在规定自由间隙的范围内,按下列情况进行检查,如果发现缺陷,则更换。

① 转向横拉杆球头是否磨损。

② 下部球接头是否磨损。

③ 转向轴接头是否磨损。

④ 转向小齿轮或齿轮齿条是否磨损或破裂。

⑤ 其他部件是否松动。

(2) 转向力的检查

① 汽车停放在水平路面上,转向盘放置在平直向前位置。

② 检查轮胎充气压力是否符合指定要求(参阅轮胎指示)。

③ 起动发动机。

④ 在发动机怠速时,通过相切方向钩住转向盘上的弹簧秤测量转向力。转向力至少 35 N。

(3) ECU 控制盒拆卸

① 断开蓄电池负极电缆。

② 拆卸防尘罩。

③ 拆卸所有连接端子插头。

④ 拆卸 ECU 控制盒。

按拆卸过程的相反步骤进行安装。

(4) 转矩传感器检修

① 拆卸转向柱防尘罩。从转向机总成上拆下转矩传感器及其插接器。

② 在点火开关置于"OFF"时,断开转矩传感器耦合器。

③ 检查转矩传感器各端子之间的电阻。如果检查结果不符合要求,应更换转向机总成。

④ 连接转矩传感器耦合器。安装转向柱防尘罩。

(5) 电动机和离合器检修

① 拆卸转向柱防尘罩。

② 在点火开关置于"OFF"时,断开电动机和离合器插头。

③ 检查电动机和离合器插头各端子之间是否连通。

④ 在每一个状态下,检查电动机和离合器插头终端之间的电阻。

⑤ 在每一个状态下,检查电动机和离合器插头与搭铁之间的电阻。如果检查结果不符合要求,更换转向柱。

⑥ 连接电动机和离合器插头。

⑦ 安装转向柱防尘罩。

(6) 车速传感器的检查

从变速器上拆下车速传感器,用手转动车速传感器的转子检查能否顺利运转,若有卡滞则应更换。测定车速传感器导线插接器的主侧端子及副侧端子之间的电阻值,其值等于$(165\pm20)\Omega$ 为良好。如果检查结果不符合要求则必须更换车速传感器。

习 题

1. 电子控制动力转向系统的特点是什么?
2. 电控助力转向系统的类型包括哪两种?
3. 电动式电子控制转向系统中电磁离合器的作用是什么?
4. 四轮转向系统有什么优点?
5. 四轮转向的后轮有哪三种方式?

项目 11 巡航控制系统

汽车巡航是指汽车以一定的速度匀速行驶,故汽车巡航控制系统又称为恒速控制系统。巡航电子控制系统(CCS)的功用是:根据汽车行驶阻力的变化,自动调节发动机节气门开度的大小,使汽车保持恒定速度行驶。

汽车巡航控制系统经历了机械控制系统、晶体管控制系统、模拟集成电路控制系统和计算机控制系统等几个阶段。现在汽车普遍采用的计算机控制的汽车巡航控制系统,控制过程如图 11-1 所示。

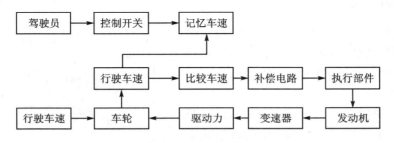

图 11-1 巡航控制系统的控制过程

驾驶员操纵巡航控制开关,将车速设定、减速、恢复、加速、取消等命令输入计算机。当驾驶员通过巡航控制开关输入设定命令时,计算机便记忆此时车速传感器输入计算机的车速,并按该车速对汽车进行等速行驶控制。

汽车在巡航行驶过程中,比较电路比较实际车速与设定车速,计算出实际车速与设定车速的差值;然后通过补偿电路对执行部件输出命令,执行部件控制发动机节气门开度的大小,使实际车速接近设定车速。

任务 11.1 巡航控制系统的功能与优点

11.1.1 基本功能

① 车速设定 巡航控制系统能存储某一时间的行驶速度,并能保持这一速度行驶。当汽车在高速公路或高等级道路上(路面质量好,没有人流,分道行车,无逆向车流)或适宜较长时间的稳定行驶时,驾驶员可按下车速调制设定开关,设定一个稳定行驶的车速,不必再踩加速踏板和换挡,使汽车一直以设定的车速稳定运行。

② 消除功能 当踩下制动踏板时,上述功能立即消失,但是前述设置速度继续存储。

③ 恢复功能 当按恢复开关(Resume Function)时,则能恢复原来存储的车速。

巡航控制系统除了以上三种基本功能外,还可以增加以下功能:

➢ 滑行功能 继续按下开关进行减速,以离开开关时的速度作巡航行驶。

➢ 加速功能 继续按下开关进行加速,以不操纵开关时的车速进入巡航行驶。

> 速度微调升高　在巡航速度行驶中,当操纵开关以 ON-OFF(接通-断开)方式变换时,使车速稍稍上升。

11.1.2　故障保险功能

① 低速自动消除功能　当车速小于 40 km/h 时,存储的车速消失,且不能再恢复此速度。

② 制动踏板消除功能　在制动踏板上装有两种开关,一种用于消除计算机的信号;另一种是直接使执行元件停止工作。

③ 各种消除开关　除了利用制动踏板的消除功能外,还有驻车制动、离合器(M/T)、调速杆(A/T)等操作开关的消除功能。

不同的电控系统有类似的功能,操作方法也类似。

11.1.3　控制开关

控制开关是杆式或按键式组合开关,装在转向柱或方向盘等驾驶员容易接近的地方;控制开关用于打开和关闭系统,设置车速以及选择其他的控制细节。

控制开关(见图 11-2)包括主开关和选择开关:主开关(MAIN)是巡航控制系统的按钮式电源开关。选择开关为手柄式控制开关,有五种选择功能:SET(设置)、COAST(减速或滑行)、ACC(加速)、RES(恢复)和 CANCEL(取消)。其中,SET/COAST 使用同一开关,RES/ACC 使用同一开关。

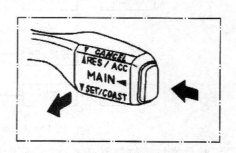

图 11-2　巡航系统控制开关图

(1) SET(设置)

主开关接通,当车速在巡航控制范围(40~200 km/h)内时,按下 SET/COAST 开关,巡航控制单元储存此时的车速,并以此车速稳速行驶,即进行巡航行驶。

(2) COAST(减速或滑行)

当汽车巡航行驶时,按下 SET/COAST 开关,执行元件的电机关闭节气门,汽车不断减速。当松开开关时,控制单元储存此时车速,并以此车速稳速行驶。

(3) ACC(加速)

当汽车巡航行驶时,按下 RES/ACC 开关,执行元件将节气门开大,汽车加速。当松开开关时,控制单元储存此时车速,并以此车速稳速行驶。

(4) RES(恢复或再设置)

按下 RES/ACC 开关,可恢复巡航控制方式,并以设置的车速行驶。

(5) CANCEL(取消)

按下该开关,解除汽车巡航控制行驶状态。

巡航控制系统还有其他解除开关:制动开关、离合器开关、驻车制动开关和空挡开关。在汽车巡航行驶过程中,当驾驶员踩下制动踏板或离合器踏板、拉驻车制动器或将变速器挂入空挡,都将解除汽车巡航控制。

11.1.4 巡航控制系统的优点

综合其功能作用，巡航控制系统主要具有以下的特点：

(1) 行驶速度稳定，提高汽车行驶时的舒适性

在巡航行驶过程中，汽车无论是在平路上还是在坡道行驶，是否有风速变化，只要发动机功率允许，汽车速度均保持不变。特别是在高速公路上行驶，这种优越性更为显著。

(2) 节省燃料，具有一定的经济性和环保性

在同样的行驶条件下，汽车可节省燃料15%。这是因为汽车在使用了这一速度稳定器后，可使汽车的燃料供给与发动机功率之间处于最佳的配合状态，并减少了废气中CO、HC、NO_x的排放。

(3) 减轻驾驶员的疲劳，提高行驶安全性

当车速到达巡航最低车速（通常是 40 km/h）时，驾驶员设定巡航后，系统自动控制节气门开度的大小，不需要驾驶员踩踏油门，减轻了劳动强度。汽车以设定的速度行驶时，没有了超速的危险，可以进一步消除驾驶员的紧张感。

任务 11.2　巡航系统的组成与工作原理

汽车巡航控制系统和其他电控系统一样，也是由 ECU、传感器和执行机构等元件组成的。

11.2.1 巡航控制系统的组成

汽车巡航控制系统主要由控制开关、车速传感器、巡航控制 ECU 和执行机构四部分组成，如图 11-3 所示。

车速传感器装于变速器输出轴端，由输出轴齿轮驱动。车速传感器有多种结构型式：磁脉冲式、光电式、霍尔式、磁阻式等，与其他电子系统相同，将车速信号输送给 ECU。

ECU 接收控制开关及车速传感器的信号。当设置车速时，ECU 先根据车速传感器信号计算车速，并与所设置的车速相比较后产生一个偏差信号，然后控制执行机构，通过一套连杆机构驱动油门，使实际车速与所设置的车速一致，从而保持车速恒定。当 ECU 接收到解除开关(CANCEL)、制动开关、离合器开关、驻车制动开关或空挡开关信号，即结束巡航控制。

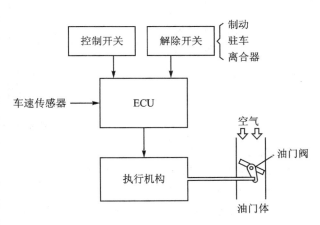

图 11-3　汽车巡航控制系统的组成

执行机构是一种将 ECU 输出的电信号转变为机械运动的装置。其作用是接收 ECU 的控制信号，控制节气门的开度。节气门执行机构有电动式和气动式两种。电动式一般采用步进电机或直流电机控制，而气动式是由进气歧管真空度控制的气动活塞式结构。

1. 电动式巡航执行机构

电动式巡航执行机构的结构组成如图 11-4 所示,主要由驱动电动机、安全电磁离合器、减速机构和电位计等组成。

（1）电动机

电动机是动力源,电动机转动时带动节气门摇臂转动,通过改变电流实现改变巡航速度。

（2）电磁离合器

电磁离合器安装在驱动电动机和控制臂之间。当驾驶员踩下制动踏板或车速超过设定车速(15 km/h)或车速传感器发生故障时,CCS ECU 发出指令使离合器分离,防止发生事故。

（3）电位计

电位计用于检测执行机构中控制臂转动的角度或拉锁的位移量,并将信号输入 CCS ECU。

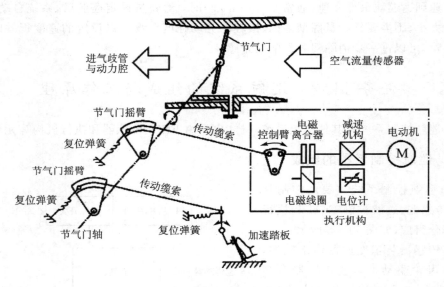

图 11-4 电动式巡航控制执行机构的结构组成

2. 气动式巡航控制执行机构

气动式巡航控制执行机构的结构主要由三只电磁阀（真空电磁阀、通风电磁阀和安全电磁阀）、膜片、复位弹簧和密封壳体等组成。

三只电磁阀的初始状态如图 11-5 所示,真空电磁阀为常闭电磁阀,阀门通过橡皮管与发动机进气歧管连接;通风电磁阀和安全电磁阀均为常开电磁阀,其阀门与大气相通。三只电磁阀电磁线圈的一端均与制动灯开关常闭触点连接,真空电磁阀线圈和通风电磁阀线圈的另一端分别与巡航电控单元 CCS ECU 的控制端连接;安全电磁阀线圈的另一端直接搭铁。

膜片将壳体内的空间分隔为两个腔室,左腔室和大气相同,右腔室和三只电磁阀阀门相通。膜片上有一根拉索,拉索与控制臂和节气门摇臂相接。

膜片工作原理是：利用发动机进气歧管的真空吸力吸引膜片,膜片通过拉索拉动节气门摇臂使节气门开度改变以调节车速。

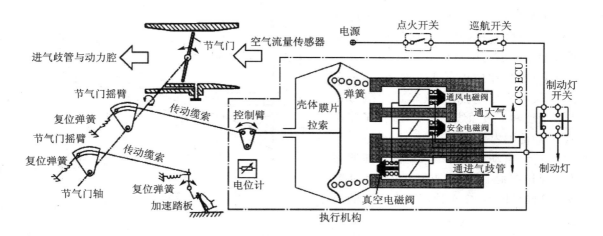

图 11-5 气动式巡航控制执行机构的结构组成

(1) 升高车速

当汽车需要增加车速时，CCS ECU 向驱动电路发出接通通风电磁阀线圈电路和真空电磁阀线圈电路的指令，从而切断右腔室与大气的通路。真空电磁阀线圈电流产生的电磁吸力克服复位弹簧弹力将真空阀阀门吸开，使右腔室与进气歧管之间的气路接通。此时真空电磁阀与安全电磁阀阀门均处于关闭状态，右腔室与大气隔绝，形成真空状态，膜片在真空吸力作用下通过控制臂和拉索带动节气门摇臂转动使节气门开度增大，汽车将加速行驶。

(2) 保持车速

当汽车需要保持车速时，CCS ECU 向驱动电路发出接通通风电磁阀线圈电路和切断真空电磁阀线圈电路指令，使通风电磁阀和真空电磁阀阀门关闭。此时三只电磁阀阀门均关闭，右腔室真空度保持不变，节气门摇臂保持在通风电磁阀和真空电磁阀阀门关闭时的位置，从而使车速不变。

(3) 降低车速

当汽车需要降低车速时，CCS ECU 向驱动电路发出切断通风电磁阀线圈电路和接通真空电磁阀线圈电路的指令。通风电磁阀阀门打开，大气进入右腔室，膜片在弹簧力作用下向左拱曲，节气门摇臂放松、开度减小，车速降低。真空电磁阀阀门打开，进气歧管真空吸力继续作用在膜片上，膜片向左拱曲的位移量取决于弹簧张力与真空吸力的平衡位置。

11.2.2 汽车巡航控制系统的工作原理

将汽车在平坦路面上行驶时的车速与油门开度的关系曲线数字化，并存储在 ECU 的 ROM 中。ECU 根据稳定性要求设置了具有一定斜率的控制线，如图 11-6 所示。巡航控制时，当汽车在平坦的路面上车速为 v_0 时，按下设置（SET）开关，系统控制节气门开度对应图中的 O 点。当汽车以速度 v_0 在平坦路面行驶，车速与节气门开度的关系将按平路曲线变化，若进入巡航控制状态，节气门开度已处于 O 点，故不需进行任何调节。

当汽车遇到上坡路段时，行驶阻力增加，车速与节气门开度的关系将按上坡曲线变化。若不及时调整节气门开度，车速将会下降到 v_1。巡航控制系统可根据设计的具有一定斜率的控制线，自动调节节气门开度，使其从 O 变为 A 点，将车速稳定在 v_A 点，取得新的平衡。当汽车遇到下坡路段时,行驶阻力减小,车速与节气门开度的关系将按下坡曲线变化,同样控制系统也沿控制线调节节气门,其开度从对应图中的 O 点,变为 B 点,车速在 v_B 点取得平衡。因此,汽车行驶阻力在上述上坡和下坡曲线中间变化时,车速在 $v_A \sim v_B$ 范围内变化。

显然,自动调节的结果是汽车速度并不是保持在某一点,而是在一定的速度范围内变动,即与设定车速间存在一定的误差,所以是一种动态恒速。

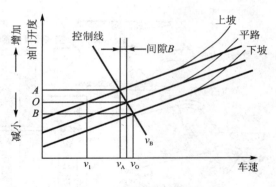

图 11-6 巡航控制原理

在设计时,若使控制线垂直于车速,从理论上可使车速控制的误差(波动)减小为零,但行驶阻力的微小变化都会引起节气门快速变化,容易产生较大的振荡,即产生游车现象。因此,应综合考虑控制车速误差范围与游车问题,并选择适当的控制线斜率。

为了防止汽车失控,车速控制系统设置了高速限制电路和低速限制电路,当车速高于 v 上限或低于 v 下限时,系统自动停止工作。低速限制还有另一个作用:若传感器有故障或电路断开而无车速信号时,系统视车速为零而自动停止工作。

11.2.3 巡航控制系统的使用

巡航控制系统可以减轻驾驶员的疲劳,改善汽车的燃料经济性和发动机的排放性能,改善汽车的行驶平顺性,提高汽车的舒适性。但是,巡航控制系统如果使用不当,不仅不能充分发挥巡航系统的作用,还可能损坏巡航系统,甚至危害汽车行驶安全。因此,使用巡航系统时应注意按正确的使用方法进行操作。巡航控制系统的使用包括设定巡航车速、增加或降低巡航设定车速、取消巡航控制及恢复巡航行驶。

1. 巡航控制系统的使用方法

(1) 设定巡航车速

巡航系统工作时的最低车速一般为 40 km/h,这是为了防止汽车转弯时,由于巡航行驶而发生危险。设定巡航车速的方法是:按下巡航控制主开关,踏下加速踏板使汽车加速。当达到理想的车速时(必须高于巡航系统工作时的最低车速),将巡航控制开关推至设定/减速位置后放松;开关放松时的车速即为巡航控制 ECU 记忆的设定车速,巡航系统开始工作。此时驾驶员可以放松加速踏板,巡航系统控制节气门按设定车速行驶。

(2) 加速

当汽车巡航行驶时,如果要使巡航设定车速提高,应将巡航控制开关置于恢复/加速位置保持不动,汽车将逐渐加速。当汽车加速至所希望的车速时,放松巡航控制开关,汽车将按新的较高的设定车速行驶。当汽车巡航行驶时,如果需要使汽车临时加速(如超车),则只需踏下加速踏板汽车即可加速,放松加速踏板后,汽车仍按原来设定的车速巡航行驶。

(3) 减速

当汽车巡航行驶时,如果要使巡航设定车速降低,应将巡航控制开关置于设定/减速位置保持不动,汽车将逐渐减速。当汽车减速至所希望的车速时,放松巡航控制开关,汽车将按新的较低的设定车速行驶。

(4) 点动升速和点动降速

当汽车以巡航控制模式行驶时,如果需要对巡航设定车速进行微调,只要点动一次恢复/加速开关(接通恢复加速开关后立即放松开关,时间不超过 0.6 s),巡航设定车速升高约 1.6 km/h;只要点动一次设定/减速开关,车速降低约 1.6 km/h。

(5) 取消巡航控制

取消巡航控制方式包括:

① 将巡航控制开关的取消开关接通然后释放;

② 踏下制动踏板;

③ 装有手动变速器的汽车可以踏下离合器踏板;

④ 装有自动变速器的汽车可将变速杆置于空挡位置。

(6) 恢复巡航行驶

如果通过操作任何一个退出巡航控制,开关可使巡航控制取消,要恢复巡航行驶,只要将恢复/加速开关接通然后放松开关,汽车将恢复原来巡航行驶。但如果车速已降低至 40 km/h 以下,或实际车速低于设定车速 16 km/h,ECU 将不能使汽车恢复巡航行驶。

2. 巡航控制系统使用的注意事项

① 为了保证行车安全,在交通繁忙的道路上或遇到雨、雾、雪天气时,切勿使用巡航控制系统。

② 为了避免巡航控制系统错误工作影响驾驶安全,在不使用巡航控制系统时,应关闭巡航控制系统的主开关。

③ 在较陡的坡道上行驶时,不宜使用巡航控制系统。因为较大的坡度会引起发动机的转速变化过大,不利于发动机的正常工作。如果在巡航行驶时遇到较陡的下坡,汽车车速会高出设定车速许多,此时可踏下制动踏板使汽车减速,同时取消巡航控制,然后将变速器换入低挡,利用发动机的运转阻力控制汽车车速。

④ 使用巡航控制系统时要注意观察仪表板上的巡航(CRUISE)指示灯是否闪亮。若闪亮说明巡航控制系统有故障,巡航控制 ECU 将自动停止巡航系统的工作,待故障排除后再使用巡航控制系统。

⑤ 巡航控制的 ECU 与汽车上的其他控制系统的 ECU 一样,对于电磁环境、湿度和机械振动等有较高的要求,使用应注意以下事项:

➢ 保持汽车发电机及其电压调节器处于良好状态,为 ECU 提供稳定的电源电压。如果电源电压波动较大,将影响 ECU 的工作,甚至损坏 ECU。因此,要经常检查发电机及其电压调节器的工作状态,如果有故障应及时排除。

➢ 保持蓄电池的可靠连接。由于蓄电池能吸收瞬时脉冲电压,如果蓄电池断开连接,系统内的瞬时脉冲电压就会加到 ECU 上使其损坏。因此,要经常检查蓄电池的连接情况,蓄电池负极电缆的搭铁位置不得随意改动。

➢ 在点火开关处于接通位置时,切勿拆装系统中的电器元件和线束插接器。若必须拆装系统中的电器元件和线束插接器,则应先关闭点火开关。

➢ 对 ECU 插接器进行维修时,应保持 ECU 插接器内的电源线路的接线正确,连接可靠。

➢ 用充电机对车上的蓄电池充电时,要拆下蓄电池电缆线后进行,不可用充电机起动发动机。

➢ 在车上电焊时,应将 ECU 插接器拔下后进行。

➤ 注意 ECU 的防潮、防振、防磁、防污染、防高温。ECU 通常安装在车辆干燥清洁处,其外壳应保持可靠固定。ECU 存放时,注意防潮、防尘。ECU 的屏蔽罩应牢固,不可松脱变形,不可在屏蔽罩上打孔、安装螺钉。当对汽车进行烤漆作业时,应视情况必要时将 ECU 从车上拆下。

11.2.4 汽车智能巡航控制系统

智能巡航控制系统(Adaptive Cruise Control,ACC)是于 20 世纪 70 年代末研发的汽车安全辅助驾驶系统。它将汽车定速巡航控制系统(Cruise Control System,CCS)和车间安全距离保持系统(Safety Distance Keeping System,SDKS)结合起来,既有自动巡航功能,又有防止前向撞击功能。由于当时传感器技术、信号处理技术、汽车电子技术以及交通设施等方面的因素限制了 ACC 的发展,直到 20 世纪 90 年代中期,随着各项技术的进步和对汽车行驶安全性要求的提高,特别是对有效地防止追尾碰撞要求的不断提高,才使得 ACC 迅速发展起来。汽车智能巡航控制系统也可称为主动式巡航控制或汽车自适应巡航系统(Adaptive Cruise Control,ACC),使用雷达技术或者激光检测技术实现其功能。自适应巡航控制(ACC)允许车辆巡航控制系统通过调整速度以适应交通状况的汽车功能。安装在车辆前方的雷达用于检测在前进道路上是否存在速度更慢的车辆,若存在 ACC 系统会降低车速并控制与前方车辆的间隙或时间间隙。若系统检测到前方车辆并不在本车行驶道路上时,将加快速度使车辆回到之前所设定的速度。此操作实现了在无驾驶员干预下的自主减速或加速,如图 11-7 所示。ACC 控制车速的主要方式是控制发动机节气门和适当地制动。

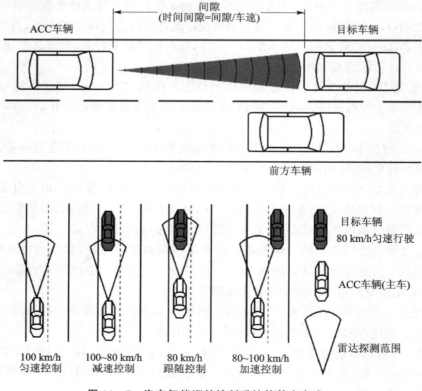

图 11-7 汽车智能巡航控制系统的基本方式

1. 汽车智能巡航控制系统的基本组成

汽车智能巡航控制系统的基本结构如图 11-8 所示,主要由智能巡航控制系统传感器、智能巡航控制系统控制器、发动机管理控制器、电子节气门执行器、制动执行器、制动控制器(例如 ABS、ESP 等)组成。对于一个完整的系统,还必须有相关人机界面,所以在实际的车辆中使用的智能巡航控制器还必须增加操作控制开关、给驾驶员提供相关巡航系统状态的组合仪表。

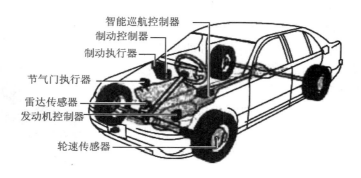

图 11-8 汽车智能巡航控制系统的基本结构

按传感器的类型可分为雷达技术的智能巡航控制系统、激光技术的智能巡航控制系统。目前,主要智能巡航控制系统传感器有 76 GHz 雷达传感器和 24 GHz 激光传感器。虽然激光技术的智能巡航控制系统传感器比雷达技术的智能巡航控制系统传感器价廉但是该传感器有比较严重的缺陷,如检测距离短、速度低、受天气影响比较大。除此之外,按照欧洲的规定,在欧洲限制的 25 个区域中所有使用 24 GHz 的系统必须禁止,并且该限制区域还在增加。所有欧盟国家建议与智能巡航控制系统类似的应用系统使用 7~81 GHz 频段。从 2013 年开始,上市的车辆不允许再使用 24 GHz 的系统。目前,大多数高级汽车中的智能巡航控制系统传感器使用基于雷达技术的传感器。

2. 汽车智能巡航控制系统的基本功能

智能巡航控制系统的基本功能如下所述。

① 当汽车前方没有车辆时,ACC 车辆将处于普通的巡航驾驶状态,按照驾驶员设定的车速行驶,驾驶员只需要对方向进行控制(匀速控制)。若驾驶员在设定的速度基础上加速时,ACC 车辆将按驾驶员的意图行驶。当驾驶员不再加速以后,如果没有新的速度设定,ACC 车辆将继续按照原先设定的车速行驶。

② 当 ACC 汽车前方出现目标车辆时,如果目标车辆的速度小于 ACC 汽车,ACC 汽车将自动进行平滑的减速控制。

③ 当两车之间的距离等于安全车距时,采取跟随控制,即与目标车辆以相同的车速行驶。

④ 当目标车换道或者 ACC 汽车换道后,前方又没有其他的目标车辆时,ACC 汽车将恢复到初期的设定车速(加速控制)行驶。

因此,智能巡航控制系统就是定速巡航系统的进一步发展。车上装有一雷达传感器,用于测定与前车的车距和前车的车速。如果车距大于驾驶员设定的值,那么车辆就会加速,直至车速达到驾驶员设定的车速值。如果车距小于驾驶员设定的值,那么车辆就会减速,可通过降低输出功率、换挡或必要时制动来实现。出于舒适性的考虑,制动效果只能达到制动系统最大制动减速能力的 25%。该调节过程可以减轻驾驶员的劳累强度,因此可以间接提高行车安全性。

在某些情况下,需要驾驶员操纵制动器工作。以下是奥迪汽车智能巡航控制系统的局限性:智能巡航控制系统是驾驶员辅助系统,绝不可以将其看成安全系统。它也不是全自动驾驶系统。智能巡航控制系统在车速为 30~200 km/h 时才工作。智能巡航控制系统对固定不动的目标无法作出反应,如雨水、浮沫以及雪、泥水会影响雷达的工作效果。在转弯半径很小时,由于雷达视野受到限制,也会影响系统的功能。

3. 汽车智能巡航控制系统的基本操作

奥迪汽车智能巡航控制系统使用转向盘左侧的智能巡航系统操作开关来进行操纵,如图 11-9 所示。

"ACCOFF"代表"ACC 功能关闭"。

"CANCEL"代表"待命模式",同时在存储器中保存期望车速值。

"ACCON"代表 ACC 总是处在"关闭"状态,必须按 ON/OFF 按钮切换到"待命模式"。

"RESUME"代表恢复巡航控制方式,并以设置的车速行驶。

图 11-9 奥迪智能巡航控制操作开关

操纵开关有两个位置。接通系统只需将该操纵开关向驾驶员方向推至智能巡航系统的 ON 位置即可,关闭系统只需将操纵开关推至智能巡航系统的 OFF 位置即可。起动发动机后,根据操纵开关的位置,智能巡航系统会处于 BEREIT 模式(操纵杆在 ON)或 AUS 模式(操纵杆在 OFF 位置)。该系统在接通后处于 BEREIT 模式。这时转速表上还没有显示任何信息。只有再按下 SET 按键后,智能巡航系统才会真正进入 AKTIV 模式。如图 11-10 所示,车速表指示环上的一个淡红色发光二极管(LED)指示的就是设定的巡航车速。同时,表示智能巡航系统正在工作的符号也出现在车速表上。为了识别智能巡航系统正在工作,车速表上 30~200 km/h 之间的所有发光二极管都呈现暗红色发光状态。

如果驾驶员打开了其他显示屏,那么中央显示屏也会出现一个显示内容。如图 11-11 所示,关闭点火开关后,所有存储的巡航车速会被清除。

图 11-10 奥迪智能巡航仪表显示器

图 11-11 奥迪智能巡航中央显示屏

如果智能巡航系统识别出前方有车辆,转速表上则会显示出来,如图 11-12 所示。如果已经起动了其他显示屏,中央显示屏也会显示一个信息,如图 11-13 所示。

图 11-12　奥迪智能巡航前车显示　　　　图 11-13　奥迪智能巡航前车中央显示

当按压"SET"时,激活 ACC,当前车速被存储。控制开关向上推一次,增加 10 km/h。如果控制开关按压不超过 0.5 s,速度则增加 10 km/h,如果按压不动,且不超过 0.5 s,速度持续增加 10 km/h。其中,"Distance"可以分几个阶段调整与前车的距离和时间间隙,向下拉一次,减少 10 km/h(与车速有关的逻辑加减分,最大车速 210 km/h,最小车速 30 km/h)。已经改变了的巡航车速在转速表上显示。

驾驶员可将奥迪汽车与前车之间的车距设定为四个级别。智能巡航系统设定的车距取决于当时的车速。随着车速的提高,车距也增大。当车辆以恒定车速行驶时,设定的车距应遵守交通法规的要求。操纵开关上的滑动开关用于设定巡航车距。

习　题

1. 汽车巡航系统的控制过程是怎样的?
2. 巡航车速是如何设定的?
3. 巡航系统的优点是什么?
4. 电动式巡航执行机构主要由哪些部件组成?

参考文献

[1] 申荣卫. 汽车发动机电控系统检修[M]. 北京:机械工业出版社,2020.
[2] 赵宏,刘新宇. 汽车发动机故障诊断与修复[M]. 北京:人民交通出版社,2018.
[3] 张吉国. 汽车电控系统的结构与维修[M]. 北京:机械工业出版社,2019.
[4] 朱利. 汽车发动机电控系统检修[M]. 上海:同济大学出版社,2017.
[5] 王盛良. 汽车底盘及车身电控技术与检修[M]. 北京:机械工业出版社,2017.
[6] 舒华,姚国平. 汽车电控系统结构与维修[M]. 北京:北京理工大学出版社,2012.
[7] 尹力. 汽车电子控制技术[M]. 天津:天津科技大学出版社,2014.
[8] 孙仁云,付百学. 汽车电器与电子技术[M]. 北京:机械工业出版社,2014.
[9] 林学东. 车用发动机电子控制技术[M]. 北京:机械工业出版社,2012.
[10] 张伟,宋科. 汽车电气构造与维修[M]. 北京:北京航空航天大学出版社,2013.
[11] 黄强,丁志华. 汽车维修试验实训教程[M]. 北京:冶金工业出版社,2011.
[12] 麻友良. 汽车底盘电子控制系统原理与检修[M]. 沈阳:辽宁科学技术出版社,1999.
[13] 齐峰. 汽车电控系统事务[M]. 北京:机械工业出版社,2009.
[14] 李海青,董丽丽. 汽车底盘电控技术检修[M]. 北京:机械工业出版社,2021.
[15] 武忠,于立辉. 汽车底盘电控系统故障诊断与检修[M]. 北京:机械工业出版社,2022.